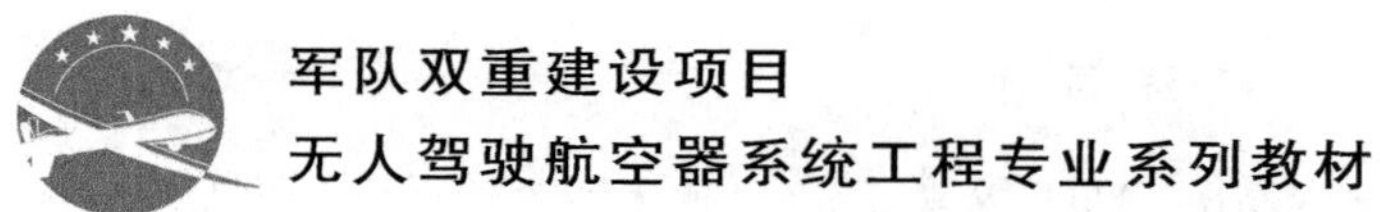

无人机空气动力学

沈如松　陈芊月　编

北京航空航天大学出版社

内容简介

本书首先简要介绍无人机基本结构组成及功用，给出机翼和桨叶形状的参数定义，介绍无人机所处的飞行环境特点和相关参数；然后探讨低速和高速气流流动特性，并在此基础上分别介绍固定翼无人机低速和高速空气动力特性；最后对比分析螺旋桨和旋翼空气动力特性及其副作用。附录部分还给出了常用符号和专业术语的中英文对照表供读者查阅。本书可帮助无人机系统操控人员理解无人机的空气动力特性，为后续学习无人机飞行力学和飞行控制相关知识、操控无人机、掌握无人机不同飞行阶段遇到的空气动力学问题奠定基础。

本书既可作为高等院校无人机操控相关本科专业的教材，也可供从事无人机运用、指挥和管理相关工作的人员参考使用。

图书在版编目(CIP)数据

无人机空气动力学 / 沈如松，陈芊月编. --北京 ：北京航空航天大学出版社，2022.8

ISBN 978-7-5124-3786-9

Ⅰ. ①无… Ⅱ. ①沈… ②陈… Ⅲ. ①无人驾驶飞机—空气动力学—教材 Ⅳ. ①V279

中国版本图书馆 CIP 数据核字(2022)第 075195 号

无人机空气动力学

沈如松　陈芊月　编

策划编辑　董　瑞　　责任编辑　董　瑞

*

北京航空航天大学出版社出版发行

北京市海淀区学院路 37 号(邮编 100191)　http://www.buaapress.com.cn

发行部电话：(010)82317024　传真：(010)82328026

读者信箱：goodtextbook@126.com　邮购电话：(010)82316936

北京九州迅驰传媒文化有限公司印装　各地书店经销

*

开本：787×1 092　1/16　印张：13.5　字数：354 千字

2022 年 8 月第 1 版　2024 年 2 月第 2 次印刷　印数：1 001～1 500 册

ISBN 978-7-5124-3786-9　定价：49.00 元

总序言

随着无人机技术的快速发展及其地位的日益显赫，无人机装备渐次形成体系，使命任务领域逐步拓展。做好无人机人才培养顶层设计，为无人机装备尽快形成战斗力、加快无人机部队现代化建设提供有力支撑，成为当前的一项紧迫任务。新时代军事教育方针要求“坚持党对军队的绝对领导，为强国兴军服务，立德树人，为战育人，培养德才兼备的高素质、专业化新型军事人才”。这些要求是我们推动高素质专业化无人机运用和指挥人才培养改革遵循的基本原则。对标教育部“无人驾驶航空器系统工程”专业，规划无人机专业系列教材建设，是推动无人机专业建设和教学改革落地生根的重要抓手。

适应新体制、新变革、新时代要求，从军队院校教育、部队训练实践和军事职业教育“三位一体”的角度准确定位院校教育的使命任务，精准对接院校与部队，紧密衔接课堂与战场，突出问题导向，坚持面向战场、面向部队、面向未来，固化教学改革创新成果，在大学、学院领导和机关的支持下，在北京航空航天大学出版社的配合下，依据“无人系统工程（无人机运用与指挥）”专业人才培养方案，策划编写无人机专业系列教材。首批规划了《无人机空气动力学》《无人机飞行力学》《无人机构造与动力系统》《无人机导航与控制》《无人机任务载荷及运用》《无人机作战运筹分析》《无人机任务规划与作战运用》《无人机飞行综合实践教程》《无人机指挥控制系统及运用》《无人机飞行保障》系列教材。

本系列教材着眼无人机运用和指挥人才学习能力、创新能力、实践能力、作战运用能力的培养，针对学历教育与首次任职岗位四年一贯制培养要求，兼顾国家无人机本科专业教育质量标准，依据人才培养目标要求，打破学科专业框架的束缚，一体化设计首次任职课程、专业背景课程和通识教育课程，从通专整合的角度打造综合化主干课程，构建难度梯度合理、有效衔接贯通的内容体系。教材力求：体现应用性，本着源于实际运用的原则，突出专业理论的实践应用，从飞行操控视角和满足特情处置需要重构内容体系；体现共用性，本着高于实际运用的原则，突出共性基础理论，力求各类型无人机通用理论的求同存异；体现前瞻性，本着引领实际运用的原则，着眼无人机技术和运用的发展，适度拓展新技术、新战法。

感谢海军航空大学副校长兼教育长朱兴动教授、教务处处长徐伟勤教授在无人机专业人才培养方案制定和系列教材规划中提供的宝贵指导和支持，感谢编审委员会专家为教材内容优选提供的把关定向作用，感谢大学、学院业务机关和相关教研室提供的大力支持和配合，感谢北京航空航天大学出版社为本系列教材的策划、选题、编写、出版提供的建设性建议和支持。

本系列教材主要面向无人机应用的相关专业，希望能对无人机应用型人才培养提供一定的借鉴，也恳切地希望能得到同行的批评指正。

本书编委会

2020 年 5 月

前　言

要学习和掌握无人机的操控技术，准确评估无人机的飞行性能，及时发现无人机飞行中的问题并做出合理处置，必须首先学好无人机飞行原理。本书作为无人机飞行原理中的空气动力学部分，主要介绍无人机飞行所面对的环境，解释无人机为何能飞起来？影响无人机空气动力特性的因素是什么以及如何影响的？同时解释作为动力系统一部分的螺旋桨和旋翼是如何工作的，空气动力特性怎样最好？作为旋转组件，带来的副作用是什么，如何应对？

本书共分 4 章，着眼当前常用无人机的飞行包线，兼顾固定翼无人机(含螺旋桨)和旋翼无人机，重点从应用的角度和物理意义上，介绍空气动力学基础知识。本书的重点是低速、亚声速流动特性和空气动力特性。考虑到亚声速飞行的无人机机翼和高速旋转的螺旋桨和旋翼桨叶桨尖部分，由于翼型原因可能出现局部跨声速和超声速流动，特别是在高空飞行时，因此还对跨声速和超声速空气动力特性进行了介绍。第 1 章绪论，介绍无人机的基本组成和功用，机翼和桨叶形状描述参数，无人机飞行环境，无人机空气动力学特点。第 2 章空气流动特性，介绍流动的基本概念，低速流体连续方程和能量方程，影响气动特性的低速边界层，对比介绍了高速气流流动特性，着重介绍了激波和膨胀波产生的机理和参数变化，特别介绍了高亚声速飞行时可能遇到的局部激波产生及发展机理。第 3 章固定翼无人机空气动力特性，详细介绍了升力产生原理和阻力构成要素，通过升力、阻力公式，分析影响二者的因素，解释了升阻比和极曲线的特征和物理意义，分析了后掠翼、前掠翼和三角翼的空气动力特性，同步对比介绍了无人机高速飞行状态下的空气动力特性。第 4 章螺旋桨与旋翼空气动力特性，在前面分析的基础上，分析了螺旋桨和旋翼的空气动力特性，对其产生的副作用及对飞行的影响进行了分析。为满足课程思政要求，每章最后都提供了拓展阅读，供读者阅读、分析、思考。书末还给出了常用符号和专业术语的英文对照表供读者查阅。本书总体结构采用从低速到高速、从机翼到桨叶，注重前后照应、对比分析，以培养学习者举一反三、归纳总结的能力。

要说明的是，本书的符号和坐标采用了空气动力学和飞行力学相关国家标准的规定，许多符号和传统教材所用符号不同，希望读者注意对比。

本书由沈如松主编，陈芊月参与了部分章节的编写和所有思维导图的绘制。教材大纲经过多轮专家审查，中山大学刘昆教授和张艳教授、国防科技大学程谋森教授、清华大学王兆魁教授对教材进行了审阅并提出宝贵意见，教材在本科和任职教育层次中试用过六期，期间征求过很多有丰富工作经验的读者的意见，对以上所有人的中肯指导一并表示感谢。编写过程中参考了许多国内外文献资料和兄弟院校有关教材，在此对原作者表示衷心的感谢。本书试图融合固定翼、螺旋桨和旋翼的空气动力特性，求同存异、举一反三，但这种尝试还只是初步，难免有生涩之处，内容上难免挂一漏万，也会有许多不当及谬误之处，敬请读者批评指正。

编　者

2021 年 12 月

目　　录

第1章 绪 论

无人机是近年来军事应用和民用研究的热点。现在大多数“无人驾驶飞机”应该说是“无人在机内驾驶的飞机”，具有鲜明的“机上无人、人在回路”的系统特点。因为它们在使用过程中往往还是需要有人去“驾驶”的，只是操纵的人不在无人机内，而是在地面、舰面或空中平台上。当然，操纵的时机通常限于关键时刻，如定点回收、降落以及对目标进行查证或要做重要决策（如攻击、紧急返航、紧急迫降）的时候。完全按预装程序自动遂行任务，一点也不要人干预的无人机只适于完成简单或例行作战任务。随着无人机智能化、自主化程度的不断提升，真正的“无人驾驶飞机”才可能出现，但也必须置于人的控制之下。

要学习和掌握无人机的操控技术，准确评估无人机的飞行性能，及时发现无人机飞行中的问题并做出合理处置，必须首先学好无人机飞行原理。

无人机飞行原理主要着眼于回答下面四个问题：

① 无人机为何能飞起来？这涉及空气动力学问题。

② 无人机能飞到什么程度？这涉及无人机的飞行性能问题。

③ 无人机怎样能飞得好？这涉及无人机的操稳性能问题。

④ 无人机如何能按要求飞？这涉及无人机的飞行控制问题。

本书主要回答第一个问题，后三个问题由《无人机飞行力学》来回答。

1.1 无人机结构组成及功用

无人机是无人机系统中的空中部分，包括机体、动力装置、飞行控制与管理系统、电气系统等。飞行数据终端安装在飞机上，是通信数据链路的机载部分。有效载荷虽然装载在无人机上，但通常将它看作是独立的子系统，能够在不同的无人机之间通用，并且经过特别设计或搭配，完成各种不同的任务。无人机多数是固定翼式和旋翼式的。

1.1.1 固定翼无人机结构组成及功用

无人机经过不断的创新与发展，加之不用考虑人在机上的原因，因此和有人机相比，无人机拥有更多的气动布局形式，如图1-1所示。根据操纵面与机翼的相对位置，常用的布局形式有正常式布局、鸭式布局、无尾布局、三翼面布局等。

正常式布局也称常规布局，这类无人机的机翼在尾翼之前，是目前绝大多数无人机采用的构型。下面以此类无人机为例，简要介绍固定翼无人机的组成及功用。

固定翼无人机主要由机身、机翼、尾翼、起落装置、动力装置、飞行控制与管理系统、电气系统等组成，这里主要介绍前五个部分的功用。

1. 机 身

机身的主要功用是装载机载设备、任务载荷、燃油系统、电气系统等，将飞机的其他部分，如尾翼、机翼、发动机连接成一个整体，同时形成良好的气动外形。

机身的纵向和侧向多为流线体，其头部与尾部有整流罩，对凸出的雷达罩与进气道进行局

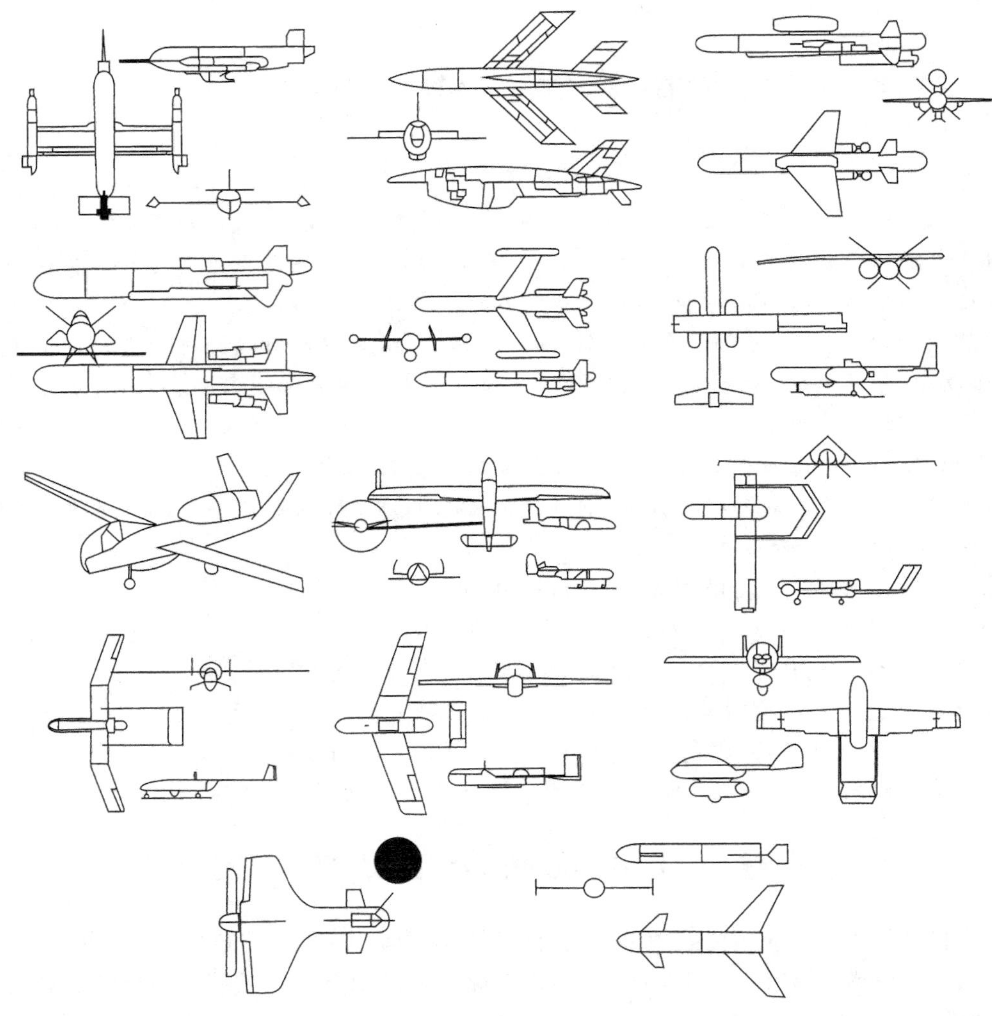

图 1-1　不同气动布局的无人机

部修形。机身横截面可为圆形、矩形或多角形，视内部装载、结构布置及隐身需求而定。

2. 机　翼

机翼的主要功用是产生升力，以支持无人机在空中飞行。升力产生的效率是机翼设计时的主要考虑因素。机翼可以安装在机身的上部、中间或下部，分别称为上单翼、中单翼和下单翼。

机翼在无人机的稳定性和操纵性中扮演着重要的角色。机翼上安装的可操纵翼面主要有副翼和襟翼。副翼一般在机翼的后沿外侧，两边副翼偏转方向相反，当它偏转时引起两翼附加升力方向相反，形成滚转力矩，使飞机滚转。襟翼一般在机翼的后沿内侧，两边襟翼偏转方向相同，放下襟翼能使机翼升力增大，用于无人机起飞着陆时增大升力，降低失速速度，改善无人机的低速特性。一些大型无人机还安装有减速板或扰流板，用于无人机空中机动和地面降落滑跑时减速。

根据机翼平面形状，可将机翼分为平直机翼、后掠翼、三角翼、梯形翼、前掠翼、斜置翼等，以及在上述构型基础上的一些变化机翼。根据使用需要，一些无人机的翼面还设计成可折叠式，平时翼面处于折叠状态以减小存放空间，发射后翼面可在空中自行展开。

3. 尾 翼

尾翼的平面形状与机翼相似，通常包括水平尾翼和垂直尾翼。在典型无人机中，水平尾翼由固定的水平安定面和一个可动的升降舵组成，有的水平尾翼是一个可操纵的整体活动面，称为全动平尾。垂直尾翼则包括固定的垂直安定面和可动的方向舵，有单垂直尾翼和双垂直尾翼之分。单垂直尾翼位于机身尾部上方，双垂直尾翼多位于正常式布局的平尾两端。此外，还有V、X及Y型尾翼布局形式，它们兼有水平尾翼和垂直尾翼的功能。尾翼主要用来操纵飞机的俯仰和偏转，升降舵的上下偏转改变水平尾翼上的升力大小，分别使无人机转入上升或下降飞行。方向舵的左右偏转改变垂直尾翼上侧力的大小和方向，使无人机向左或向右偏转。另外，尾翼也是无人机稳定性的重要组成部分。

4. 起落装置

起落装置用于无人机的起飞、着陆及在地面上滑行并支持无人机。陆上无人机的起落装置大都由减振支柱和机轮组成，主轮位于机身两侧，承载无人机的主要重量。前轮位于主轮之前的构型称为前三点式无人机，现代无人机绝大多数为前三点式无人机。前三点式无人机具有良好的地面滑跑方向稳定性。尾轮置于主轮之后的构型称为后三点式无人机。

前三点式无人机中，前轮一般为可偏转式，用于控制无人机在地面上滑行转弯、侧向纠偏，同时可以防止滑行过程中的摆振。无人机主轮上装有各自独立的刹车装置，可以实现停止刹车，也可以进行差动刹车，用于无人机在地面上滑行时进行辅助的方向控制。

机轮在空中可收起来的设计称为可收放式起落架，不能收起来的称为固定式起落架，空中收起起落架可显著地减小无人机在空中飞行的阻力，固定式起落架用于小型简单的无人机。

5. 动力装置

动力装置主要用来产生拉力或推力，从而使无人机能够在空中以规定的速度飞行。它由发动机、推进剂或燃料系统以及保证发动机正常有效工作所需的导管、附件、仪表和固定装置等组成。为了使发动机高效、可靠地工作，还需要与之配套的相关系统共同工作，例如燃油供应系统、操纵控制系统、冷却系统、起动系统等，它们共同组成无人机动力系统。采用间接推力的动力系统还包括螺旋桨等。

无人机作为飞行器中的一种，其采用的动力系统和其他大多数飞行器所用的动力系统的类型和工作原理一致，主要包括：

(1) 航空活塞式发动机

该类发动机通过汽缸内燃油的燃烧，完成热力循环，将热能转化为机械能，驱动螺旋桨旋转产生动力。整个动力系统包括发动机和螺旋桨，是中小型无人机常用的推进装置。

(2) 航空燃气涡轮发动机

该类发动机带有压气机和涡轮等叶轮机械，包括直接产生推力的涡喷、涡扇发动机和间接产生推力的涡桨发动机等，常用作中型、大型无人机的动力系统。

(3) 电推进

和有人飞机动力系统绝大多数利用推进剂、燃料化学能产生热，再产生推进功的过程不同，无人机动力系统还包括电机＋螺旋桨的推进系统，该系统常用于微小型无人机。

1.1.2 无人直升机结构组成及功用

无人直升机具有垂直起降能力，不需要跑道和大面积机场，能够在中小型驱护舰甲板上起降，因此能够随舰执行超视距探测、战场侦察监视识别、打击效果评估、海上搜救等任务，也可采用岸基机动方式执行各种应急任务。

由于无人直升机取消了座舱和人工操纵系统，为全机的布局设计带来了很大便利。根据使命任务的不同，无人直升机的起飞重量可大可小，大到与有人机的起飞重量一样，而小至几千克，甚至几十克或几克(类似于昆虫大小)。在动力装置方面，无人直升机采用的方式也比有人机更为丰富多样，可以采用涡轮轴发动机、转子发动机或活塞式发动机，也可采用电动机。在升力控制方面，无人直升机可采用与有人机相同的形式，通过操纵旋翼桨距控制旋翼升力，也可采用控制旋翼转速来控制升力的变化。在飞行操纵模式上也可以根据无人直升机的特点进行灵活设计。可以说，随着无人直升机的迅速发展，其构造型式越来越丰富多样，已经大大超越了有人直升机。根据旋翼反扭矩的平衡方式不同，无人直升机一般可分为单旋翼带尾桨、共轴双旋翼、纵列双旋翼和横列双旋翼等，目前使用最多的主要是前两种，如图 1-2 所示。下面以单旋翼带尾桨型为例简要介绍无人直升机的组成及功用。

(a) 单旋翼带尾桨

(b) 共轴双旋翼

图 1-2　典型无人直升机

单旋翼带尾桨无人直升机主要包括旋翼系统、动力装置、传动系统、操纵系统、机体与起降系统、燃油系统、控制系统、电气系统等，如图 1-3 所示。

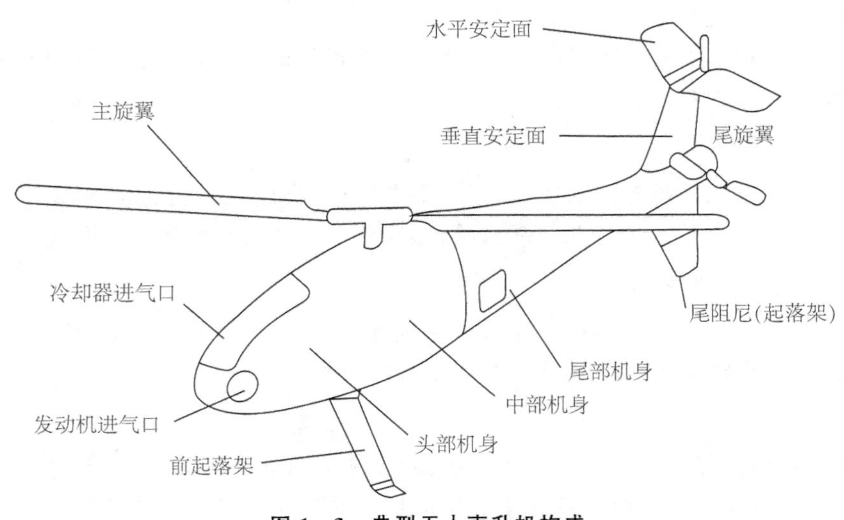

图 1-3　典型无人直升机构成

1. 旋　翼

旋翼是产生升力的部件。它安装在机身的铅垂轴上，由动力装置驱动。当升力沿铅垂方向时，直升机做垂直上升、下降或悬停运动；当旋翼锥体倾斜时，升力产生某一方向的水平分量，使直升机前进或后退、左飞或右飞。现代直升机有的装有辅助机翼，直升机前飞时，可提供部分升力。

2. 尾　桨

尾桨也称为尾旋翼，是安装在直升机尾端的小螺旋桨，用于产生拉力或推力以平衡旋翼旋转时对直升机产生的反作用扭矩，保持预定的飞行方向。改变尾桨桨叶安装角，可改变拉力，实现航向操纵。它也起无人机安定面的作用，保证直升机飞行过程中的航向稳定。

3. 动力装置

动力装置包括发动机和有关的附件。大部分直升机采用涡轮轴发动机，轻小型直升机也使用活塞式发动机。发动机的主要功用是驱动旋翼并带动尾桨转动。

4. 传动系统

无人直升机的传动系统主要包括主减速器、尾减速器、传动轴及附件等，如图 1-4 所示。传动系统的功用是通过主、尾减速器按一定的转速比将发动机功率传递到旋翼和尾桨上，保证它们具有适宜的转速。例如，当发动机额定转速为 7 100 r/min 时，经过主减速器传到旋翼后降为约 1 200 r/min；尾桨离发动机很远，要通过尾传动轴、换向器和尾减速器传动，其转速约为5 700 r/min。

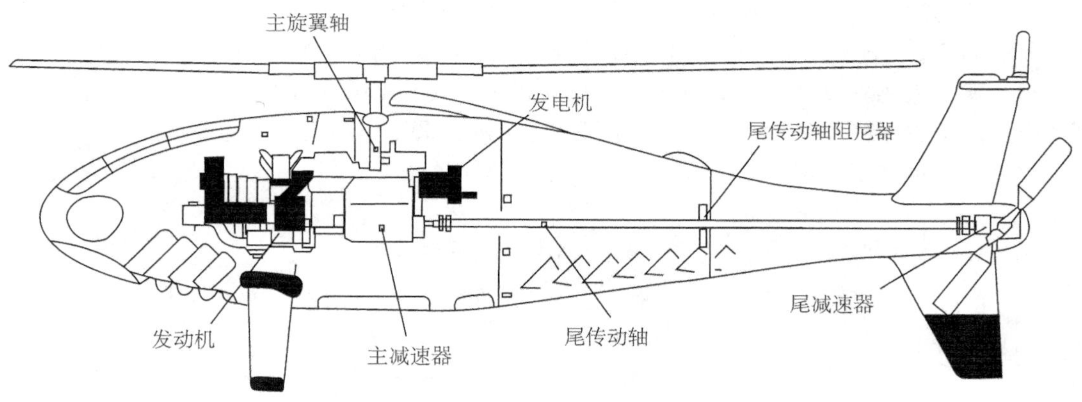

图 1-4　无人直升机传动系统组成

5. 操纵系统

常规无人直升机的操纵系统分为主旋翼操纵系统和尾桨操纵系统。

主旋翼操纵系统由主旋翼伺服机构、伺服控制杆、自动倾斜器、变距拉杆等组成，实现对桨叶的总距操纵和周期变距操纵，从而改变主旋翼拉力的大小和方向。

尾桨操纵机构通过尾伺服机构驱动尾桨操纵滑块改变尾桨叶的安装角，从而改变尾桨气动力，达到无人机航向配平或操纵的目的。

6. 起落装置

起落装置主要用于地面滑行和停放，同时在着陆时起缓冲作用。常见的形式是轮式起落架，在水面上降落的无人直升机用浮筒式起落装置，小型无人直升机采用滑橇式起落装置，它可以在泥泞的土地和松软的雪地上起降。此外，前轮式直升机还有尾撬，其功用是防止尾桨触地。由于无人直升机飞行速度不高，故常用固定式起落架，在飞行中不收起。为了减小阻力，提高飞行速度，有的也用可收放式起落架。

7. 机　身

机身的功用是装载设备、载荷和燃油等，同时将各个部分连成一个整体。机身主要由主体结构和尾部结构组成。机身是直接承载和传力的部件，并构成直升机的气动外形。

1.2　机翼和桨叶形状

飞机的升力、阻力主要是由机翼产生的。机翼升力、阻力的产生和变化与机翼的外形有关。螺旋桨和旋翼的桨叶依靠旋转产生的空气动力与机翼类似，其形状参数的描述与机翼类同。

机翼的形状包括机翼的剖面形状（翼型）和平面形状。

1.2.1　翼型及几何参数

飞机机翼被平行于飞机对称面的平面所截得到的剖面形状称为翼型，如图 1－5 所示。

1. 常用翼型

早期飞机的翼型类似鸟类翅膀的剖面。现代低速飞机机翼大多采用平凸或双凸翼型，部分高速飞机机翼和其他各种飞机尾翼一般采用对称翼型。机翼上表面向外弯曲的程度较大，下表面较平的翼型称为平凸翼型；上表面向外弯曲的程度比下表面向外弯曲的程度大的翼型称为双凸翼型；上下表面关于翼弦对称的翼型叫作对称翼型。

超声速飞机要求翼型具有尖前缘。已有的超声速翼型有双弧形翼型、菱形翼型。因要兼顾各个速度范围的气动特性，所以目前低超声速飞机仍采用小钝头的对称翼型。

常见的几种翼型如图 1－6 所示。

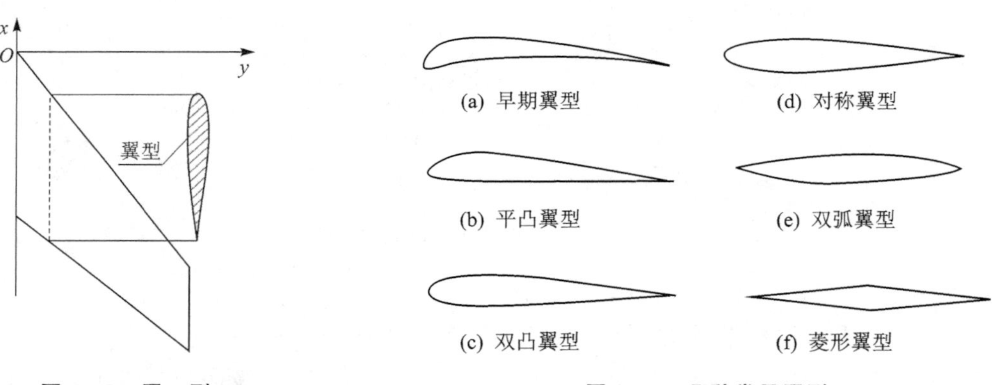

图 1－5　翼　型

图 1－6　几种常见翼型

2. 翼型的几何参数

翼型的形状一般可以用以下几个几何参数来表示：

① 弦长 c：翼型上下表面内切圆圆心连线称为中弧线，如图 1－7 所示。中弧线的前端点称为前缘，后端点称为后缘。前缘与后缘的连线称为翼弦，其长度称为弦长或几何弦长。

② 相对弯度 $\bar{f}$：翼型中弧线与翼弦之间的距离称为弯度 f。最大弯度（见图 1－8 中的 f_{max}）与弦长的比值称为相对弯度，即

$$\bar{f}=\frac{f_{max}}{c}\times 100\%$$

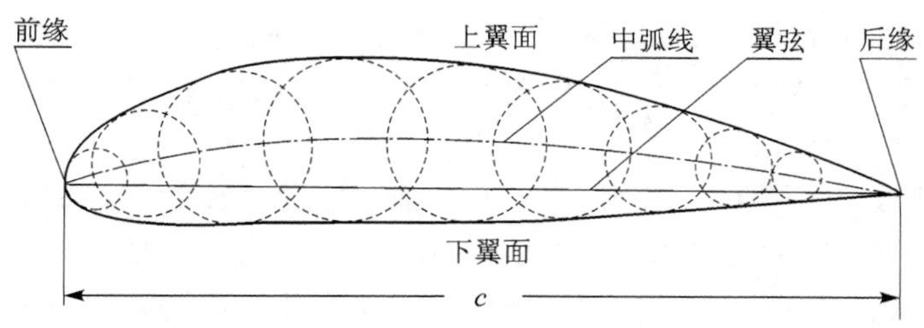

图 1-7　翼型的中弧线和翼弦

相对弯度越大，翼型上下翼面越不对称。

③ 最大弯度位置 $\bar{x}_f$：翼型最大弯度所在位置到前缘的距离称为最大弯度位置，通常以其与弦长的比值来表示，即

$$\bar{x}_f = \frac{x_f}{c} \times 100\%$$

④ 相对厚度 $\bar{t}$：垂直于翼弦的直线与上下翼面的两个交点间的距离称为翼型厚度，记为 t。翼型最大厚度(见图 1-8 中 t_{max})与弦长的比值称为翼型的相对厚度，即

$$\bar{t} = \frac{t_{max}}{c} \times 100\%$$

⑤ 最大厚度位置 $\bar{x}_t$：翼型最大厚度所在位置到前缘的距离称为最大厚度位置，通常以其与翼弦的比值来表示，即

$$\bar{x}_t = \frac{x_t}{c} \times 100\%$$

⑥ 后缘角 τ：翼型上下表面围线在后缘处切线间的夹角(见图 1-8)。

⑦ 前缘半径 r：翼型前缘处的曲率半径，如图 1-9 所示。

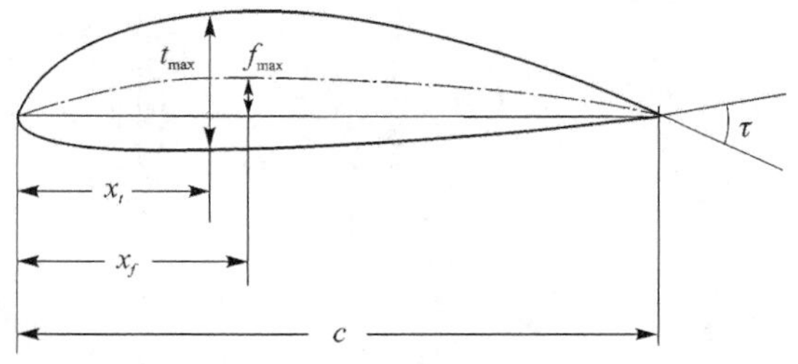

图 1-8　翼型的几何参数

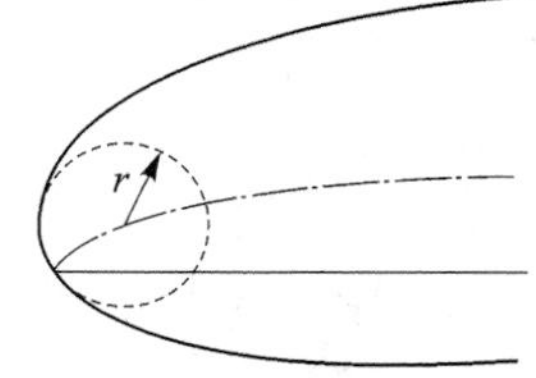

图 1-9　前缘半径

无人机的翼型通常是圆头或小圆头、尖尾、对称或微弯($\bar{f}=0\sim2\%$)、较薄或中等厚度($\bar{t}=3\%\sim5\%$)的翼型，最大弯度位置和最大厚度位置约为 30%～50%。

随着航空科学的发展，航空发达国家建立了各种翼型系列。美国有 NACA 系列，德国有 DVL 系列，英国有 RAF 系列，法国有 OA 系列，俄罗斯有 ЦАГИ 系列等。这些翼型的资料包括几何特性和气动特性，可供气动设计人员选取合适的翼型。在现有的翼型资料中，NACA 翼型系列的资料比较丰富，无人机上采用这一系列的翼型也比较多。NACA 翼型系列主要包括下列一些翼型族：

① 4 位数翼型族：这是最早建立的一个低速翼型族。例如，NACA2415 翼型，其第一位数

值 2 表示最大相对弯度 $\bar{f}$ 为 2%；第二位数 4 表示最大弯度 $\bar{x}_f$ 位于翼弦前缘的 40%处；末两位数 15 表示相对厚度 $\bar{t}$ 为 15%。这一族翼型的中线由前后两段抛物线组成，厚度分布函数由经验的解析公式确定。

② 5 位数翼型族：这是在 4 位数翼型族的基础上发展起来的。这一族翼型的中线有两种类型，一类是简单中线，它的前段为三次曲线，后段为直线；另一类是 S 形中线，前后两段都是三次曲线，后段上翘的形状能使零升力矩系数为零，这个特性通过第三位数来表征，例如 NACA24015 中 0 表示后段为直线。这族翼型的厚度分布与 4 位数翼型族相同。

③ 6 位数翼型族：适用于较高速度的翼型族，已得到了广泛应用。这种翼型又称层流翼型，它的前缘半径较小，最大厚度位置靠后，能使翼型表面上尽可能保持层流流动，以便减小摩擦阻力。

④ 7、8 位数翼型族及各种修改翼型。以超声速飞行的飞机为了减小波阻，常采用尖前缘的对称翼型。常见的翼型有菱形、六面形和由上下两圆弧组成的双凸翼型。由于飞机要在低速到高速的整个范围内使用，翼型的选用必须兼顾高、低速特性，而且后掠可使超声速飞机的机翼保持亚声速前缘，所以大多数超声速飞机仍采用小钝头的亚声速翼型。而超声速导弹主要用作超声速飞行，因此弹翼多采用超声速翼型。

1.2.2 机翼的平面形状及几何参数

1. 机翼的基本平面形状

机翼的基本平面形状有矩形翼、椭圆翼、梯形翼、后掠翼、三角翼等。从 20 世纪 50 年代起，又陆续出现了由上述基本平面形状改型或组合而成的复合型机翼，如双三角翼、S 形前缘翼、边条翼、变后掠翼、前掠翼等。目前几种常见的机翼平面形状如图 1 - 10 所示。

图 1 - 10 几种常见的机翼平面形状

2. 机翼平面的几何参数

机翼的平面形状可以用以下几个几何参数来描述，如图 1 - 11 所示。

① 机翼面积 S_W：在襟翼、缝翼全收时，机翼在过机体纵轴垂直于飞机对称面的 xOy 平面上的投影面积称为机翼面积。一般地，对于实际飞机，机翼面积包括两翼根之间的那部分机身所占的面积。飞机重量与机翼面积的比值称为机翼载荷。

② 展长 b：机翼左右翼端(翼尖)之间的距离。通常低速长航时无人机的翼展长都很大，如“全球鹰 A”无人机的翼展达 35.3 m，“死神”无人机的翼展为 20 m，“翼龙-2”无人机的翼展为 14 m，“翔龙”无人机的翼展为 24.86 m。飞机重量与翼展长之比称为翼展载荷，通常无人机重量轻，翼展载荷较小，抗突风的能力较差，如波音 747 飞机翼展载荷为 28.28 kN/m，而“全球鹰 A”无人机翼展载荷仅为 3.23 kN/m。

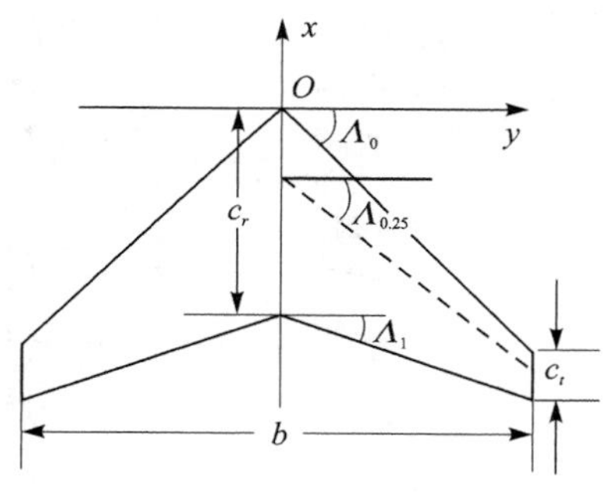

图 1-11 表示机翼平面的几何参数

③ 展弦比 A：展长 b 与平均几何弦长 c_G 之比。因为 $c_G = S_W/b$，所以

$$A = \frac{b}{c_G} = \frac{b^2}{S_W}$$

现代歼击机的展弦比大致为 2～5；轰炸机、运输机大致为 7～12；滑翔机、高空侦察机可达 16～19，“全球鹰 A”无人机的展弦比达 25，“捕食者 B”无人机的展弦比达 16。

④ 根梢比 λ：翼根弦长 c_r 与翼梢弦长 c_t 之比，即 $\lambda = c_r/c_t$。矩形翼，$\lambda = 1$；三角翼，$\lambda = \infty$。除飞翼式布局无人机外，多数固定翼无人机机翼的根梢比较小。

⑤ 后掠角 Λ_W：后掠角是指机翼上有代表性的等百分弦线(如前缘线、1/4 弦线、后缘线等)在 xOy 平面上的投影与 Oy 轴之间的夹角。后掠角的大小表示机翼向后倾斜的程度。图 1-11 中 Λ_0 称为前缘后掠角，$\Lambda_{0.25}$ 称为 1/4 弦线后掠角，Λ_1 称为后缘后掠角。一般常用 1/4 弦线后掠角作为机翼的后掠角。对于前掠翼飞机，其机翼的前掠角可以有两种表示方法，比如当其机翼前缘与 Oy 轴之间成 45°角时，可以说其前缘前掠角为 45°或前缘后掠角为 −45°。多数低速、亚声速固定翼无人机机翼后掠角较小，飞翼式布局无人机和高速无人机机翼前缘后掠角一般超过 45°。

1.2.3 桨叶的形状

前面介绍的是固定翼飞机机翼的形状，对于采用螺旋桨提供动力的固定翼飞机和采用旋翼提供动力的直升机来说，作用在螺旋桨或旋翼上的空气动力分析方法在原理上与机翼类同。下面就以旋翼为例来简单介绍桨叶的形状。

旋翼是直升机最关键的部件，既可以产生升力，又是直升机水平运动的动力来源，旋翼旋转的平面既是升力面又是操纵面。从原理上讲，旋翼和螺旋桨没有区别，但是旋翼提供的拉力可以分解为升力和推力，而螺旋桨仅提供推力。操纵直升机改变飞行状态是靠改变旋翼拉力的大小和方向来完成的。

1. 桨叶翼型

旋翼的空气动力是建立在每片桨叶的空气动力基础上的，旋翼由数片形状相同的桨叶组成，每片桨叶的空气动力可以近似看成各小段叶素的空气动力总和。

桨叶的剖面形状与飞机机翼的剖面形状类似，都称之为翼型，其几何参数与机翼翼型相同。正如机翼翼型一样，桨叶翼型是构成桨叶的基石。在直升机的发展初期，基本上都采用对称翼型系列，这是因为它可以提供非常稳定的压力中心，避免了因压力中心移动而导致叶片扭转，并且其正负迎角的升阻特性对称。许多现代直升机的复合材料桨叶采用的是和固定翼飞机机翼相似的翼型，优点是具备更好的气动性，但需要采用其他方法来保持压力中心位置不

变，如图 1－12 和图 1－13 所示。

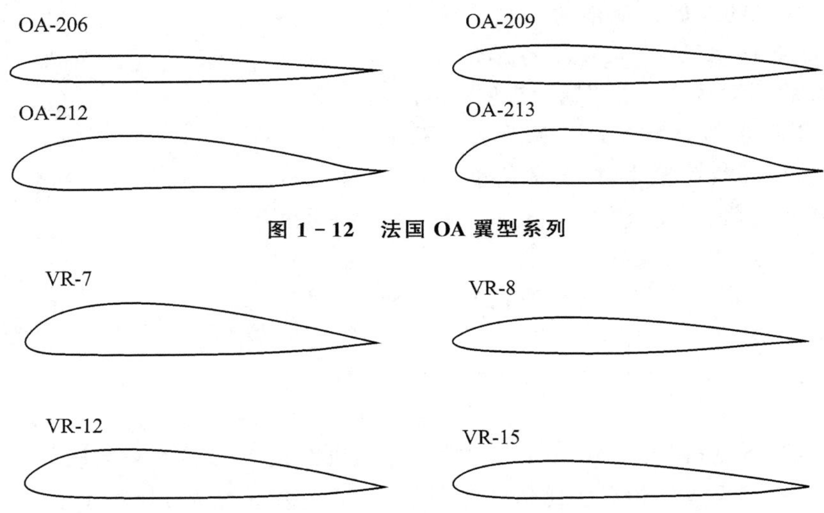

图 1－12　法国 OA 翼型系列

图 1－13　波音 VR 翼型系列

2. 桨叶的平面形状

桨叶的平面形状很多，主要有椭圆形、矩形和马刀形等，如图 1－14 所示。

旋翼的桨尖区域既是桨叶的高速区，又是桨叶的气动敏感区。对桨尖形状适当修型，可以有效地改进旋翼的气动特性，如图 1－15 所示。尖削桨叶可以获得较高的气动效率，一般将尖削与扭转加以特别组合，因为桨尖速度与旋翼性能有十分密切的关系。首先，前行桨叶尖部的空气压缩性不允许速度过大，通常马赫数在 0.92 以下，某些直升机采取后掠桨尖可使临界马赫数增加百分之几。其次，桨尖速度过高会产生很大的噪声。

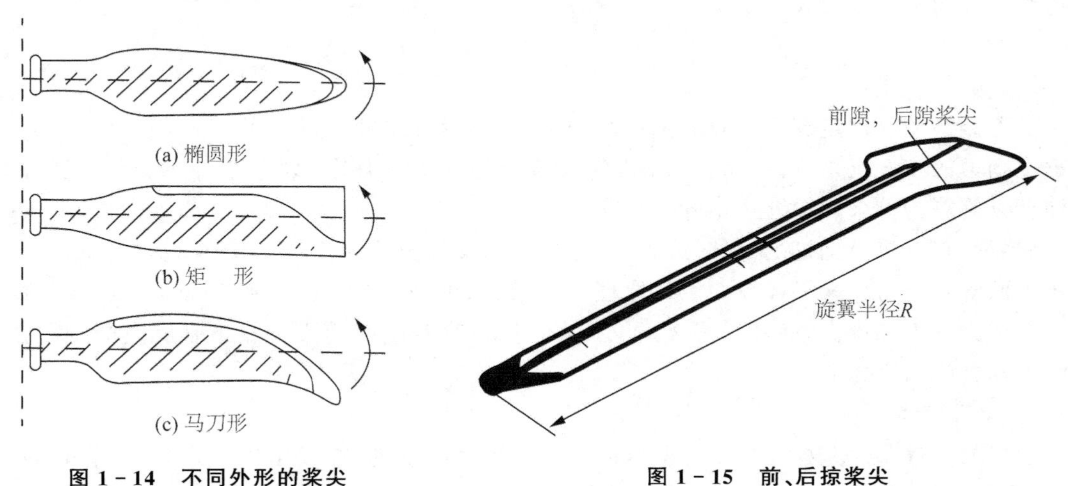

图 1－14　不同外形的桨尖　　**图 1－15　前、后掠桨尖**

1.3　无人机飞行环境

航空是指飞行器在地球大气层中的航行活动，航空飞行必须具备空气介质和克服飞行器自身重力的升力，大部分飞行器还要有产生相对于空气运动所需的推力。

国际上通常将100 km高度的冯·卡门线作为航空航天的分界线(美国认为应为80 km)。但并非100 km以下的所有区域都适合航空飞行,目前保持航空飞行高度记录的为苏联的米格-28,曾飞到37 km的高度,美国的黑鸟侦察机曾飞至26 km的高度。国际民航组织将18.3 km(我国规定20 km)以下的区域定为航空领域,100 km以上为航天领域,二者之间为临近空间。

目前使用的无人机均属于航空器,并且绝大多数属于重于空气的航空器。无人机在大气层内飞行时所处的环境条件称为飞行环境。飞行环境又称为大气环境,大气环境中空气的各种物理性质或参数,如空气的密度、压力和温度等,不仅影响作用在无人机上空气动力的大小,也影响无人机动力系统的性能,如产生的推力和耗油率的大小等。许多飞行仪表,如空速表、高度表等,也与空气的状态参数紧密相关。只有了解和掌握了大气的特性和变化规律,并设法克服或减少飞行环境对无人机的影响,才能保证无人机安全可靠地飞行。

1.3.1 大气基本知识

大气是指地球周围的一层气态物。地球大气是在地球引力作用下,在地球周围形成的气体包层。大气随着地球一起运动。大气层总质量的90%集中在离地球表面15 km的高度以内,总质量的99.9%集中在50 km的高空以内。大气层的底界是地面,在200 km的高度以上,大气极为稀薄,逐渐向行星空间过渡,无明显的上界。如果以空气密度接近于星际气体密度的高度作为大气的顶界,根据卫星探测到的资料推算,认为大气的顶界约为2 000~3 000 km。大气的各种特性沿铅垂方向上的差异非常显著,例如空气密度和压力都随高度的增加而减小。在10 km的高度,空气密度只相当于海平面空气密度的1/3,压力约为海平面压力的1/4;在100 km的高空,空气密度只是地面附近空气密度的百万分之零点四,其压力只是地面附近空气压力的百万分之零点三。

根据大气的某些特性,可以把大气层分为五层:对流层(变温层)、平流层(同温层)、中间层(高空对流层)、热层(电离层)和散逸层(外层)。大气的压力、密度会随高度的升高而下降,气温随高度的变化规律比较复杂,如图1-16所示。一般无人机的飞行空间是在对流层或平流层。

1. 对流层

对流层在大气层的最底层,其下界与地面相接,上界高度随地理纬度和季节的变化而变化。在低纬度地区(南北纬30°之间)平均高度为17~18 km,在中纬度地区(纬度30°~60°)平均高度为10~12 km,在高纬度地区(纬度60°以上)平均高度为8~9 km,并且夏季高于冬季。由于地球引力作用,对流层集中了全部大气质量的3/4。对流层的天气变化最复杂,也对飞行影响最大。

对流层有以下3个主要特征:

① 气温随高度升高而降低。对流层大气热量的直接来源主要是空气吸收地面发出的长波辐射,靠近地面的空气受热后热量再向高处传递,因此在对流层,气温普遍随高度升高而降低,高山常年积雪就是这个道理。根据实际探测,对流层中的平均气温垂直递减率为0.65 ℃/100 m。利用这一数值,如果已知某地地面气温,可以大致推算出该地某个高度上的气温。

在对流层中,虽然气温的分布普遍随高度升高而降低,但有时候也会出现气温随高度的升高而升高或者在一段高度内气温保持恒定的情况,称为逆温层或者同温层。

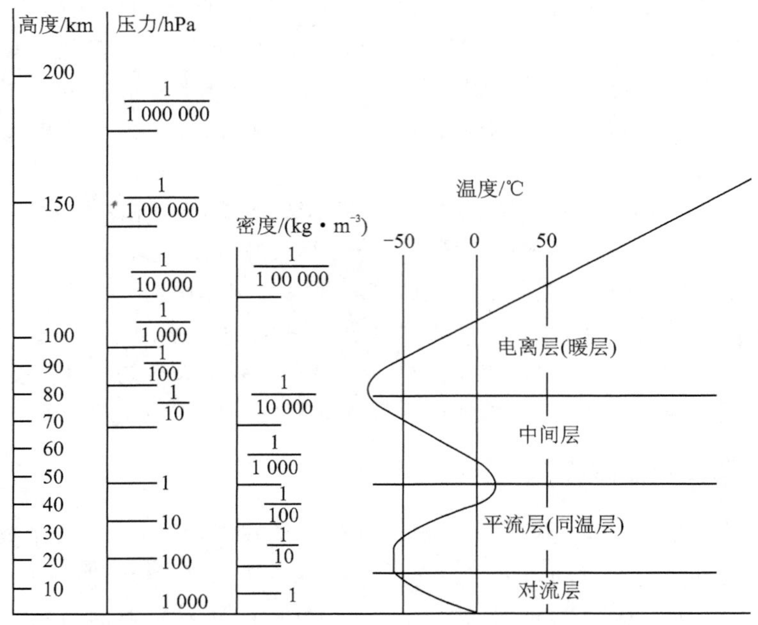

图 1-16　大气分层

② 有强烈的水平、垂直对流现象。由于太阳对地面照射情况不一，加之地形地貌不同，因而各地大气的气温、密度、气压不同。即使同一地区，大气特性也会发生变化，气压变化使大气产生水平对流现象，形成风，且风向、大小也会经常变化。对流层的暖空气总是具有上升的趋势，上层冷空气总是具有下沉的趋势，由于温度变化使受热多的空气膨胀上升，受热少的空气冷却下降，从而形成了空气的垂直对流现象。

③ 气温、湿度的水平分布很不均匀。对流层与地面相接，其温、湿特性主要受地表性质的影响，故在水平方向上分布很不均匀。如南北空气之间明显的温差，海陆之间空气的湿度差异等。地球上的水受太阳照射而蒸发，使大气中聚集大量的各种形态的水蒸气。水蒸气几乎都在这一层内存在，故各种天气现象，如云、雨、雾、雪、霾都出现在这一层中。

在对流层中，按气流和天气现象分布的特点，可分为下、中、上 3 层：对流层下层(离地 1 500 m 高度以下)的空气运动受地形扰动和地表摩擦作用最大，气流混乱。中层(1 500～6 000 m 高度)空气运动受地表影响较小，气流相对平稳，可代表对流层气流的基本趋势，云和降水大多生成于这一层。上层(从 6 000 m 高度到对流层顶)受地表影响更小，水汽含量很少，气温通常在 0 ℃以下，多由冰晶或过冷水滴组成。在离地 1 500 m 高度的对流层下层又称为摩擦层，在 1 500 m 高度以上，大气几乎不受地表摩擦作用的影响，故称为自由大气。

2. 平流层

平流层位于对流层之上，顶界伸展到 50～55 km。在平流层内，随着高度的增加，气温最初基本保持不变(约－56.5 ℃)，这是因为受地面温度影响较小。到约 20 km 以上气温升高较快，到了平流层顶气温升至 0～20 ℃，因为该层存在大量能直接吸收太阳辐射热的臭氧。平流层空气稀薄，所包含的大气质量占整个大气质量的 1/4 左右。在平流层中，空气没有垂直方向的运动，只有水平方向的风，气流平稳，空气阻力小，这里基本上没有水汽，晴朗无云，很少发生天气变化，平流层底部是民用飞机的理想飞行空间，目前大型客机大多飞行于此层。

对流层与平流层之间的过渡气层称为对流层顶,它的作用就像一个盖子,阻挡了下层水汽、杂质的向上扩散,使得对流层顶上、下的飞行气象条件常有较大差异。

3. 中间层

中间层位于平流层之上,距地球表面 50～85 km。这一层空气更为稀薄,仅占整个大气质量的 1/3 000。该层的突出特征是气温随高度增加而迅速降低,在这一层的顶部气温可低至 160～190 K,是整个大气层中的最低温度。这种温度垂直分布有利于垂直运动发展,因而空气的垂直对流强烈。

4. 电离层

中间层之上是电离层,顶端距离地平面大约 800 km,这里的大气已极稀薄。这一层的温度因为大气大量吸收太阳紫外辐射线而升高,层内温度很高,故也称暖层。该层的另一个重要特征是空气处于部分电离或完全电离的状态,存在相当多的自由电子和离子,能反射无线电短波,从而使地面上可以实现短波无线电通信。许多有趣的天文现象,如极光、流星等都发生在电离层中。电离层的变化会影响飞行器的无线电通信。

5. 散逸层

散逸层在电离层之上,是地球大气的最外层,由带电粒子所组成。在这里空气极其稀薄,这层内的大气质量只是整个大气质量的千亿分之一,同时又远离地面,受地球的引力作用较小,因而大气分子不断地向星际空间逃逸。大气外层的顶界为 2 000～3 000 km。

1.3.2 国际标准大气

无人机的飞行性能与大气状态(温度、压力、密度等)密切相关,而大气状态随着纬度、季节、时间、高度的不同而变化。随着大气状态的变化,无人机的空气动力和飞行性能也要变化。因此同一架无人机在不同地点做飞行试验,所得出的飞行性能就会不同。就是同一架无人机在同一地点、同一高度试飞,只要季节和时间不同,所得出的飞行性能也会不同。为了在进行航空器设计、试验和分析时所用的大气物理参数不因地而异,必须建立一个统一的标准。为此,国际民航组织制定了国际标准大气(International Standard Atmosphere,ISA)。

1. 国际标准大气概述

国际标准大气就是人为规定大气温度、密度、压强等随高度变化的关系,从而得出统一的数据作为计算和试验飞行器的统一标准,以便于对飞机、发动机和其他飞行器的试飞结果和计算结果加以比较。国际标准大气被看成是完全气体,服从气体的状态方程。在海平面上,大气温度 $T_0=288.15$ K($t_0=15$ ℃),压强 $p_0=101\ 325$ Pa(760 mmHg),密度 $\rho_0=1.225\ \mathrm{kg/m^3}$,声速 $c=1\ 225$ km/h=341 m/s。根据这些规定,通过理论计算即可确定不同高度的大气物理状态参数。国际标准大气由国际民航组织依据北半球中纬度地区(北纬 35°～36°,主要是欧洲)大气状态用简化方程近似地表示大气温度、密度、压强、声速等参数的平均铅垂分布。按照这个公式计算出来的大气参数沿高度的变化排列成表,即为标准大气表,如表 1-1 所列。

表 1-1 国际标准大气表(部分数据)

高度/m	压强/Pa	气温/K	空气密度/(kg·m^{-3})	空气相对密度	声速/(m·s^{-1})
−1 000	113 937	294.50	1.346 5	1.099 2	345
0	101 325	288.15	1.225 0	1.000 0	341
1 000	89 876	281.65	1.111 7	0.907 3	337

续表 1-1

高度/m	压强/Pa	气温/K	空气密度/(kg·m^{-3})	空气相对密度	声速/(m·s^{-1})
2 000	79 501	275.15	1.006 6	0.821 5	333
3 000	70 121	268.66	0.909 2	0.742 0	329
4 000	61 660	262.17	0.819 4	0.668 5	325
5 000	54 048	255.68	0.736 4	0.600 7	321
6 000	47 217	249.19	0.660 1	0.538 3	317
7 000	41 105	242.70	0.590 0	0.481 0	313
8 000	35 651	236.22	0.525 8	0.428 4	309
9 000	30 800	229.73	0.467 1	0.380 4	304
10 000	26 499	223.25	0.413 5	0.413 5	300
11 000	22 699	216.77	0.364 8	0.296 8	296
12 000	19 339	216.65	0.311 9	0.253 5	296
13 000	16 579	216.65	0.266 6	0.216 5	296
14 000	14 170	216.65	0.227 9	0.184 9	296
15 000	12 111	216.65	0.194 8	0.157 9	296
16 000	10 352	216.65	0.166 5	0.134 9	296
17 000	8 849.7	216.65	0.142 3	0.115 3	296
18 000	7 565.2	216.65	0.121 7	0.098 4	296
19 000	6 467.4	216.65	0.104 0	0.084 1	296
20 000	5 529.3	216.65	0.088 9	0.072 0	296
21 000	4 728.9	217.58	0.075 7	0.061 4	296
22 000	4 047.5	218.57	0.064 5	0.052 3	296
23 000	3 466.8	219.57	0.055 0	0.044 7	297
24 000	2 971.7	220.56	0.046 9	0.038 2	298
25 000	2 549.2	221.55	0.040 1	0.032 6	299

由国际组织(例如国际民航组织、国际标准化组织)颁布的标准大气称为国际标准大气,国家机构颁布的标准大气称为国家标准大气。中国国家标准总局 1980 年颁布了《中华人民共和国标准大气》(30 km 以下部分)。应当注意,各地的实际大气参数与标准大气之间是存在差异的。

2. 国际标准大气主要参数变化

飞机飞行手册中列出的性能数据常常是根据 ISA 制定的,而实际大气很少有和 ISA 吻合的,因此在使用飞行性能图时,常常要进行实际大气和 ISA 的相互换算。

实际大气和 ISA 相互换算的主要目的是确定实际大气与 ISA 的偏差,即 ISA 偏差。ISA 偏差是指某处实际参数与该处 ISA 标准参数的差值,常用于在飞行活动中确定飞机性能的基本已知条件。

(1) 大气温度

大气温度是表示空气冷热程度的物理量,实质上是空气分子平均动能大小的宏观表现。一般情况下可将空气看作理想气体,这样空气分子的平均动能就是空气内能,因此气温的升高或降低，也就是空气内能的增加或减少。气温通常用3种温标来量度，即摄氏温标(℃)、华氏温标(℉)和绝对温标(K)。摄氏温标将标准状况下纯水的冰点定为0 ℃，沸点定为100 ℃，其间分为100等分，每一等分为1 ℃。华氏温标是将纯水的冰点定为32 ℉沸点定为212 ℉，其间分为180等分，每一等分为1 ℉，可见1 ℃与1 ℉是不相等的。将摄氏度换算为华氏度的关系式为

$$℉ = (9/5)℃ + 32$$

按照国际标准大气，当高度 $H \leqslant 11\ 000$ m时，高度每增加1 000 m，温度降低6.5 ℃，即

$$T(\mathrm{K}) = 288.15 - 0.006\ 5H \quad 或 \quad T(℃) = 15 - 0.006\ 5H$$

当11 000 m $< H \leqslant$ 20 000 m，大气温度保持216.65 K(−56.5 ℃)不变；当20 000 m $<$ $H \leqslant$ 32 000 m时，高度每增加1 000 m，温度上升1 ℃，即

$$T(\mathrm{K}) = 216.65 + 0.001(H - 20\ 000) \quad 或 \quad T(℃) = -56.5 + 0.001(H - 20\ 000)$$

在实际应用中，要根据实际测得的场温OAT和压力高度 H_p，参照标准大气计算温度偏差，以此校正相关参数。

例：已知某机场场温OAT＝30 ℃，机场压力高度 H_p＝1 000 m。求：机场高度处ISA温度偏差。

解：在压力高度为1 000 m的机场，ISA标准温度应为

$$T_{标准} = 15\ ℃ - (6.5\ ℃/1\ 000\ \mathrm{m}) \times 1\ 000\ \mathrm{m} = 8.5\ ℃$$

而实际温度 $T_{实际}$＝30 ℃，所以ISA温度偏差为

$$\mathrm{ISA}偏差 = T_{实际} - T_{标准} = 30\ ℃ - 8.5\ ℃ = 21.5\ ℃$$

表示为ISA＋21.5 ℃。

(2) 大气密度

大气密度是指在一定的温度和压力下，单位体积内的空气质量。大气密度的大小与大气高度有关，随高度增加而减小，定义空气相对密度 $\sigma = \rho_H / \rho_0$，则

当高度 $H \leqslant 11$ km时

$$\sigma = (1 - H/44.3)^{4.253}$$

当高度 $H > 11$ km时

$$\sigma = 0.297\mathrm{e}^{-(H-11)/6.336}$$

大气密度随高度的变化不仅对作用在飞机上的空气动力产生影响，还会对喷气发动机的推力产生较大影响。随着大气密度的减小，发动机功率会相应减小并产生其他方面的变化。

(3) 大气压强

大气的压强 p 是指作用在单位面积上且方向垂直于此面积(沿内法线方向)的力，就空气来讲，空气的压强是众多空气分子在一面积上不断撞击产生作用的结果。压强 p 的单位是 $\mathrm{N/m^2}$ 或Pa。常用的气压量度单位有百帕(hPa)和毫米汞柱(mmHg)，1 hPa＝100 $\mathrm{N/m^2}$ ＝0.75 mmHg。要说明的是，本书中压力的概念等同压强。

任何状态下，气体的压强、密度和温度之间存在一定的函数关系，即

$$p = p(\rho, T)$$

这个函数关系称为气体的状态方程。完全气体的状态方程形式为

$$p = \rho R T$$

式中，R 为气体常数，各种气体的气体常数是不同的。空气是多种组分构成的混合物，按其组分的质量比例计算，当 $p=1.013\ 2\times10^5$ Pa，$T=293.15$ K 时，空气的气体常数为 287.053 $m^2/(s^2\cdot K)$。

地球大气密度有由地面向高空递减的特性，也就意味着单位体积的大气重量也随高度的增加而递减，气压亦有相同的变化，即随着高度的增加，气压不断降低。大气压强随着高度的增加按指数规律递减，无人机可以使用这个规律来确定飞行高度。

当高度 $H\leqslant11$ km 时

$$(p_H/p_0)=(T_H/T_0)^{5.256}=\sigma^{1.235}=(1-0.022\ 57H)^{5.256}$$

当高度 $H>11$ km 时

$$(p_H/p_0)=0.223\ 4e^{-(H-11)/6.336}=0.752\sigma$$

气压有日变化和年变化，一天中，气压有一个最高值和一个最低值，分别出现在 9～10 时和 15～16 时，气压日变化幅度较小，一般为 0.1～0.4 hPa；一年之中，冬季比夏季气压高。气压变化与风、天气的好坏等关系密切，是一个重要的气象因子。一般而言，气压降低预示坏天气的到来，气压增高预示天气会变得晴好。

在飞机上的空气动力，特别是升力，大都来自飞机外表面上的空气压力，一方面压力变化会对飞机的空气动力性能产生一定的影响，飞行高度太高，空气密度很小，发动机的效率就会很低。航空上常用的气压有以下几种：

1）标准海平面气压 QNE

大气处于标准状态下的海平面气压称为标准海平面气压，其值为 101.325 MPa 或 760 mmHg，用 QNE 表示。修正海平面气压是经常变化的，而标准海平面气压是一个常数。

2）本站气压

本站气压是指气象台气压表直接测得的气压。由于各测站所处地理位置及海拔高度不同，本站气压常有较大差异。

3）场面气压 QFE

场面气压是指着陆区(跑道入口端)最高点的气压，用 QFE 表示。场面气压也是由本站气压推算出来的。飞机起降时为了准确掌握其相对跑道的高度，就需要知道场压。场面气压也可由机场标高点处的气压代替。

4）修正海平面气压 QNH

修正海平面气压是平均海平面的大气压力 p_{SL}，通常由航空气象台播报，用代号 QNH 表示，它们量取的平均海平面（$H_a=0$）是山东省青岛验潮站处的海平面的平均高度（MSL）。QNH 大小是随时变化的，通常与 ISA 规定的标准海平面的 p_0 值不同，如图 1-17 所示。当 $p_{SL}<p_0$，则 ISA 的假想平均海平面应画在实际平均海平面的下方；反之，如 $p_{SL}>p_0$，则 ISA 的假想平均海平面应画在实际平均海平面的上方。

3. ISA 与飞行高度

飞机飞行高度 H 的大小不仅涉及飞行安全，还涉及飞机飞行性能的变化和飞行参数的计算，因此十分重要。下面围绕飞机飞行高度问题，讨论 ISA 表的应用。

(1) 气压高度

在实际使用气压高度时，会根据不同的使用时机选择不同的基准零点，从而得到不同的气压高度。

1) 标准气压高度

在 ISA 表中，每一个高度对应某一个空气静压力 p_s。按照 ISA 表，无人机所处位置处空气静压力 p_s 对应的高度称为无人机的气压高度，用 H_p（或 H）表示，此高度的零点为 QNE 高度，如图 1-17 所示。以 QNE 为零点，无人机大气机测得的气压高度就是飞行气压高度 H_p，或简称为飞行高度 H。无人机巡航飞行时，需要使用飞行气压高度 H_p（FL），目的是使所有在航线飞行的飞机都有相同的"零点"高度，并按此保持规定的航线气压高度飞行，以避免飞机在空中相撞。

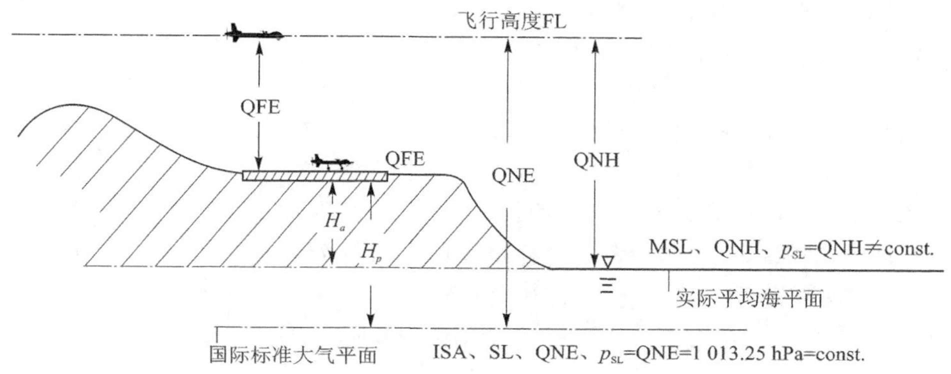

图 1-17　不同气压高度及基准

2) 场面高度

根据航空气象台预报获知某机场道面的空气静压力预报值 p_s 大小，即 p_s = QFE，通过查 ISA 表得到的机场高度称为本场场面高度。如已知某机场的空气静压力 p_s = 79 501 Pa，查 ISA 表可知，该机场场面高度 H_p 为 2 000 m。

在无人机起飞或着陆过程中，将飞行气压高度零点值设定在 QFE，气压高度表上的读数则是无人机离开机场道面的压力高度，简称场高。如果误拨高度表零点值，比如拨定值＞QFE，则会出现无人机已接近道面，高度表读数仍大于零的情况；若拨定值＜QFE，则会出现无人机尚未接近道面，高度表读数已显示为零的情况。这都将为着陆飞行带来"撞地风险"，或者造成"着陆失败"。

飞机飞行时，测量高度多采用无线电高度表和气压式高度表。无线电高度表所测量的是飞机相对于所飞越地区地表的垂直距离。无线电高度表能不断地指示飞机相对于所飞越地表的高度，测量精度高，并对地形的任何变化都很"敏感"，这既是很大的优点，又是严重的缺点。如果在地形多变的地区上空飞行，飞机试图按无线电高度表保持规定飞行高度，飞机航迹将随地形而起伏。无人机起飞着陆时优先使用无线电高度表测得的相对高度，如无线电高度表失效，则会使用场高。

无人机起飞过程中首先使用相对高度（或场高），当到达一定高度时，气压高度零点转换为 QNE 进行高度控制飞行；下降着陆过程高度转换反之。

小型通用飞机，先是 QFE，然后零点转拨到 QNH 再转回到 QFE 的状况，视不同国家规定而定。

(2) 密度高度

无人机飞行所处的某个高度处，其空气密度 ρ 的大小对应于 ISA 表中某个高度处的密度，则该高度称为飞机的密度高度，用 H_ρ 表示。

已知某机场的静压力 p_s=89 876 Pa，获知其压力高度 H_p=1 000 m，在 ISA 表上可查得该高度的标准气温 T=8.5 ℃。但是该机场空气的静温 T_s 可能随季节、时间的不同而不同，不一定会等于 ISA 表中该压力高度所对应的气体温度。

若用 OAT 代表机场空气的气温，该机场压力高度为 H_p，对应 ISA 表上的气温用 ISA 表示，则该机场气温 OAT 与 ISA 表规定值的温度不相等，差值为 ΔT=OAT−ISA。在相同的静压力 p_s 下，$\Delta T>0$，则空气的密度 ρ 将减小，机场的密度高度 H_ρ 将增大（$H_\rho>H_p$）；反之，若 $\Delta T<0$，则机场的密度高度 H_ρ 将减小（$H_\rho<H_p$）。

在对流层中，也可以用下式估算 H_ρ 的大小，即

$$H_\rho=H_p+36.58(\text{OAT}-\text{ISA})$$

如上面所举的例子，现知机场的 OAT=30 ℃，则 ΔT=OAT−ISA=21.5 ℃，由上式可得 H_ρ=1 786 m。

已知 H_p、OAT、ISA 或温度 ΔT，就能求 H_ρ 或 σ，这是因为飞机上产生的空气动力及飞机动力装置所能提供的推力或拉力、燃油消耗率等都直接与 H 有关。所以，H_ρ 的大小对飞机飞行性能将产生直接影响。图 1－18 绘制了飞机高度表的三个零点，以及飞机飞行高度为 FL=10 000 m 时外界气温 OAT 与 ISA 气温相比，密度高度 H_ρ 的变化示意图。

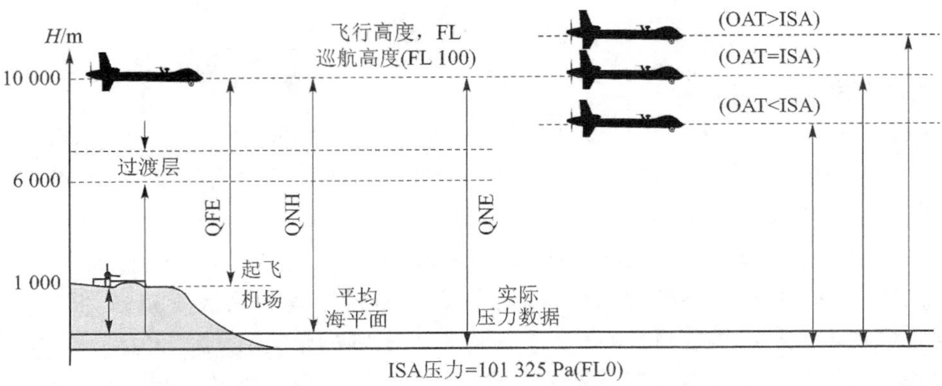

图 1－18　外界气温不同时密度高度变化

1.4　无人机空气动力学特点

和有人机相比，无人机种类繁多，根据作战运用需求不同，气动布局和大小差异很大，如图 1－19 所示。加之无人机不用考虑载人的要求，一般装载密度较大，机翼（桨盘）载荷较小，这就决定了无人机空气动力学的特点。

1.4.1　长航时远程无人机

长航时远程无人机的典型任务是远程侦察，需要携带多功能较重的先进任务载荷飞行很远的距离抵达目的地，并长时间滞留任务区，不仅要求发动机耗油率低、载油系数大，而且要求巡航阻力小。其主要气动特征是巡航使用大升力系数，诱导阻力小。这就需要采用大展弦比、大升力系数和翼型厚度大的机翼。和有人机相比，翼展载荷（无人机重量与翼展之比）小，受扰

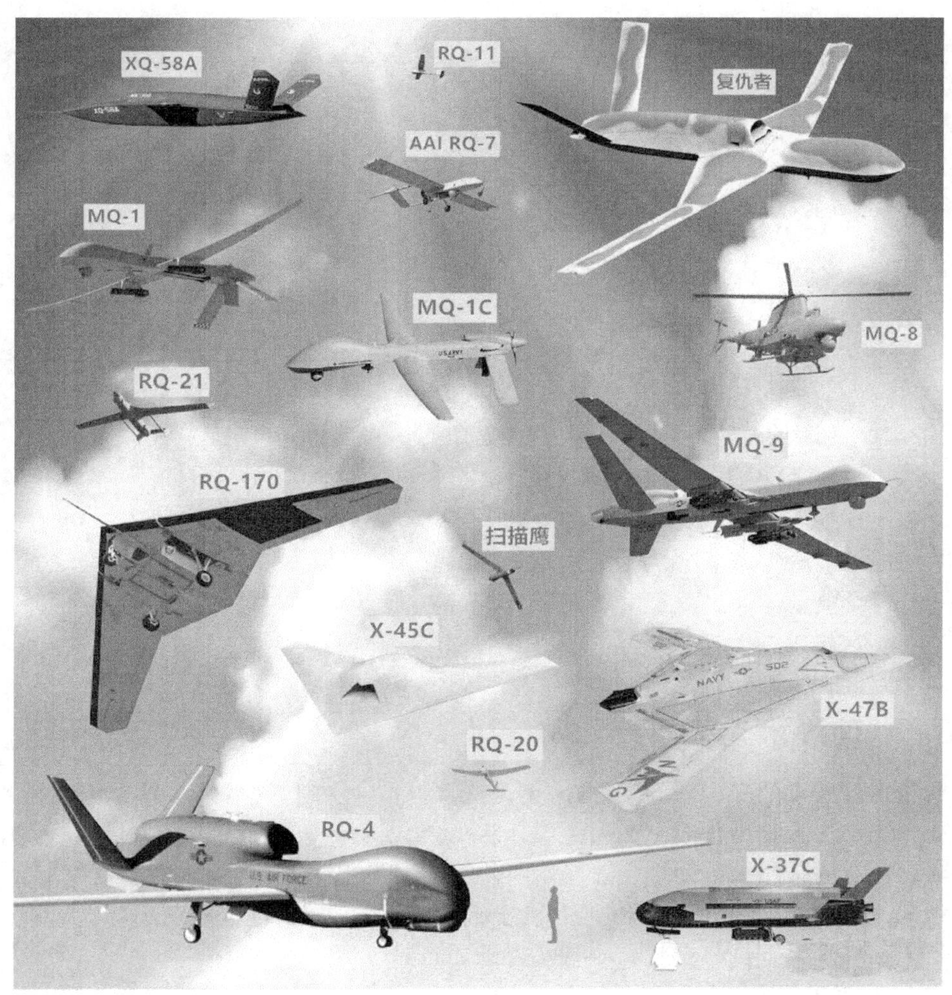

图 1-19 美国重点型号无人机系列

动气流干扰大。

长航时远程无人机的巡航 Ma 通常为 0.50～0.85。由于高空空气稀薄，飞行雷诺数随高度增加而迅速下降，如在 20 km 高度，典型雷诺数为 0.9×10^6～1.6×10^6。

长航时无人机的典型代表是诺斯鲁普·格鲁曼的高空长航时“全球鹰”无人机和通用原子公司的中空长航时“死神”无人机，如图 1-20 所示。

两种无人机都采用常规布局，使用后置的推进系统。每种无人机都有水平和垂直尾翼或 V 形翼，保证俯仰和偏航方向的稳定性。

无人机在飞行途中以经济速度飞行，即用一定的燃油消耗获取最大的飞行距离；同时还须以燃油消耗最小的速度在任务区飞行，但是经济速度一定要大，否则，抵达任务区时间变长，无人机会由于延迟太多而不能执行重要的侦察、监视等任务。因此，有必要使燃油需求量最小。

诺斯鲁普·格鲁曼公司的第二批“全球鹰”
翼展 39.9 m
机长 14.5 m
最大起飞质量 14 268 kg
最大续航时间 35 h
最大飞行高度 19 800 m
任务载荷质量 1 360 kg
可见光和红外电视
合成孔径雷达

通用原子公司的“死神”
翼展 20 m
机长 10.6 m
最大起飞质量 4 536 kg
最大续航时间 32 h
升限 12 000 m
载荷质量 230 kg
稳定的高清图像
可见光和红外电视
SAR

图 1-20 高空、中空长航时无人机(HALE 和 MALE)

1.4.2 中程战术无人机

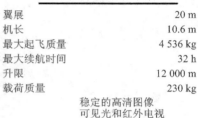

正在使用和研发的固定翼、旋翼战术无人机有很多种类型，其中一部分主要用于完成侦察和炮兵火力控制任务。中程战术无人机中，固定翼无人机一般有轮式起落架，用于在跑道上起飞和着陆。还有的采用火箭助推发射或倾斜轨道辅助发射，利用制动索减少着陆时的滑跑距离。中程战术无人机中的垂直起降无人机常常应用于海面上，包括舰队跟踪、水雷探测和摧毁。但是中程战术无人机与中空长航时无人机之间的区别正在逐渐模糊。

1. 固定翼无人机

典型固定翼无人机有以色列的 RQ-5A“猎人”无人机和南非的“搜索者”无人机，如图 1-21 所示。

大多数中程无人机的结构布局是：前部装有用于侦察的任务设备，或在前机身下面装有任务载荷的球状吊塔，在机身后部安装有螺旋桨动力装置，两者前后平衡；油箱安装在两者中间重心附近；为了稳定和控制气动力，尾翼安装于双尾撑上。

随着中程无人机的大量应用和不断升级改造，续航时间和升限不断增加。为了提高续航时间和飞行高度，飞机翼展载荷不断减小。

2. 垂直起降无人机

在 21 世纪之前，垂直起降无人机系统几乎没有得到发展，现在人们已认识到垂直起降无人机系统的应用价值，并研发了一些型号。在中程无人机类型中，典型的有美国的“火力侦察兵”无人机和奥地利的 S100 无人机，如图 1-22 所示。由于不用考虑载人需要，故垂直起降无人机结构紧凑，飞行阻力小。

无论是垂直起降还是水平起降，对于所有使用活塞发动机的飞机，单位重量的发动机功率需求大小是接近的。而使用涡轮发动机的飞机具有较大的发动机功率，部分原因是桨盘载荷(无人机重量与桨盘面积之比)较大，而且涡轮发动机的推重比大。

IAI Malat的“猎人”重型战术无人机	
总起飞质量	855 kg
功率(重油)	2×50 kW
速度	200 km/h
作用距离	250 km
续航时间	21 h
载荷质量	100 kg
SAR，通信情报和电子支持	
通信中继，核生化探测	
用户提供载荷	

单尼尔宇航的“搜索者”Ⅱ无人机	
总起飞质量	275 kg
功率	38 kW
速度	220 km/h
作用半径	250 km
续航时间	10 h
载荷质量	50 kg
可见光与红外电视	
电子监视	

图 1-21　“猎人”无人机和“搜索者”无人机

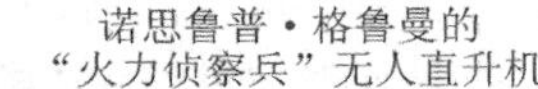

诺思鲁普·格鲁曼的 “火力侦察兵”无人直升机	
总起飞质量	1 432 kg
旋翼直径	8.36 m
功率	315 kW
速度	220 km/h
作用半径	275 km
续航时间	6 h
载荷质量	273 kg
可见光与红外电视	
激光目标指示器	
地雷探测系统	

思坎贝尔S100	
总起飞质量	200 kg
旋翼直径	3.39 m
功率	30 kW
速度	220 km/h
作用半径	150 km
续航时间	6 h
可选任务载荷重量	50 kg
可见光与红外电视	
合成孔径雷达	

图 1-22　“火力侦察兵”无人机和 S100 无人机

海面平均风速比陆地大很多，加之受甲板空间限制，海军舰载无人机起飞回收条件十分严酷。多数海军无人机要求能垂直起降，而且速度不能太慢，否则风大时无法飞到预定空域或返回本舰。风速如果大于无人机飞行速度(地速)，无人机在逆风时相对海面/舰面是后退的，而正侧风时则可能被风吹翻坠毁。

除了倾转旋翼无人机以外，所有类型垂直起降无人机都具有基本相同的巡航速度，大约为 200 km/h。倾转旋翼无人机的巡航速度为其他垂直起降无人机的 2 倍，当然发动机需要能够提供相应的功率。

由于燃油效率和完成的任务不同，大部分水平起降无人机的续航时间都要大于垂直起降无人机。

1.4.3 近程战术无人机

许多任务要求无人机在低空飞行,响应时间快。频繁地在低空飞行意味着是在大气扰流中飞行,因此要求装有载荷稳定平台,使任务载荷能够精确地照射地面目标。

近程战术无人机的设计使用经常要折中考虑起飞和飞行性能。如果有可供使用的较长的起飞跑道,无人机能够以中等的加速度达到飞行速度,无人机所需的推力只比机动飞行所需的推力大一点即可。翼面积也仅取决于正常机动飞行时所需的翼面积,没有必要仅仅为了起飞需要而增加推力或翼面积。

但对于战场中使用的无人机就没有这样的跑道可用,通常采用固定在运输车辆上的倾斜轨道,沿着倾斜轨道,无人机加速达到飞行速度。为了使发射轨道的长度在可控的范围内,无人机的加速度必须达到一定的值。倾斜轨道发射的无人机在离开轨道时,必须获得支撑其飞行所需的速度,该速度比利用跑道滑跑起飞获得的速度要低得多。这就是说,倾斜轨道发射的无人机必须具有较大的机翼面积以支撑其重量,即较低的机翼载荷。倾斜轨道发射无人机的机翼载荷一般为高空长航时无人机的 1/10,中程无人机的 1/2,在巡航飞行时其付出的代价是摩擦阻力较大。

当倾斜轨道发射的无人机离开轨道时,无人机最易受到气流干扰的影响。如果此时的速度高于失速速度的余度有限,任何侧阵风都可能会引起横向滚转、侧滑或坠地。向上阵风可能引起无人机抬头,造成升力和阻力增加,即使没有立即失速,空速的减小也会造成恶性循环。随着空速减小,阻力增大,如此循环直至失速。

“扫描鹰”无人机系统采用新型的空中钩回收方式。该系统为了满足回收系统的要求,选择飞翼布局的无人机结构,从而避免了采用尾翼可能会缠绕回收钩的问题。

1.4.4 小型/微型无人机

微型无人机因为速度慢、尺寸小,所以空气的黏性作用相对于大尺寸飞行器来说更为严重。微型无人机不宜采用大展弦比机翼,诱导阻力大,如美国的“微星”(MicroStar)无人机,翼展为 15 cm,翼面积为 186 cm^2,展弦比只有 1.2,全重为 85 g,其诱导阻力占全机阻力一半以上。因此微型无人机阻力系数大、升力系数小,最大升阻比只有大型无人机的三分之一左右,机翼很容易因气流分离而失速。此外,此类无人机抗风能力很差。

1. 小型无人机

小型无人机系统最多只需两人就可以背负运输、组装并展开使用。起初希望小型无人机采用手抛式发射,由笔记本计算机完成控制、视频图像、导航和状态数据的显示。为此,无人机(手抛发射)实际总起飞重量不能超过 6 kg,整个系统的总重量约 30 kg,装于两个背包。

由于需要考虑无人机可以拆装背负,这就要求折中考虑机翼的大小、面积和翼展,并要求机翼易于拆卸。机翼面积大,对于低速发射和低空监视有利,但无人机易受气流扰动的影响。大翼展无人机在低速飞行时动力需求小,但会影响无人机的背负式运输。

2. 微型无人机

微型无人机系统是指可由一个人即可展开使用,通过平板或类似设备控制的系统。微型无人机最初是指翼展或旋翼直径不超过 150 mm 的飞行器,后来该定义被放宽了。微型无人机主要用于城市和室内侦察。

大多数微型无人机采用固定翼结构布局。无人机尺寸减小有利于无人机结构和机械装置的设计和实现,但对空气动力性能不利。对于非常小的微型无人机,研究低雷诺数的空气动力学特性变得十分重要。固定翼微型无人机质量轻,机翼载荷小,飞行时容易受到气流干扰和急速变化的影响。

旋翼型和扑翼型无人机的摆动空气动力特性比固定翼无人机更有助于升力的产生。微型无人机的机翼载荷越大,受气流干扰和急速变化的影响越小,这与固定翼无人机相同。

本章小结

本章首先简单介绍固定翼无人机和无人直升机的结构组成及功用,为后续学习建立关于无人机的基本概念。之后介绍了对飞行影响最为巨大的机翼和桨叶形状以及无人机的飞行环境。最后简要总结了无人机的空气动力学特点,这些空气动力学知识需要在后续学习中加以对照体会。图 1-23 所示为本章的思维导图,供读者梳理知识点,了解各种知识点间的逻辑关系。

思考题

1. 简要说明无人机的基本组成和主要功用。
2. 分析目前典型无人机采用的机翼和桨叶的形状特点。
3. 简述对流层和平流层的大气特点,分析其可能对飞行造成的影响。
4. 描述在国际标准大气下,气温、气压、高度等的变化特点,分析在实际飞行中,参数应如何应用和换算。
5. 总结无人机空气动力学特点及原因。
6. 阅读拓展阅读材料,总结翼型发展起源及与空气动力学理论发展的关系,写出由简单问题到理论分析再到理论提升过程的心得体会。

拓展阅读[①]

翼型的发展

翼型的发明与车轮同等重要,是古典与近现代流体力学的完美结晶。狭义的翼型指的是飞机机翼的截面形状,这种把力学与美学结合在一起的设计使现代飞行器的动力发挥到了极致。车轮让人类可以在陆上疾驰,而翼型让我们能够自由地翱翔在天际。图 1-24 展示了从莱特兄弟开始早期飞机翼型的进化过程。

实际上,翼型不仅应用于飞机的机翼,在飞机、舰船的螺旋桨、火力及水力发电涡轮机的叶栅、直升机的旋翼以及风力发电机组的叶片中也能发现翼型的身影。毫不夸张地说,如果没有翼型,人类一半以上的工业活动将会减缓或停滞。在翼型的演化过程中,人们对它的认识与改进依赖于流体力学知识的进步,贯穿了古典、近代和现代两百多年流体力学的发展历程。

1. 伯努利(Bernoulli)与欧拉(Euler)——古典流体力学的先声(1738—1783)

故事要从 1738 年说起,伯努利(1700—1782)在这一年发现了著名的伯努利原理,并将其

① 来源于 https://baijiahao.baidu.com/s?id=1626419343362089025@wfr=spider&for=pc.

发表在自己的新书《水动力学(Hydrodynamics)》上。伯努利原理描述了流体中的动能和压能之间存在着的巧妙平衡关系,即动能越小,压能越大。当我们对一枚桌上的硬币吹气时,硬币有时会跳起来,这种现象的产生就是由于气流上下流速不同产生了硬币上下表面的压力差,这一压差驱动了硬币的运动。从某种程度上说,这个原理已经可以用来解释当时的风帆和风车的动力,甚至解析翼型动力的来源问题。

但是伯努利并没有找到这个原理的定量表述,于是他把自己的想法写信寄给了在柏林科学院工作的自己的好朋友欧拉(1707—1783)。欧拉和伯努利是瑞士巴塞尔(Basel)大学的同学。同时伯努利的父亲是欧拉的大学老师,并曾经劝说欧拉从神学转到数学研究。值得一提的是,从 1726 年开始,欧拉和伯努利保持着长达 42 年的通信,通信内容涉及了数学、力学和天文学中的各种难题。读完伯努利的信之后,欧拉脑中想到解决这一问题的思路是将牛顿第二定律应用到流体分析当中,这在当时是很超前的想法。

终于到了 1752 年,欧拉推导出了伯努利原理的一般表达式,并将其命名为伯努利方程。伯努利方程成功地定量描述了伯努利原理,但是它的缺点也是显而易见的,即这个方程式只能描述流体沿着流线的变化规律,而复杂几何体周围的流线也是异常复杂的,所以很难通过这一方程求解一般几何体的受力问题。

但是欧拉很快就发现了这一问题,并于 1757 年获得了伯努利方程的更广义的形式,即欧拉方程组,而这个通信中诞生的方程组,竟在无意中打开了理想流体力学的大门。严格来说,欧拉方程组只包含两个方程,一个动量守恒方程和一个质量守恒方程。而就是这两个公式,却包含了从阿基米德到当时(1757)近两千年人类的流体力学的所有知识,充分地体现了物理学的简洁美。遗憾的是,欧拉方程组在提出之时是没有办法求解的,即使是欧拉自己也没有获得这个方程组的一般解。

2. 茹科夫斯基(Joukowsky)与库塔(Kutta)——柳暗花明(1783—1910)

在 18 世纪末期的研究当中,人们渐渐发现欧拉方程组可以拆分成两个更简洁的方程式进而分别求解,即上文提到的著名的伯努利方程和大名鼎鼎的拉普拉斯方程。人们对伯努利方程的研究已经很清楚了,所以求解欧拉方程的关键就指向了拉普拉斯方程的求解。

幸运的是,法国数学家拉普拉斯(1749—1827)在提出这组方程的时候已经指出了方程的解是一种特殊的函数,即调和函数。同时他还指出所有拉普拉斯方程看似复杂的解空间其实是由几种调和函数线性叠加而成的,这就像我们可以用简单的几个音符去构造丰富多彩的大型乐章。根据这一思想,科学家们通过把复变函数理论作为工具求解了拉普拉斯方程,从而顺利地将关于圆柱绕流的欧拉方程解决了。这里插一句,拉普拉斯有句名言说:“读读欧拉,他是我们所有人的老师。”而欧拉方程的求解又将两个人的名字紧紧地联系到了一起。根据这一方法,人们又进一步求解了关于球体和椭球体的受力,但是此时对任意复杂的封闭几何体的求解依然缺乏行之有效的方法。

转折点发生在近一个世纪后,数学家茹科夫斯基(1847—1921)在复变函数的基础上提出了保角变换的概念,这一变换可以将复杂的几何体转换成为另一空间里面的圆柱体。这就像两个平行世界,两个世界中的所有元素是一一对应的,但是形态却是完全不同的。而经过保角变换,物理空间内的复杂的几何体都可以被简化成为另一空间上的偏心圆柱,而人们对圆柱绕流的研究工作在上个世纪刚好已经完成了。依据这一方法,他进一步推导出了著名的茹科夫斯基升力定理,定理描述了任意几何体受的流体作用力和来流速度矢量与物面速度环量(速度沿着物面的线积分)之间的外积成正比。从伯努利开始,历经两个世纪,这一定量表达式终于

被发现了。令人惊叹的是这一公式的证明是如此优雅，而结论又是如此简洁！接下来只要确定速度环量，人们就可以方便地计算出翼型的受力，从而设计翼型，我们缺的是一个定解条件。

到了 1910 年，这个定解条件被茹科夫斯基和德国数学家库塔(1864—1944)分别独立地发现了，而后第一批真正意义上的现代翼型出现了，如图 1－24 所示的 Joukowsky 1912 翼型。值得一提的是，茹科夫斯基还在俄国主持建造了世界上第一座风洞，而翼型的发展也开始走上了快车道。

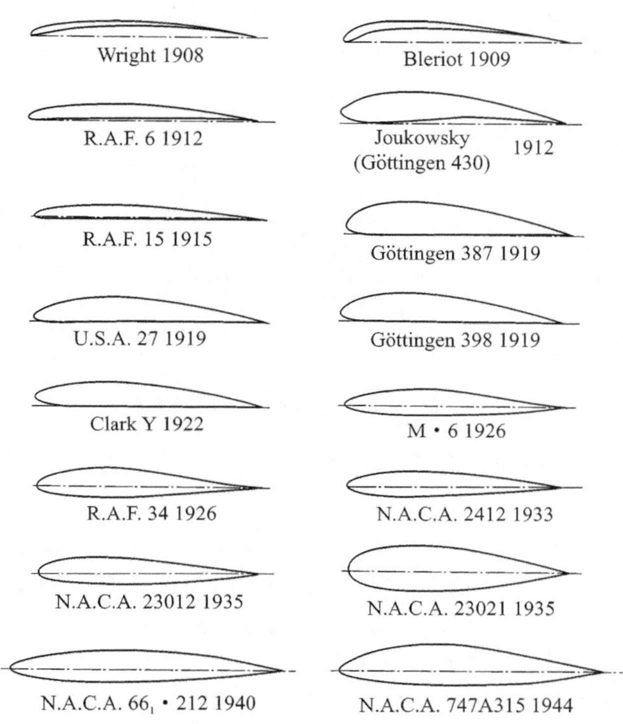

图 1－24　早期飞机翼型的进化过程

3. 普朗特(Prandtl)与边界层理论——向奇点进发(1910—1946)

在这一阶段，人们将理论分析成果与风洞试验成功地结合，翼型的设计理论也逐渐完善了起来，而关于翼型的规律都凝结在了如图 1－25(a)图所示的升力曲线当中。曲线的横轴代表翼型的可调范围(迎角)，纵轴代表了翼型的升力。

在这期间人们也逐渐认识到：① 翼型的弧度有利于提高翼型的最大升力；② 翼型的厚度可以增加其可调范围，增大失速迎角。这两个特点(弧度和厚度)都体现在了当时最有名的哥廷根翼型中，如图 1－24 中所示的 Göttingen 398 翼型。

在这期间最有趣的一个翼型是 Clark Y 翼型，该翼型是在美国航空工程师克拉克(1886—1948)尝试改造一个非常失败的哥廷根翼型时提出的。如图 1－24 所示，Clark Y 翼型的特点是它的下底面几乎全部是平的。有趣的是，虽然这个翼型的气动性能完全没有达到克拉克的期望，但是它却大大地简化了机翼和螺旋桨的制造和安装，一时之间竟然成为了最流行的翼型。

而这些理论探索和工程实践最终促成了应用最广泛的 NACA 翼型族。在这当中贡献最大的是两位美国空气动力学家，雅可比(1902—1987)和西奥多森(1897—1978)。而这两位空气动力学家应用的方法正是由茹科夫斯基构建的那套复变函数分析法。

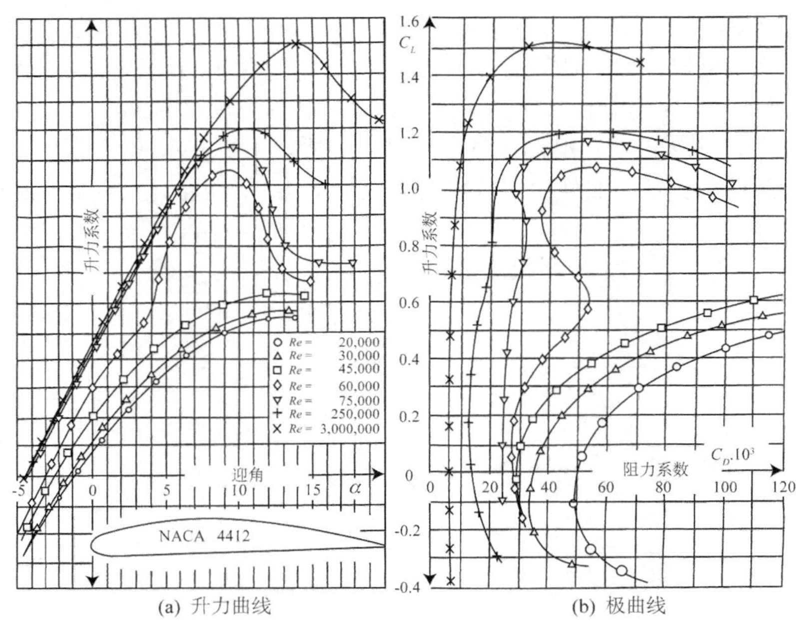

(a) 升力曲线　　　　(b) 极曲线

图 1-25　NACA 翼型升力曲线和极曲线

当时实验中人们又发现,茹科夫斯基的方法对翼型阻力和失速(升力曲线的下降段)分析是无能为力的。

回答这些问题的是德国科学家普朗特(1875—1953),在他新近提出的边界层理论当中指出,在奇点内部物面边界之外存在着一个黏性很强的薄层。同时普朗特提出了这一薄层的控制方程——边界层方程。边界层理论不仅在理论界回答了奇点内部的问题,同时在工程界解释了翼型阻力和失速的原因,它是近代流体力学的开端。雅可比了解了边界层理论后,将其成功地应用在翼型的设计当中,这项技术催生了低阻力的NACA层流翼型和当时美国空军最先进的野马战斗机P-51,从而影响了第二次世界大战的进程。

1928年,英国空气动力学家格劳特(1892—1934)提出了可压缩空气动力学理论,这标志着人类可以设计更高速的飞行器。在当时军事工业的推动下,人类的运动速度比上世纪快了整整一个数量级,从而人类社会的信息、交通和战争等等都发生了巨变。

4. 湍流(turbulence)——谜题与遐思(1946—现今)

普朗特在他的边界层理论中提出了一个近似模型(混合长度模型)用以考虑湍流边界层的效应(湍流边界层阻力较层流边界层要高)。他的许多学生都尝试抛弃这个近似模型,去获取一个描述湍流的精确模型以封闭边界层方程,但无一例外都失败了。

1945年我国物理学家周培源在日军炮火下的昆明完成了关于湍流的一篇论文——《on velocity correlations and the solutions of the equations of turbulent equation》,1946年世界上第一台计算机(ENIAC)诞生,这两项成果直接催生了现代应用最广泛的工程湍流模型,使得人们可以用计算机求解湍流问题。但是人类对于湍流问题探索的脚步才刚刚开始。回首过去,从伯努利到欧拉,再从拉普拉斯到茹科夫斯基,再从西奥多森到普朗特,总感觉冥冥之中把延续了两百多年的科学研究联系在了一起,也许是翼型,也许是人类对于未知的好奇和对真理的不懈追求吧。

第 2 章　空气流动特性

无人机之所以能在空中飞行，并能根据飞行控制系统的控制完成各种不同的飞行动作，依靠的是空气给无人机的作用力，这些作用力是无人机与空气有相对运动时产生的，叫作空气动力。要弄清空气动力产生的原因及其变化规律，首先要掌握气流流动特性。

2.1　低速气流流动特性

研究气流特性时，必须对描述气流的一些基本概念有所了解。这是因为实际问题很复杂，运用数学工具进行分析计算时十分困难，因而常常需要在物理上做些假设，并建立已被实验所证实的诸多基本概念和一些合理的模型，以便人们在分析过程中做直观的探讨，进而近似地分析和研究所要解决的复杂实际问题。

2.1.1　流动的基本概念

1. 大气的连续性

空气作用在物体表面的力是大量空气分子不断撞击物体表面的结果，空气动力是大量空气分子共同作用的统计平均结果，不是由个别分子的具体运动决定的。而空气动力学的任务是研究空气和飞机的相互作用，研究的是空气的宏观运动规律，所以在空气动力学领域，一般都抛开无规则的分子运动，不考虑实际空气的微观结构，另用一种简化的模型来代替空气的真实微观结构，只从宏观上研究空气微团对飞机的作用力。

大气是由分子构成的。在标准状态下，每 1 mm^3 的空间约含有 2.7×10^{16} 个分子。当飞机在这种空气介质中运动时，由于飞机的外形尺寸远远大于气体分子的自由行程，故在研究飞机和大气之间的相对运动时，气体分子之间的距离完全可以忽略不计，即把气体看成是连续的介质。这就是在空气动力学研究中常说的连续介质假设。

由于采用了连续介质假设，在分析气流运动时，要取一小块微元流体作分析的对象，这块微元流体称为空气微团。所谓空气微团，是指含有较多空气分子的很小一团空气，它与飞行器特征尺寸相比是微不足道的，同时它还要包含足够多的空气分子数目，要使空气密度的统计平均值有确切的意义。空气微团所表现出来的特性不是每个分子的行为，而是整个空气的总体属性。需要说明的是，本书所讲的空气的运动速度是指空气微团质心的宏观运动速度，有别于空气分子的热运动速度概念；而空间某一点的密度则是指质心与该点重合的空气微团的密度。

由连续介质假设所带来的最大简化是：不必研究大量分子的瞬间状态，而只要研究描述空气宏观状态的物理量，如压强 p、密度 ρ、温度 T、速度 V。有了这个假设，就可以把空气的 p、ρ、T、V 等状态参数看作是空间坐标及时间的连续函数，因而在分析研究空气动力学问题时，就可以广泛地应用数学上有关连续函数的解析方法。

2. 流动及其描述

(1) 流　场

流体运动都是在一定的空间内进行的，通常把运动流体所占据的空间称为流场。在研究流体流动规律或流体与物体间的相互作用力时，通常只选取物体附近一定范围的空间作为研究对象，所讨论的流场通常在这个范围内。

在研究空气流动时，并不是具体看某一空气微团如何运动，而是通过分析流场中每一个固定空间点空气微团的 p、ρ、T、V 等状态参数随时间的变化，以及研究由某一空间点转到另一个空间点时这些参数的变化，从而得到流体的运动规律。

就时间变量来讲，流场中流体的流动有定常流动和非定常流动两种形式。流场中任一固定点的气流速度、压强、温度、密度等状态参数均不随时间变化的流动，称为定常流动；反之，如果气流状态参数随时间变化，则是非定常流动。

对于流体流动，如果流体在流动中的状态参数是三个空间坐标的函数，这样的流动称为三维流动或空间流动，简称三维流；如果是两个空间坐标的函数，称为二维流动或平面流动，简称二维流；如果仅是一个空间坐标的函数则称为一维流动，简称一维流。

(2) 流　线

流线是为直观描述流场中流体的流动情况而定义的，其定义与物理学中的磁感应线类似。流线是流场中的这样一条曲线，在给定的某一时刻，质心位于该曲线上各点的空气微团的速度方向都与该曲线上微团所在处的切线相重合，如图 2-1 所示。

流线的概念为研究流体的运动提供了很大方便，因为通过流场中的所有流线都可以把流场中各点处的空气微团的速度方向很清楚地表示出来。不过要想正确地运用流线的概念去研究流体的运动应该注意以下几点：因为空间每一点在任意一个瞬间都只能有一个速度方向，所以不能有两条流线同时通过同一点，即两条流线不能相交；在定常流动中，流线的形状和位置不随时间变化，迹线（任何一个空气微团在流场中的运动轨迹）与流线是重合的，而在非定常流动中，流线的形状和位置要随时间变化，迹线与流线不重合。

(3) 流　管

由通过流场中任意一个非流线的闭合曲线 C 上各点的流线围成的管子称为流管。图 2-2 所示为流管三维立体示意图，在二维剖面图中，流管管壁的剖面图为两条相邻的流线。

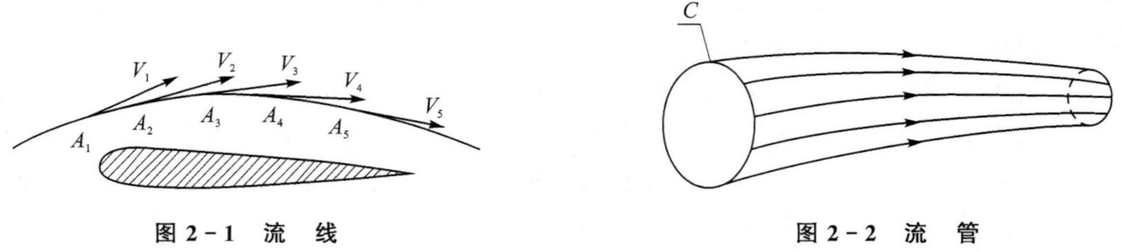

图 2-1　流　线　　　**图 2-2　流　管**

由于流管的侧表面是由流线组成的，根据流线的定义，流线上各点处的空气微团没有法向分速，两条流线不能相交，所以流管表面各点的速度方向始终与流管表面相切，而在定常流动中，流管的形状是不随时间改变的，因此，在流管以内或以外的空气微团只能始终保持在流管以内或以外流动，空气微团不能穿越流管表面。这样，虽然流管只是假想的管子，但它却好像真正的固体管壁一样，把流管内外的流体流动完全分隔开。

(4) 流　谱

包含流线和涡流等能反映流体流动全貌的图形叫流线谱，简称流谱。流谱是对流体流过固体物体时流动全貌的记录。为了研究空气的流动情形，通常采用风洞进行试验。图 2-3 所示为一座简易的直流式低速烟风洞，它用风扇驱动气流，实验用模型安装在试验段，在试验段前方的稳定段装有一排烟管，通过观察试验时与空气密度接近的烟流随空气流动，人们就可以直接看到空气流过翼型或其他物体剖面时的流谱。实验中空气相对于物体剖面的流动是二维流，其流谱是二维流谱，也叫剖面流谱。

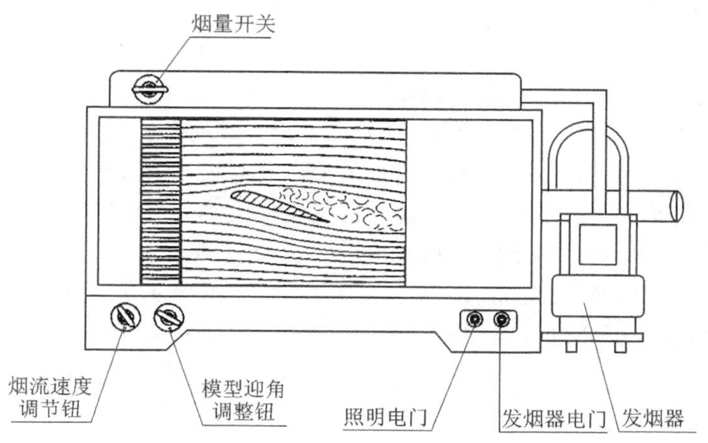

图 2-3　烟风洞

图 2-4 所示为根据烟风洞试验结果记录的几个典型物体的剖面流谱。观察流谱的形状时，主要观察流管剖面面积大小变化情况、涡流区的大小以及涡流区与物体间的相对位置等。

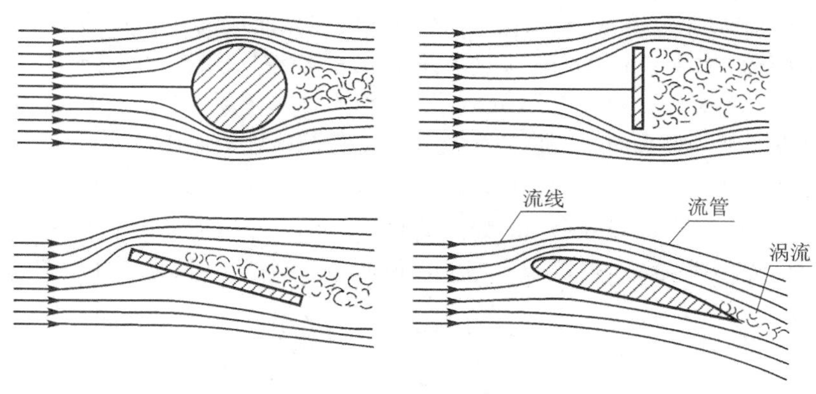

图 2-4　几个典型物体的剖面流谱

试验结果表明：

① 在低速气流中，流谱的形状取决于两点：一是物体的剖面形状，二是物体与气流的相对位置关系。在低速范围内，流谱形状不随气流速度的大小变化而变化。

② 在流谱剖面中，两条相邻流线可以看作是一个流管的管壁，两条流线中间的空气就好像顺着管子流动一样。物体表面凸起的地方，相邻两条流线间的距离减小，说明流管变细；气流受到阻挡和顺气流方向物面收缩的区域，如物体剖面的前部和机翼上表面后部，流管变粗。

空气流过物体时通常会产生涡流，涡流区的大小和相对位置取决于物体的剖面形状和物体在相对气流中与远前方相对气流方向的位置关系。

2.1.2 流动基本原理

流体在流动过程中的物理参数(如速度、压力、温度和密度等)会发生变化,它们在变化过程中必须遵循基本的物理定律,如质量守恒定律、能量守恒定律、牛顿运动定律等。

1. 相对运动原理

重于空气的飞机是靠飞机与空气相对运动所产生的空气动力克服自身重力而升空飞行的。当空气相对于物体流动时,就会对物体产生力,这个力就是空气动力。没有飞行速度,在飞机上就不会产生空气动力。比如,有风的时候,站着不动,就会感到有空气的力量作用在身上;没有风的时候,如果骑车,也会感到有空气的力量作用在身上。这两种情况虽然运动对象不同,但产生的空气动力效果是一样的。前一种是空气流动,物体不动;后一种是空气静止,物体运动。因此,只要物体和空气之间有相对运动,就会在物体上产生空气动力。

飞机飞行也是一样,例如飞机以 300 km/h 的速度在静止的空气中飞行,或者气流以 300 km/h 的速度从相反的方向流过静止的飞机,两者的相对速度都是 300 km/h。这两种情况在飞机上产生的空气动力完全相等。因此可以把以上两种情况看成等效,所以叫作相对运动原理或可逆性原理。

采用这种方法,无论从实验研究角度看或者从理论研究角度看,都会带来很大的方便,这在空气动力学研究中得到了广泛应用。

2. 连续方程

(1) 一维定常流动

在一维定常流动中,通常取流管各截面的中心点连接而成的曲线作为坐标,如图 2-5 所示,记这个坐标为 s,则在一维定常流动中,流体的状态参数仅仅是 s 的函数:

$$p=p(s), \quad \rho=\rho(s), \quad V=V(s), \quad T=T(s), \cdots$$

一维定常流动是一种最简单的理想化流动模型。流体在空间内的实际流动一般都不是真正的一维流动,但可以将整个流场划分成许多流管,在每一个十分细小的流管中,流体的流动就可以近似看成是一维的。另外,严格地讲,在同一坐标 s 对应的截面上的各状态参数也不均一,但对于截面上的不同参数,可以采用取平均值的方法,将实际流动当作一维流来近似处理。

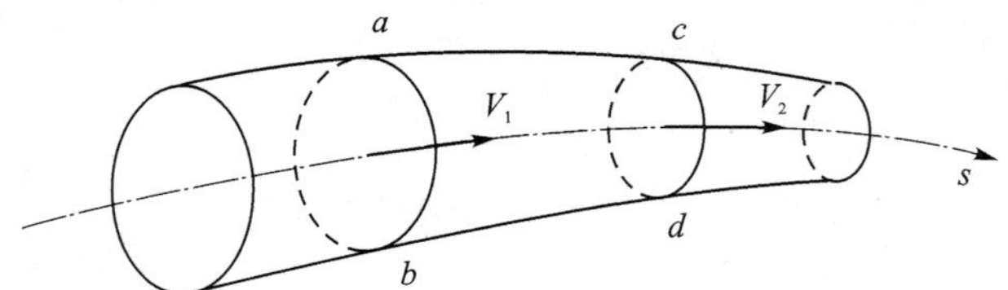

图 2-5 空气在流管中的一维定常流动

(2) 连续方程

连续方程是把质量守恒定律应用于运动流体所得到的数学关系式,故又称为质量方程,它是空气动力学中最基本和最常用的方程之一。

在如图 2-5 所示的一维流管中,任取两个垂直于管轴 s 的截面 $a-b$ 和 $c-d$ 构成区域 $abcd$,选取这一控制体为研究对象。气流由截面 $a-b$ 流入,由截面 $c-d$ 流出。设截面 $a-b$ 的面积、流速和空气密度分别为 A_1, V_1, ρ_1;截面 $c-d$ 的面积、流速和空气密度分别为 A_2, V_2, ρ_2,则单位时间内经 $a-b$ 截面流入的空气质量为 $\rho_1 A_1 V_1$,经截面 $c-d$ 流出的空气质量

为 $\rho_2 A_2 V_2$。

由于把流体作为连续介质来看待，即流体连续充满它所在的空间，而且对于定常流动，流场中任意一个固定点的空气密度不随时间变化，故根据物理学中的质量守恒定律可知，单位时间 dt 内流入截面 $a-b$ 和流出截面 $c-d$ 的空气质量应该正好相等，即

$$\rho_1 V_1 A_1 \mathrm{d}t = \rho_2 V_2 A_2 \mathrm{d}t = \mathrm{d}m \tag{2-1}$$

因为 $abcd$ 控制体是任意选取的，所以对于一维定常流动，沿同一流管任意截面上恒有

$$\rho VA = \dot{m} \tag{2-2}$$

式中，$\dot{m}$ 称为质量流量，单位是 kg/s，它表示单位时间流过同一流管任一截面的空气质量。同一流管中 $\dot{m}$ 不变。

式(2-2)即为一维定常流动的连续方程，表示单位时间内流过同一流管任一截面的流体质量都相等。

当大气流过飞行器表面时，由于飞行器对大气的压缩作用，故大气压强会发生变化，密度也会随之发生变化。当气流的速度较小时(一般速度小于 10 m/s)，压强的变化量较小，其密度的变化也很小，因此，在研究大气低速流动的有关问题时，可以不考虑大气可压缩性的影响，即在低速气流中，空气密度基本不随流速变化，如果将整个流场中各处的空气密度 ρ 都看作是常数，那么沿流管恒有

$$V_1 A_1 = V_2 A_2 = C \tag{2-3}$$

式中，C 是常数，单位是 m^3/s，它表示单位时间内流过同一流管任一截面的空气体积。式(2-3)表示在不可压缩的一维定常流动中，单位时间内通过同一流管任一截面的流体体积都相等，即同一流管各截面上的流速与截面积成反比。流管粗的地方流速慢，流管细的地方流速快。这种现象在日常生活中也常常可以遇到，如穿堂风比院子里的风大，平坦河道的河水在河道窄的地方比在河道宽的地方流得快。

3. 伯努利方程

伯努利定理是瑞士物理学家丹尼尔·伯努利(Daniel Bernoulli)在 1738 年首先提出的，以后又由多名科学家做了发展和推广。伯努利方程是伯努利定理的数学表达式，它是空气动力学中又一个重要方程。

(1) 伯努利方程的推导

在定常流动的流场中取一微细流管，设流管轴线 s 的正向与流动方向一致。如图 2-6(a)所示，沿流管轴线任取一微段 ds。图 2-6(b)是微段 ds 的正视图，设截面 $a-a$ 的面积、压强和速度分别是 A，p，V；截面 $b-b$ 的面积、压强和速度分别 $A+\mathrm{d}A$，$p+\mathrm{d}p$，$V+\mathrm{d}V$。

规定沿 s 轴正向为正，则微段 ds 在 s 轴方向所受的外力有：

① 截面 $a-a$ 上沿 s 轴正向的压力 pA；

② 截面 $b-b$ 上沿 s 轴正向的压力 $-(p+\mathrm{d}p)(A+\mathrm{d}A)$；

③ 微段侧表面所受的压力；

④ 微段流体重力。

微段侧表面压强的平均值为$[p+(p+\mathrm{d}p)]/2$，记微段的侧面积为 A_s，则侧表面受到的压力为

$$\frac{1}{2}[p+(p+\mathrm{d}p)]A_s = \left(p+\frac{1}{2}\mathrm{d}p\right)A_s \tag{2-4}$$

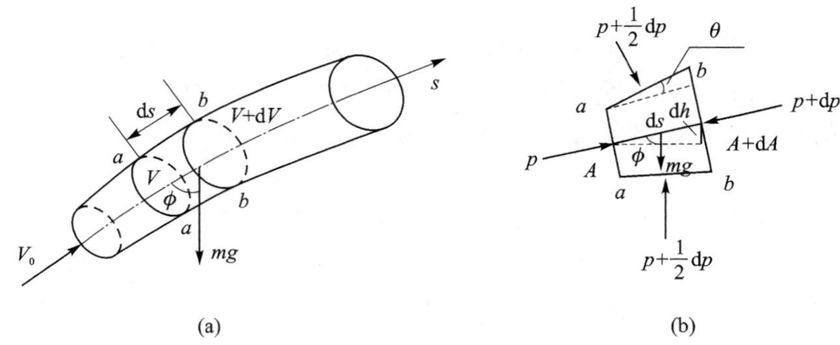

图 2-6　流体微段上的作用力

该作用力在 s 轴线上的投影为$\left(p+\frac{1}{2}\mathrm{d}p\right)A_s\sin\theta$，式中 θ 为微段侧面 $a-b$ 与 s 轴的夹角（为了简化，近似认为微段侧面各处的 θ 角都相等），而式中的 $A_s\sin\theta$ 就是微段侧面积在截面 $b-b$ 上的投影，其大小就等于 $\mathrm{d}A$。所以，侧表面所受的压力在 s 轴上的投影为

$$\left(p+\frac{1}{2}\mathrm{d}p\right)A_s\sin\theta_s=\left(p+\frac{1}{2}\mathrm{d}p\right)\mathrm{d}A \tag{2-5}$$

对于不可压缩流体来说，密度 ρ 是常数，故微段 $\mathrm{d}s$ 的质量可表示为

$$\rho\cdot\frac{1}{2}[A+(A+\mathrm{d}A)]\mathrm{d}s=\rho\cdot\left(A+\frac{1}{2}\mathrm{d}A\right)\mathrm{d}s \tag{2-6}$$

微段流体的重力为

$$\rho g\left(A+\frac{1}{2}\mathrm{d}A\right)\mathrm{d}s \tag{2-7}$$

设重力方向与 s 轴向的夹角是 ϕ，如图 2-6(b)所示，则重力在 s 轴向的投影为

$$-\rho g\left(A+\frac{1}{2}\mathrm{d}A\right)\mathrm{d}s\cdot\cos\phi \tag{2-8}$$

记轴线 s 的铅垂高度为 h，则微段 $\mathrm{d}s$ 的铅垂高度为 $\mathrm{d}h$，则有 $\mathrm{d}s\cos\phi=\mathrm{d}h$。故微段重力在 s 轴方向的投影为

$$-\rho g\left(A+\frac{1}{2}\mathrm{d}A\right)\mathrm{d}h \tag{2-9}$$

若不考虑流体的黏性，可忽略微段侧表面所受的摩擦力，则微段 $\mathrm{d}s$ 在 s 轴方向所受合力为

$$pA-(p+\mathrm{d}p)(A+\mathrm{d}A)+\left(p+\frac{1}{2}\mathrm{d}p\right)\mathrm{d}A-\rho g\left(A+\frac{1}{2}\mathrm{d}A\right)\mathrm{d}h \tag{2-10}$$

略去微量的平方项，整理得微段所受的合外力为

$$-A\mathrm{d}p-\rho gA\mathrm{d}h \tag{2-11}$$

微段 $\mathrm{d}s$ 所受的此合外力在 $\mathrm{d}t$ 时间内产生的冲量为

$$(-A\mathrm{d}p-\rho gA\mathrm{d}h)\mathrm{d}t \tag{2-12}$$

根据连续方程，在 $\mathrm{d}t$ 时间内流入截面 $a-a$ 和流出截面 $b-b$ 的流体质量都为 $\rho AV\cdot\mathrm{d}t$，则流入截面 $a-a$ 的流体动量为 $\rho AV\cdot\mathrm{d}t\cdot V$，流出截面 $b-b$ 的流体动量为 $\rho AV\cdot\mathrm{d}t\cdot(V+\mathrm{d}V)$，则动量增量为

$$\mathrm{d}(mV)=\rho AV\cdot\mathrm{d}t\cdot(V+\mathrm{d}V)-\rho AV\cdot\mathrm{d}t\cdot V=\rho AV\cdot\mathrm{d}t\cdot\mathrm{d}V \tag{2-13}$$

沿着 s 方向，对微段 $\mathrm{d}s$ 使用动量定理，则有

$$(-A\mathrm{d}p-\rho gA\mathrm{d}h)\mathrm{d}t=\rho AV\cdot\mathrm{d}t\cdot\mathrm{d}V \tag{2-14}$$

整理后得

$$\mathrm{d}p+\rho V\mathrm{d}V+\rho g\mathrm{d}h=0 \tag{2-15}$$

式(2-15)即为微分形式的连续方程。对于密度 ρ 是常数的不可压缩流体来说，上式可积分为

$$p+\frac{1}{2}\rho V^2+\rho gh=C \tag{2-16}$$

式(2-16)称为伯努利方程，其中的 p、ρ、V 是流管中同一截面处的参数，常数 C 是针对同一流管而言的。

对于空气来说，当流动高度变化不大时，重力的影响一般可以略去。所以，气体的伯努利方程通常写为

$$p+\frac{1}{2}\rho V^2=C \tag{2-17}$$

(2) 伯努利方程的物理意义

伯努利方程是根据物理学中的动量定理推导来的，但它反映了流体的能量关系。伯努利方程中的第一项 p 是压强，习惯上又称静压或压力，用 p_s 表示。当空气分子撞击物体表面时它们将被弹回，根据牛顿第二运动定律，作用在该物体表面的力应等于这些被弹回的分子的动量对时间的变化率，也就是说这个力等于每秒钟撞击该表面并由该表面弹回的全部分子的动量变化量。实验证明，不管入射角度怎样，分子之间以及分子与物体表面之间的碰撞都是弹性的，从而动量的平均变化是一个垂直于表面的向量，因此，作用在物体表面的空气压力指向并垂直于该表面。而压强是物体表面单位面积上所承受的压力，所以静压的方向也是指向且垂直物体表面的。因为不论空气是运动的还是相对静止的，空气分子总是在不停地做热运动，所以静压是指运动或静止的空气垂直作用在物体表面单位面积上的压力。由于流体的重量密度与高度的乘积 ρgh 等于静压 p_s，则 $p_s/(\rho g)$ 就是流体在垂直压力管中的上升高度。所以，静压 p_s 是一种尚未表现出来的势能，应用于空气时，p_s 是单位体积空气所具有的势能，常称为压力能。

伯努利方程中的第二项 $\rho V^2/2$ 称为动压，用 q 表示，代表单位体积空气具有的动能，与静压 p_s 有着相同的量纲。动压是蕴藏在气流内部的一种能量，只有当气流流速减慢时，动压才会转化为静压，使静压升高，以压力能的形式表现出来。

式(2-16)中的第三项 ρgh 是单位体积流体所具有的重力势能，对于气流来说，考虑到飞机周围的流场中单位体积空气所具有的重力势能相对于其动压和静压来说很小，常常忽略不计。

对于气体，静压与动压之和就是单位体积空气的总机械能，常称为全压或总压(用符号 p_0 表示)。于是，气体的伯努利方程可写为

$$p_s+\frac{1}{2}\rho V^2=p_s+q=p_0 \tag{2-18}$$

伯努利方程表明：空气在低速一维定常流动中，同一流管的各个截面上静压与动压之和(全压)都相等，这个结论被称为伯努利定理。

由于低速时认为空气密度不变，由伯努利方程可知：在同一流管中，流速快的地方静压

p_s 小；流速慢的地方静压 p_s 大。因此说伯努利方程就是机械能守恒定律在气体低速定常流动中的表达式，故又称为低速气流的能量方程。

根据伯努利方程，低速一维定常流动中同一流管的各处全压相等。通常认为，当流场高度变化不大时，同一时刻全流场各处的全压都相等。要注意的是，飞行中的全压不变是有条件的。当飞行高度和飞行速度（相对速度）一定时，全流场的全压是一个不变的数值；当飞行高度或飞行速度改变时，由于 p、ρ、V 变化，全压值通常是变化的。如图 2－7 所示，按照相对性原理，如果来流定常，即远前方来流的 p、ρ、V 不随时间变化，则全流场中各处的全压就是相同的，即各个地方的静压与动压之和相等，因此 1、2、3 等点的静压与动压之和都相等，即

$$p_1+\frac{1}{2}\rho V_1^2=p_2+\frac{1}{2}\rho V_2^2=p_3+\frac{1}{2}\rho V_3^2=p_\infty+\frac{1}{2}\rho V_\infty^2$$

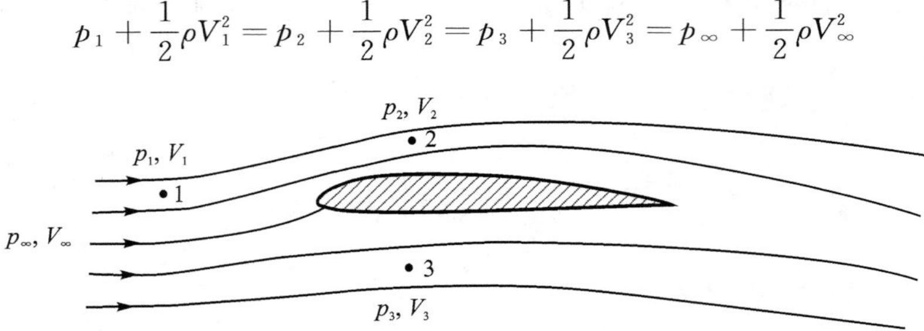

图 2－7　定常流场中各点全压都相等

当飞行速度 V_∞ 变化或飞行高度（ρ 和 p_∞）变化时，全压数值变化，但 1、2、3 等点的全压仍相等，只是变化后的全压等于一个不同的数值。

伯努利方程是在一维定常流动的条件下推导出来的，没有考虑空气流动过程中密度的变化和黏性力的作用。因此，这一方程仅适用于不可压缩理想流体的一维定常流动。总之，伯努利方程反映了不可压缩理想流体一维定常流动的速度和压强的关系。

综合连续方程和伯努利方程，可得到如下结论：在低速气流中，空气定常地流过一根粗细不同的流管时，流管细的地方，流速快，压力小；流管粗的地方，流速慢，压力大，这就是低速气流的主要特性。

(3) 伯努利方程的典型应用

伯努利方程应用十分广泛，安装在飞机上用来测量飞机飞行速度的空速管就是一例。飞机的飞行速度是由安装在飞机上的空速管、空速表系统测量和指示的，其基本组成和工作原理如图 2－8 所示。空速管的侧壁上有一排静压孔，感受大气压力（静压），并通过导管与空速表开口膜盒与外部相通；空速管前端的孔叫总压孔，用来感受全压，并通过导管与空速表的开口膜盒内腔相通。远前方来流流速为 V_∞，压力为 p_∞，低速气流绕空速管流动的图像如图 2－8 所示。

沿流线 ab 来看，越靠近空速管，流速越低，压强越高，这是空速管对来流起了滞止作用的结果。由点 a 流到点 b 时，流速降为零，这样的点称为驻点。显然，在驻点处的压力为 $p_0=p_\infty+\frac{1}{2}\rho_\infty V_\infty^2$，即来流的总压。如果不考虑空气的黏性，空速管的外表面就是流面。ab 流线在驻点处分叉成为上、下两条流线 bc 和 bd，沿空速管外表面向后流去。取 bc 流线为例，流速由零又逐渐加速，流到静压孔附近时，流线又重新变成了平直状，流速也重新回复到 V_∞ 的大小，即静压孔处有 $p_c+\frac{1}{2}\rho_\infty V_c^2=p_\infty+\frac{1}{2}\rho_\infty V_\infty^2$。因为 $V_c=V_\infty$，所以 $p_c=p_\infty$。由

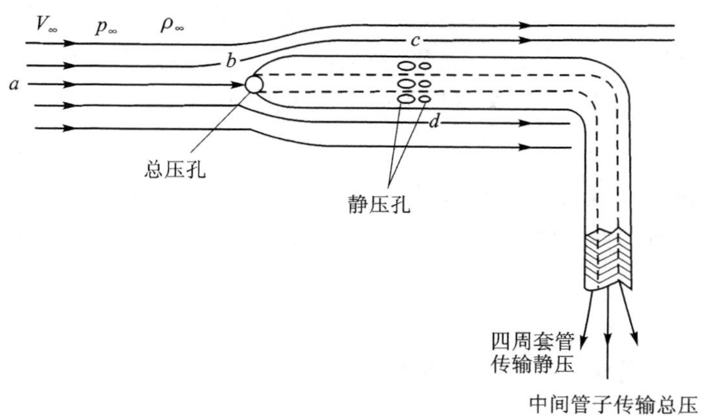

图 2-8　空速管测速原理图

$$p_0 = p_c + \frac{1}{2}\rho_\infty V_\infty^2 = p_\infty + \frac{1}{2}\rho_\infty V_\infty^2 \tag{2-19}$$

得

$$V_\infty = \sqrt{\frac{2(p_0 - p_c)}{\rho_\infty}} \tag{2-20}$$

式中，p_0 为驻点处的总压；p_c 为静压孔处的静压 p_s。它们分别通过总压管和静压管连接到压力计上，可以读出数来。飞行高度一定时，空气的密度 ρ_∞ 也就为已知。因此，利用上式就可以求出 V_∞ 的大小。显然，按上式求出的是速度的理论值。一般来说，对于每个空速管尚需通过试验方法确定出校正系数，用校正系数乘以理论值则得到实际的来流速度 V_∞。由于不同高度和温度空气密度不同，如 ρ_∞ 取标准海平面大气密度 ρ_0，得到的速度为表速(IAS，指示速度、校正空速)；如 ρ_∞ 取飞行高度处的大气密度 ρ_H，得到的速度为真空速(TAS)。二者在标准海平面高度处相等，随着高度增加，大气密度减小，真空速大于表速，但动压相同。

2.1.3　低速边界层与雷诺数

1. 大气的黏性

大气的黏性是空气在流动过程中表现出的一种物理性质，大气的黏性力是相邻大气之间相互运动时产生的牵扯作用力，也叫作大气的内摩擦力。造成空气具有黏性的主要原因是空气分子的不规则运动。为了说明这个问题，设想把流动着的大气划分为若干层，如图 2-9 所示。从图中可以看出，当相邻空气层之间的流动速度不同时，下层流动速度大的大气分子由于不规则运动而侵入上层，就会促使上层大气加速；同样上层流得慢的气体分子进入下层时，会使下层大气减速，这样相邻的两层大气之间就产生了相互牵扯的内摩擦力，即黏性力。

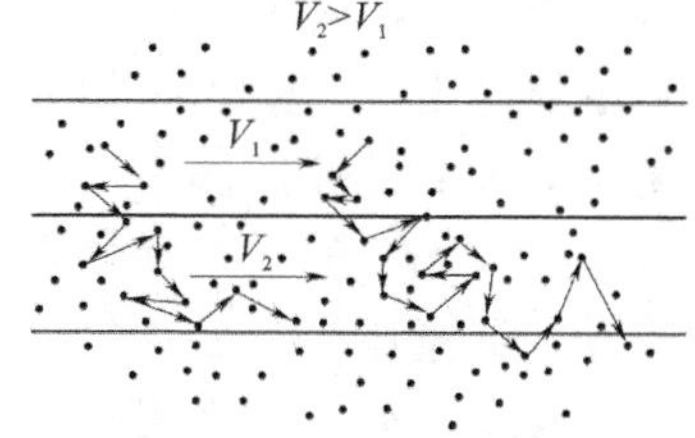

图 2-9　流速不同的相邻大气层

大气流过物体时产生的摩擦阻力与大气的黏性有关系。由于空气的黏性很小，故物体在空气中低速运动时的摩擦力很小，黏性的作用也不很明显。但当飞机在大气中飞行速度较大时，黏性的作用就不得不考虑。飞机飞行时所产生的摩擦阻力与大气的黏性有很大关系，尤其是当飞机的飞行速度达到 3 倍声速以上时，由于摩擦力的作用，空气将对飞机产生严重的气动加热，导致飞机结构的温度急剧上升，因此，必须得采用相应的防热和隔热措施。

实验研究表明，空气的黏性大小取决于以下几个方面：

(1) 速度梯度

相邻两层空气的速度差 ΔV 与层间距 Δy 的比值($\Delta V/\Delta y$)称为速度梯度。速度梯度越大，相邻两层空气做不规则运动所引起的动量变化越大，两层之间空气的牵扯力越大，黏性力就越大。

(2) 空气温度

空气温度越高，空气分子不规则运动速度越大，空气层之间交换的分子数越多，黏性越大。

(3) 气体性质

气体性质不同，黏性力就不同。空气的黏性力比氧气的黏性力大，因为空气的平均运动速度比氧气分子的平均运动速度大。

(4) 接触面积

空气层之间接触面积越大，相互交换的空气分子就越多，黏性力就越大。

根据试验，气体的黏性力可以用下面的公式计算：

$$F=\mu\frac{\Delta V}{\Delta y}\Delta S \tag{2-21}$$

式中：μ 为气体的黏度(旧称黏性系数)，单位是 $N \cdot s/m^2$；$\Delta V/\Delta y$ 为速度梯度；ΔS 为接触面积。

在标准海平面，空气的黏度 $\mu=0.000\ 017\ 9\ N \cdot s/m^2$，当温度上升时黏度会增加。工程上估算，大气黏度约与其绝对温度的 0.76 次方成正比。一般情况下，空气对物体的黏性作用力可以不予考虑。通常把不考虑黏性的流体称为理想流体或无黏流体。

2. 边界层的产生

有黏性的实际流体沿物体表面流动时，在流动中也必然会出现一些与理想流体不同的现象和规律。这种不同，一般只限于紧挨着物面，黏性力作用不可忽略的一个空气薄层内，该区域就是边界层(旧称附面层)。

1904 年，德国空气动力学家普朗特最早提出了边界层的概念。边界层概念的提出为解释空气动力中的摩擦阻力和压差阻力的产生原因奠定了理论基础。

边界层是指流体绕固态物体流动时，在紧挨着物面附近形成的一个沿物面法线方向向外速度逐渐增大的黏性流体薄层，如图 2-10 所示(图中的法向尺寸放大了若干倍)。由于物体表面不是绝对光滑的且空气具有黏性，所以紧贴物体表面的一层空气受到阻滞，空气的流速减小为零。这层流速为零的空气又通过黏性的作用影响与之相邻的上一层空气的流动，使上层空气流速减小。如此一层影响一层，在紧贴物体表面的地方，就出现了流速沿物面法线方向逐渐增大的薄层空气，这一具有黏性的薄层空气就是边界层。

沿物面法线流速不再变化的气流称为主流。从理论上讲，沿物面法线向外，只有在离开物面无限远处，其流速才能等于主流速度，即空气的黏性会影响全流场。但实际上，速度的明显变化主要是在物面附近的一个薄层内完成的。故一般定义沿物面各点的法线上，速度达到主流速度的 99%处为边界层的边界，如图 2-10 中的虚线所示。应该注意，边界层边界线并不是一条流线。由边界层边界到物面的垂直距离为边界层厚度，常用 δ 表示。

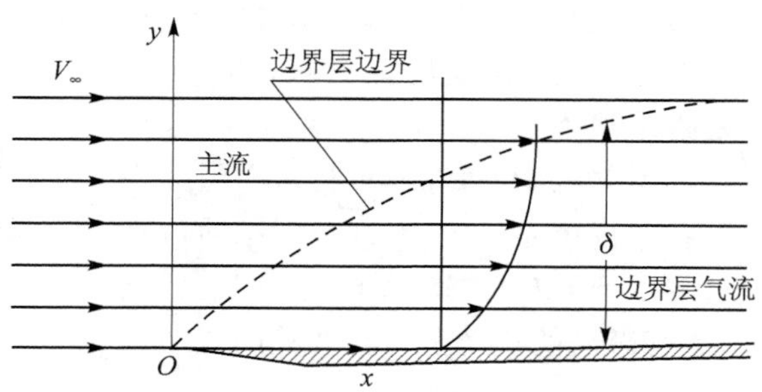

图 2-10　平板表面的边界层

边界线之外的主流则不必再考虑空气黏性的影响，可以当作理想流体来处理，黏性的影响仅局限于边界层内，而整个流场中空气黏性的影响，也就可以通过边界层来体现了。

3. 边界层的性质

(1) 空气沿物面流过的路程越远，边界层就越厚

空气沿物面流动时，紧贴边界层的主流空气不断受到边界层内空气黏性的影响，逐渐减速变成边界层内的气流。所以，空气沿物面流动的路程越远，边界层也就越厚。对一般飞机来说，从机翼前缘开始，翼面边界层逐渐增厚，离开机翼前缘 1～2 m 处，边界层的最大厚度约为数毫米到数十毫米。

(2) 边界层内沿物面法线方向各点的静压不变，且等于主流的静压

图 2-11 所示是二维翼型边界层示意图。边界层的厚度非常薄，通常比物体的尺度要小得多，边界层中沿着与翼型表面垂直方向(即沿表面法线方向)，空气的静压基本上是不变的。如图 2-11 中沿翼面法线 P_1Q_1 方向或 P_2Q_2 方向，静压不变，即 P_1 点的静压等于 Q_1 点的静压；P_2 点的静压等于 Q_2 点的静压。

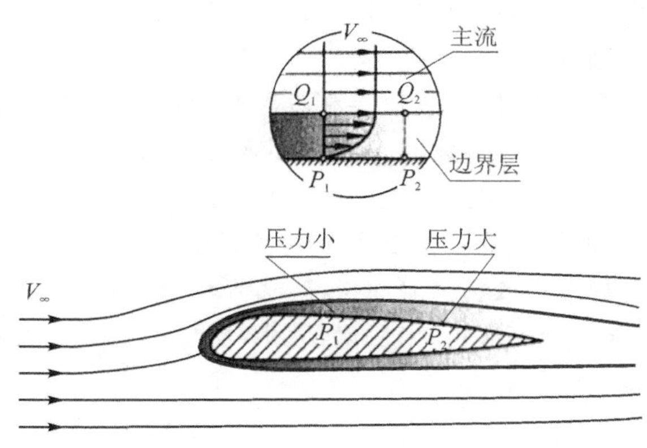

图 2-11　翼型的边界层

边界层内气流速度沿物面法线方向是变化的，为什么静压却是相等的呢？这是因为空气在边界层中只有沿着物体表面平行流动，而没有垂直方向的流动，所以也就没有因沿垂直方向流速不同而引起的静压变化。至于边界层自上而下各层平行流速降低，是由于各层之间的黏性摩擦所引起的。边界层中，空气流速降低，动能部分转化为热能，使气流温度升高。由于边界层中气流的能量有损失，所以不能用伯努利方程来解释边界层中流速与静压的关系。既然

边界层内沿物面法线方向各点的静压相等，且都等于主流的静压，那就可以先用理想流体的理论计算主流的静压，再利用这一结论来分析物面上的静压。

4. 层流边界层和湍流边界层

试验表明，根据边界层内空气流动的特点，可将边界层分为层流边界层和湍流（旧称紊流）边界层，如图 2-12 所示。在层流边界层内，空气分层流动，各层互不混淆，空气微团没有强烈的上下乱动现象；在湍流边界层内，空气微团上下乱动明显，各层之间强烈混合，呈现局部的微小旋涡，速度也出现脉动，空气微团的流动是一种紊乱的流动。

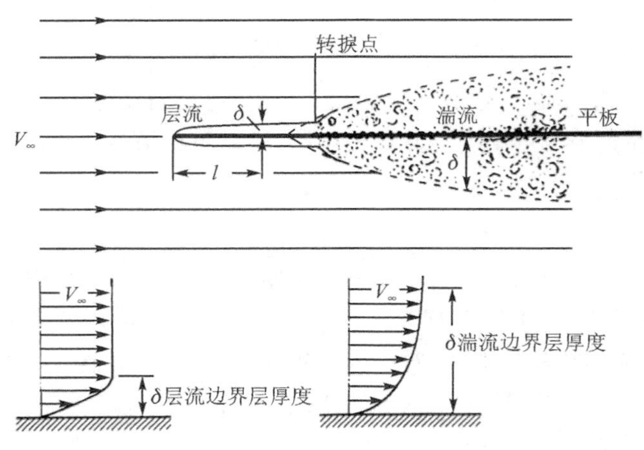

图 2-12　层流边界层和湍流边界层

层流边界层和湍流边界层的厚度和速度分布情形都不同。湍流边界层的厚度较大，这是因为物面对边界层内的空气的扰动积累到一定程度时，才出现湍流边界层。在湍流边界层中，空气微团的上下乱动较强，各层间的动量交换多，使相邻各空气层之间的流速差减小，因而沿法向的速度梯度减小。但是，在湍流边界层靠近物面的部分，空气微团的上下乱动受到限制，流动仍属于层流，称为层流底层。

贴近飞机表面的边界层，前一段一般是层流边界层，流过一段距离之后，有时会转变为湍流边界层。层流边界层与湍流边界层之间有一个过渡区，通常把它简化地看成一点，称为转捩点。转捩点的位置靠前，表明边界层的层流段短，湍流段长。同一翼型，转捩点的位置与空气密度、气温、来流速度、气流原始紊乱程度以及飞机表面光滑程度等因素有关。如果空气密度大、来流速度大、原始紊乱程度大或物体表面粗糙，边界层空气便容易产生局部的微小旋涡而由层流变为湍流，这时转捩点会靠前；如果气温低，则黏度大，层流边界层流动的稳定性增强，不易转变为湍流，转捩点就靠后。

5. 边界层分离

空气流过一翼型时，如图 2-13 所示，从前缘起，主流流管逐渐变细，流速逐渐加快，压力逐渐减小，存在顺压梯度（$\partial p/\partial x<0$）；主流向后流动至某一点，流管最细，流速最快，压力最小（$\partial p/\partial x=0$）；再往后，流管变粗，流速减慢，压力又逐渐增大，存在逆压梯度（$\partial p/\partial x>0$）。由于边界层内沿物面法线方向各点的压力不变，且等于主流压力，所以，翼型表面沿主流流动方向从前缘至后缘的压力变化规律与主流的相同。翼型表面压力最低的一点 E 为最低压力点，如图 2-14 所示。这就是说，以最低压力点 E 为分界，在最低压力点之前，为顺压梯度段；在最低压力点之后，为逆压梯度段。

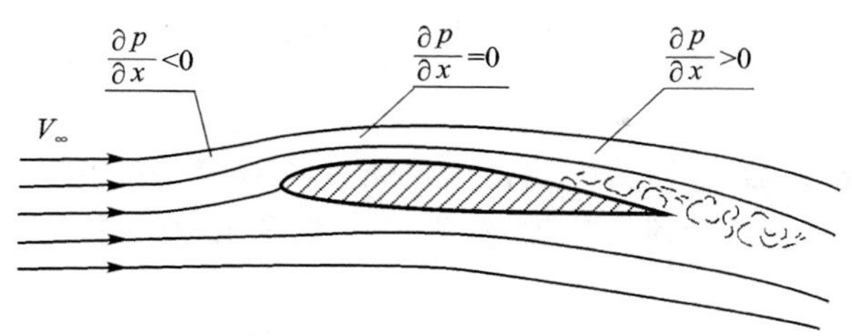

图 2-13　翼型上表面主流压力的变化

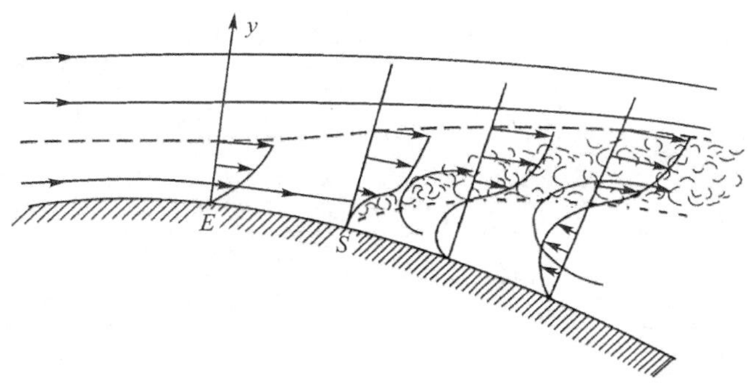

图 2-14　边界层的气流分离

边界层内的空气在沿机翼表面流动的过程中，其速度一方面受摩擦影响要不断减小，另一方面还会受到沿途压力变化的影响。在顺压梯度段，边界层底层的空气在顺压的作用下加速，但由于摩擦力的影响，速度增加不多。在逆压梯度段，边界层底层的空气则受到摩擦力和逆压的双重阻碍作用，减速很快，至流到某一点时（图 2-14 中的 S 点），非常贴近机翼表面的一层空气流速减小为零，即 S 点的速度梯度 $(\partial V/\partial y)_{y=0}=0$。过 S 点再往后，边界层底层的空气在逆压的作用下开始从后往前倒流。倒流而上的空气与顺流而下的空气相遇，使边界层空气堆积拱起而脱离翼面，并被主流卷走产生大量旋涡。这样，边界层气流不能紧贴翼面流动，发生了边界层分离，也叫气流分离。边界层气流开始离开翼面的 S 点称为分离点。分离点的位置与翼型及气流与翼型的相对位置有关。

从以上边界层气流分离的过程可以看出，逆压梯度和空气的黏性是产生边界层气流分离的根本原因。

逆压梯度增大可使边界层厚度增加，转捩点前移。由于湍流边界层各层流速差别小，层内流体平均动量大，在逆压梯度段向前推进的能力强，因此，在同样的逆压梯度下，湍流边界层不易发生气流分离。也就是说，湍流边界层的分离点比层流的靠后一些。

6. 雷诺数

(1) 雷诺数的概念

黏性流体的流动现象和规律都和雷诺数有关，可以用雷诺数进行描述。

英国物理学家雷诺在研究管道流动时发现，不可压缩黏性流的流态与黏度 μ、密度 ρ、流速 V 和物体的特征长度（或流谱的线性尺度 L）等参数有关。这些参数共同决定了黏性流体的流态，其组合数 $\rho VL/\mu$ 就是衡量流体惯性力和黏性力相对大小的一个无因次相似参数，称为雷诺数，用 Re 表示，即

$$Re=\frac{\rho VL}{\mu}=\frac{VL}{\nu} \tag{2-22}$$

式中：ν 为气体的运动黏度，$\nu=\mu/\rho$，单位是 m^2/s。

如果两个流场的雷诺数相等，表示这两个流场中各对应位置的空气微团所受到的惯性力与黏性力之比是相等的；就一个流场来说，如果雷诺数很大，则说明空气微团受到的惯性力远大于黏性力。

计算翼型的雷诺数时，流谱的线性尺度 L 可取机翼的平均气动弦长 c_A。高空大气密度、温度降低，运动黏度 ν 增大，雷诺数减小。表 2-1 给出了典型无人机在不同高度处的雷诺数。

表 2-1　典型无人机雷诺数

无人机	$V/(m \cdot s^{-1})$	c_A/m	雷诺数 Re		
			海平面	高 7 000 m	高 20 000 m
“海鸥”无人直升机	16	0.20	220 000	—	—
“全球鹰”无人机	176	1.41	17 000 000	9 364 500	1 540 000
“太阳神”无人机	33	2.40	5 424 660	3 000 000	492 000
“天眼”无人机	55	0.86	3 240 000	1 785 000	—
“捕食者”无人机	36	0.78	1 923 000	1 060 000	—
“微星”无人机	15	0.125	128 000	—	—

(2) 雷诺数的意义

黏性流动有层流和湍流两种流态。雷诺数增大，会使层流运动的稳定性降低，导致湍流出现或湍流段增长。开始出现湍流的雷诺数称为临界雷诺数，用 Re^* 表示。$Re<Re^*$，流动是层流；$Re>Re^*$，流动是湍流。临界雷诺数也是判断边界层流态的一个标准：$Re>Re^*$ 时，边界层产生湍流；Re 增大，湍流段增长，层流段缩短；Re 增至一定程度时，边界层内的流动全变成湍流。需要注意的是，实验表明，Re^* 不是一个常数，其大小与翼型在流场中的迎角、物体表面的粗糙度以及流体的初始扰动情况等因素有关。Re^* 可以低到 2 000，也可高达 10^5 以上。

雷诺数不仅是决定边界层性质和机翼是否容易失速的一个参考数字，也是决定别人的无人机空气动力资料是否对自己的无人机有参考价值的依据。为此，必须首先分别估计出两种无人机的速度，测量出翼弦长度，分别算出雷诺数。如果两者雷诺数接近，另一架无人机的资料就可以应用。比较可靠的无人机空气动力学资料一般都注明试验时的雷诺数，以便使用者对比参考。

无人机机翼如果能在临界雷诺数 Re^* 以上的雷诺数飞行时，性能会比较好。要达到这点，可设法使无人机飞行速度加大或者翼弦加长。所以小型或微型无人机很少用大展弦比机翼以免翼弦太短，雷诺数太低。但付出的代价是无人机诱导阻力会变大。设计无人机时应尽量使雷诺数大于拟采用的翼型的临界雷诺数，因此有一个综合平衡问题。

机翼临界雷诺数的大小与翼型的弯曲程度、厚度等有关，也与机翼上表面的粗糙程度有关。弯曲度小、厚度大的翼型临界雷诺数比较大，这种翼型不宜在小型及慢速度的无人机上使用。20 世纪中期，很多人使用扰流方法来减少机翼的 Re^*，以提高性能。这些办法主要是增加机翼上表面靠近前缘部分的粗糙度，或者在机翼前缘加扰流线。总的目的是想使机翼上表面的边界层及时从层流变为湍流，提高最大升力系数。

两个形状相同但大小不同的物体称为几何相似。两个几何相似的物体在不同的流体中运动时，只要二者雷诺数一样，则它们形成的流场及各种力和力矩系数相同，这称为流动相似。几何相似和流动相似共同反映了空气动力学相似。只有流动相似，才能把从理论上或试验上得到的流过某个物体的流动，反推到流过另一个几何相似物体的流动上去。这一点对用模型代替实物进行试验的真实性是非常重要的。例如，在风洞实验中，如果飞机模型的尺寸是实际飞机的 1/10，要保证流动相似，就必须使 Re 不变，根据式(2-22)，或密度增大为 10 倍，或黏性系数减小为 1/10，都可以满足要求。

2.2　高速气流流动特性

研究低速气流特性时，假设空气是不可压缩流体，即空气密度和温度不随气流速度变化而改变。但对于高速气流，这样假设就不符合实际情况了。因为实际上空气是可压缩流体。随着气流速度增加，空气密度和温度也会发生变化，并导致空气高速流动时会产生低速气流所不具有的物理现象，如膨胀波、激波等。

2.2.1　空气的压缩性

1. 空气压缩性定义

空气动力学所讨论的空气的压缩性，是指空气在流动的过程中，气流的压力和温度发生变化而引起密度改变的特性。通常规定，气流速度小于(含等于)0.3 倍声速的气流称为低速气流，此时空气密度变化不大，近似认为全流场内密度是常数；而大于 0.3 倍声速的气流称为高速气流，此时局部气流压力变化所引起的密度变化不可忽略。

空气是否容易压缩可以用比值 $\mathrm{d}p/\mathrm{d}\rho$ 表示，$\mathrm{d}p/\mathrm{d}\rho$ 表示密度改变单位值所需的压力增量。$\mathrm{d}p/\mathrm{d}\rho$ 小，说明压力变化量一定时，密度变化大，空气容易压缩；反之，$\mathrm{d}p/\mathrm{d}\rho$ 大，说明空气难以压缩。

2. 温度对空气压缩性的影响

在很多空气动力学问题中，可以忽略空气黏性与热传导的影响，同时由于流动变化很快，可以认为气流与外界没有热交换。所以空气的弱压缩过程可以认为是一个可逆的绝热过程，满足等熵关系式，即

$$p = C\rho^{\kappa} \tag{2-23}$$

式中：C 为常数；κ 为等熵数，对于理想气体，$\kappa=\gamma$(比热[容]比)，对空气而言，$\kappa=1.4$。

由式(2—23)和完全气体状态方程 $p=\rho RT$ 可得

$$\frac{\mathrm{d}p}{\mathrm{d}\rho} = \kappa C\rho^{\kappa-1} = \kappa\,\frac{p}{\rho} = \kappa RT \tag{2-24}$$

式(2-24)表明，随着温度的升高，$\mathrm{d}p/\mathrm{d}\rho$ 增大，空气将变得难以压缩；反之，温度降低，空气将变得容易压缩。

2.2.2　弱扰动的传播

在流场中，任一点的流动参数与远前方来流中对应的流动参数之差称为扰动。如飞机在空中飞行时，周围空气的密度、压力、速度等气流参数发生变化，也就是说飞机对空气产生了扰动。在扰动传播过程中，受扰动的空气与未受扰动的空气之间的分界面称为扰动波。如果扰动波前后空气的密度、压力、速度等参数变化很小，这种扰动称为弱扰动。反之，称为强扰动。

飞行中，空气受扰的程度及扰动传播的速度和范围与飞行速度密切相关。

1. 声 速

研究高速飞行问题时经常要用到声速的概念。声音的传播是人们经常感觉到的一种弱扰动传播，习惯上把弱扰动波称为声波，声波的传播速度称为声速。在不同的介质中，声速的大小是不一样的。声速在金属中比在水中快，在水中又比在空气中快。在空气动力学中，声速专指弱扰动波在空气中的传播速度，用 c 表示。

(1) 声速是衡量空气压缩性强弱的标志

根据声速公式

$$c=\sqrt{\frac{\mathrm{d}p}{\mathrm{d}\rho}} \tag{2-25}$$

可知，就空气本身性质来看，c 值大，说明空气不易压缩。反之，c 值小，说明空气容易压缩。容易压缩的空气，受到撞击时，体积要缩小得比较多(即密度增加得比较多)，压力才会升高起来，所以压力升高得比较慢，不能立刻挤压邻近的空气，以致压力扰动向外传播得比较慢。反之，不容易压缩的空气，一受到撞击，体积无须缩小很多(即密度无需增加很多)，压力就能升高起来，所以压力升高得比较快，迅速挤压邻近的空气，致使压力扰动向外传播得比较快。这是可压流与不可压流在扰动传播上的差别，即空气的压缩性使微弱扰动在空气中的传播速度(即声速)为一有限值。

(2) 声速与空气温度的关系

声速的大小取决于空气是否容易压缩，而空气是否容易压缩又取决于空气温度，可见，声速的大小也就取决于空气温度的高低。

由式(2-24)和式(2-25)可得声速与空气温度的关系为

$$c=\sqrt{\kappa RT} \tag{2-26}$$

代入 $\kappa=1.4$，$R=287\ \mathrm{J/(kg\cdot K)}$，得 $c=20\sqrt{T}=20\sqrt{273+t}$。

例如，海平面标准大气条件下，气温为 288.15 K，声速 $c=20\sqrt{288.15}=340\ \mathrm{m/s}$。在 11 km 高度，标准大气的空气温度为 -56.5 ℃，所以声速 $c=20\sqrt{273.15-56.5}=296\ \mathrm{m/s}$。

(3) 声速随高度的变化

声速的大小取决于空气温度，而空气温度又随飞行高度发生变化，所以声速也随飞行高度的变化而变化。按照标准大气，声速随高度的变化曲线如图 2-15 所示。

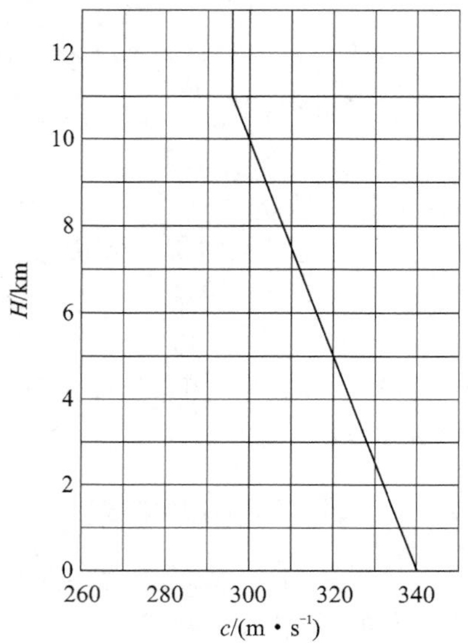

图 2-15 声速随高度的变化

在对流层内，气温随高度升高而降低，声速也就随高度升高而降低。

由海平面上升到 11 km 高度，声速由 340 m/s 减小到 296 m/s。在此高度范围(0～11 km)，即在对流层内，高度每升高 250 m，声速减小 1 m/s。所以声速在对流层内随高度的变化关系可写为

$$c = 340 - \frac{H}{250} \tag{2-27}$$

2. 马赫数

在高速流动中马赫数是一个极其重要的流动参数。许多流动现象及定量的关系，并不单单取决于流速的绝对值，更多的情况取决于流速与声速之比。马赫数是指飞机的运动速度与飞机所在高度上声速的比值，即 $Ma = V/c$，通常称为飞行马赫数，用 Ma 表示。Ma 是衡量压缩性对空气流动影响的重要参数，也常用来衡量飞机的飞行速度。

马赫数可进一步分为来流马赫数、局部马赫数、临界马赫数、分离马赫数和阻力发散马赫数。

① 来流马赫数(Ma_{∞})是指远前方来流速度 V_{∞} 与飞机所在高度声速的比值。这是远前方不受飞机影响的气流的马赫数。来流马赫数与飞行马赫数在数值上相等。如果忽略微小的仪器误差，来流马赫数就是马赫数表上显示的真实的马赫数。

② 局部马赫数(Ma_{loc})是指当飞机以某一马赫数飞行时，飞机周围流场中某点处的气流速度与该点处声速的比值。局部马赫数可能高于、等于或者低于来流马赫数。

③ 临界马赫数(Ma_{cr})是指飞机周围流场中最大流速达到当地声速时所对应的来流马赫数。Ma_{cr} 给出了跨声速区的下限。Ma_{cr} 会随迎角和机翼形状发生变化。

④ 分离马赫数(Ma_{det})是指随来流马赫数增大，前缘激波附着在机翼前缘时的来流马赫数，或从超声速减速时所产生的附体激波开始分离时的来流马赫数。Ma_{det} 定义了跨声速区的上限。

⑤ 阻力发散马赫数(Ma_{d})是指阻力系数随来流马赫数变化时 $\partial C_D/\partial Ma_{\infty} = 0.1$ 所对应的 Ma，分析喷气式飞机的飞行性能时会用到它。

Ma 是空气动力学中很重要的一个参数，具有以下用途。

(1) Ma 的大小可作为划分气流速度范围和飞行速度范围的尺度

$Ma < 1$，表明气流速度小于当地声速，称为亚声速流；$Ma > 1$，表明气流速度大于当地声速，称为超声速流；$Ma = 1$，称为等声速流。航空航天界一般将飞行速度按 Ma 进行划分，如图 2-16 所示。

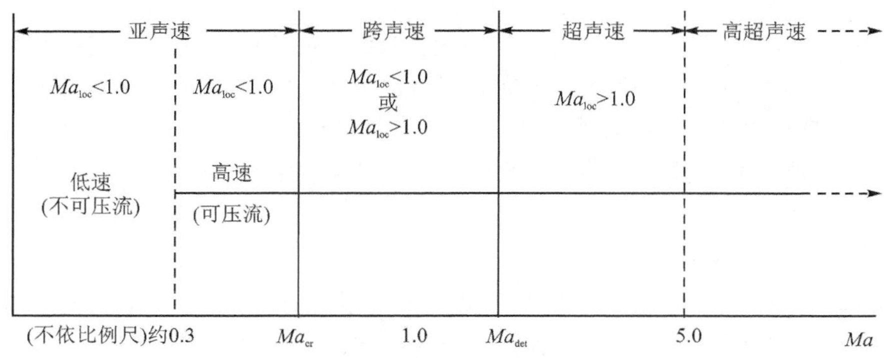

图 2-16　飞行速度范围的划分

关于亚声速、跨声速、超声速区域的划分主要以所研究流场中的 Ma_{loc} 大小为基准：当流场中所有点的 Ma_{loc} 值均小于 1 时，为亚声速飞行；当有些点处 Ma_{loc} 小于 1，有些点处 Ma_{loc} 大于 1 时，为跨声速飞行；当所有(或绝大部分)点的 Ma_{loc} 值均大于 1 时，为超声速飞行。

即使无人机以同一空速飞行，由于声速随飞行高度增加而减小，因此同一空速飞行的无人机随飞行高度增加，Ma 会增加，甚至飞行速度范围会变化。

(2) Ma 的大小可作为空气压缩性影响大小的标志

忽略重力势能的影响，式(2-15)可变换为

$$dp=-\rho V dV \tag{2-28}$$

式(2-28)为微分形式的动量方程，将此方程变换可得

$$\frac{dp}{d\rho}\cdot\frac{d\rho}{\rho}=-V^2\frac{dV}{V} \tag{2-29}$$

将声速公式 $c=\sqrt{dp/d\rho}$ 代入，整理后可得：

$$d\rho/\rho=-Ma^2 dV/V \tag{2-30}$$

由此可看出，在速度相对变化量 dV/V 一定时，密度相对变化量 $d\rho/\rho$ 取决于 Ma 的大小。当 Ma 很小时，如低速时 $Ma\leqslant 0.3$，$d\rho/\rho$ 绝对值不到 dV/V 绝对值的 1/10，密度的变化可以忽略，所以可视此时的气体为不可压缩的；而 Ma 较大(大于 0.3)时，$d\rho/\rho$ 不能被忽略，必须考虑空气密度的变化，即考虑空气压缩性的影响。可见，空气流动时 Ma 的大小是空气压缩性强弱的标志。

3. 弱扰动在空气中的传播

空气是可压缩的弹性介质，一处受到扰动，这个扰动便通过空气一层一层相互作用而传播开。这个过程和我们耳朵能够听到敲锣打鼓的声音是一样的。

飞机在大气中飞行，飞机表面的每一个点都可看作是一个扰动源。假设扰动是一个弱扰动，每隔一秒钟发出一次弱扰动信号，传播速度为 c。弱扰动的传播有以下四种典型情况，如图 2-17 所示。

(1) 气流速度为零

图 2-17(a)表示弱扰动在静止空气里传播的情况，O 点发生的扰动以同心圆的形式均衡地向四面八方传开。1 s 后波面达到半径为 c 的球面，2 s 后波面达到半径为 $2c$ 的球面，依此类推。如果时间足够长，扰动会波及全流场。

(2) 气流速度小于声速

图 2-17(b)表示扰动源以亚声速($V<c$)运动时波面的传播。根据相对性原理，扰动源以速度 V 在静止空气里运动的情况相当于扰动源静止而气流以速度 V_∞ 流来。因此，从 O 点发出的弱扰动，一面以声速 c 向四处传播，同时又被空气以流速 V_∞ 顺流带走。扰动非均衡地向四面八方传播。逆气流方向传播的绝对速度$(c-V)>0$，可以逆气流前传。如果时间足够长，扰动也会波及全流场。

(3) 气流速度等于声速

扰动源以声速运动时，波面的传播就相当于气流以声速流过静止源的情况一样，如图 2-17(c)所示。这时波面向四面八方扩大，但逆气流方向一侧的波面始终彼此相切。这表明，在气流速度等于声速 c 的情况下，弱扰动的波面无法逆气流向前传播，即扰动源 O 点产生的扰动不能使 O 点以前的空气压力和密度发生微弱变化，只能影响其后面的空气，而波面前端如同形成了一堵墙，称为声障。

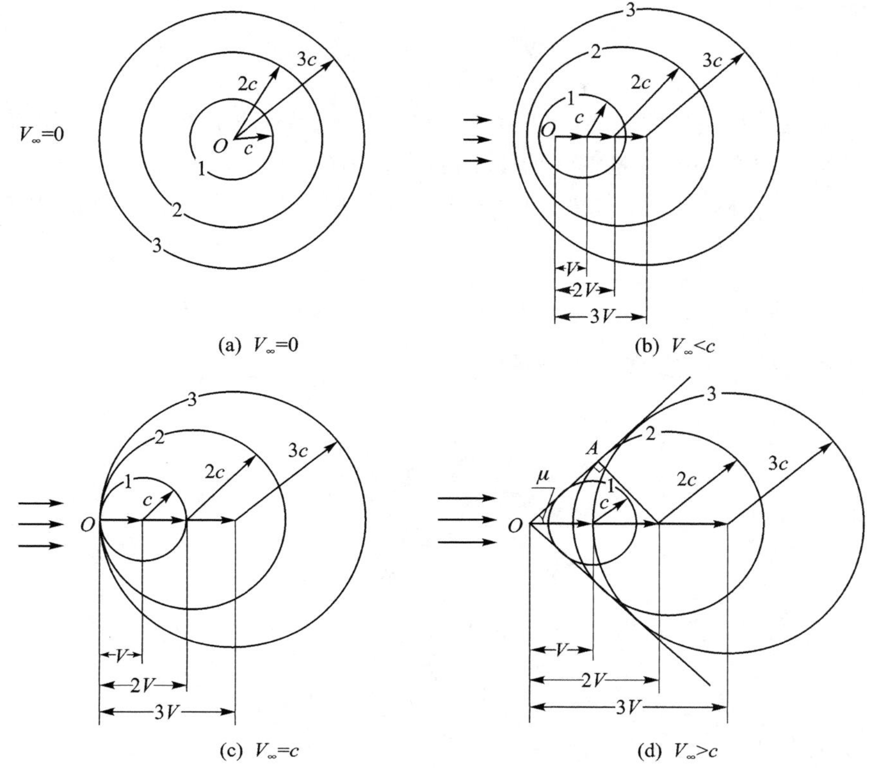

图 2-17　弱扰动传播区的划分

(4) 气流速度大于声速

气流速度大于声速，弱扰动的波面一方面扩大，一方面以速度$(V-c)$顺流而下，弱扰动所能影响的范围仅限于图 2-17(d)中两条切线所夹的圆锥内。这个圆锥的锥面是一系列相邻的弱扰动波的公切面，称为扰动锥或马赫锥。这样，圆锥表面就成了受扰动与未受扰动的界限，这个界限称为弱扰动的界限波或马赫波。母线 OA 称为马赫线。马赫波与波前气流方向所夹的锐角称为马赫角，用 μ 表示，其大小为

$$\mu=\arcsin\frac{1}{Ma} \tag{2-31}$$

从式(2-31)可以看出，在超声速范围内，Ma 越小，马赫角 μ 越大，$Ma=1$ 时，马赫角最大($\mu=\pi/2$)。$Ma<1$ 时，不存在马赫波，也就不存在马赫角了。

从以上分析可见，在亚声速气流($Ma<1$)中，弱扰动可以向四面八方传播，扰动无界；在超声速气流中($Ma>1$)，弱扰动不能逆气流方向向前传播，只能在扰动锥里传播，扰动有界。这是超声速气流与亚声速气流的本质区别。

2.2.3　高速定常流动的能量方程

高速一维定常流动的能量方程是热力学第一定律应用于流动气体所得到的数学表达式，它反映了高速气流在流动过程中的能量转换关系。

1. 方程的数学表达式

假设在绝热条件下，理想气体做一维定常流动，并忽略微量的重力势能变化。高速一维定

常流动的能量方程可以表示为

$$\frac{V^2}{2}+u+\frac{p}{\rho}=C \tag{2-32}$$

式中，$V^2/2$ 为单位质量空气的动能，单位为 $(\mathrm{m/s})^2$ 或 J/kg；u 为单位质量空气的内能，单位为 $(\mathrm{m/s})^2$ 或 J/kg；p/ρ 为单位质量空气的压力能，单位为 $(\mathrm{m/s})^2$ 或 J/kg。

一般将 u 和 p/ρ 两项合并起来，称为热晗或晗，用符号 i 表示。空气的内能满足 $u=c_V T$，所以

$$\frac{p}{\rho}+u=RT+c_V T=(c_p-c_V)T+c_V T=c_p T=i \tag{2-33}$$

式中，c_V 为比定容热容；c_V 为比定压热容。

根据完全气体模型

$$c_p=\frac{\kappa}{\kappa-1}\cdot R \tag{2-34}$$

而 $T=p/(\rho R)$，所以

$$i=\frac{\kappa}{\kappa-1}\frac{p}{\rho} \tag{2-35}$$

结合式(2-32)、式(2-33)和式(2-35)，可得

$$\frac{1}{2}V^2+\frac{\kappa}{\kappa-1}\frac{p}{\rho}=C \tag{2-36}$$

将气体状态方程代入式(2-36)，得

$$\frac{1}{2}V^2+\frac{\kappa}{\kappa-1}RT=C \tag{2-37}$$

为了说明或解决不同的问题，将空气的 κ、R 值代入式(2-36)、式(2-37)，可导出能量方程的其他两种表达形式，即

$$\frac{V^2}{2}+3.5\frac{p}{\rho}=C \tag{2-38}$$

$$\frac{V^2}{2}+1\,000T=C \tag{2-39}$$

2. 方程的物理意义及使用条件

一维绝热流动的能量方程表明：在绝热过程中，流动空气的动能、内能和压力能之间可以相互转换，总和保持不变。气流速度减小时，其内能和压力能之和增加；气流速度增大时，其内能和压力能之和减小。

高速能量方程与低速能量方程(伯努利方程)的不同之处在于：低速时，密度、温度不变，内能不参与转换，伯努利方程中只有动能和压力能相互转换；而高速时，温度、密度的变化不容忽视，因而能量方程中有动能、内能和压力能三种能量参与转换。

高速能量方程虽然是在绝热无黏的条件下推导出来的，但如果气流内部有摩擦现象，方程仍然适用。因为气体摩擦做功产生的热量仍保留在气体内部，所以它可以适用于黏性气体。

3. 气流静参数随 *Ma* 的变化

在绝热流动中，气体的温度随速度的减小而增大。气流速度绝热地滞止到零时所对应的温度称为驻点温度(又称滞止温度或总温)，用 T_0 表示；此时对应的驻点压力(又称滞止压力或总压)、密度分别用 p_0、ρ_0 表示，而流场中驻点之外的其他点的参数(p、ρ、T)称为静

参数。

根据式(2-39)得 $T_0=T+\frac{V^2}{2\ 000}$，又由于 $Ma=V/c$ 及 $c=20\sqrt{T}$，所以有

$$\frac{T_0}{T}=1+0.2Ma^2 \tag{2-40}$$

又由等熵关系式，得

$$\frac{p_0}{p}=\left(\frac{\rho_0}{\rho}\right)^{\kappa} \tag{2-41}$$

利用气体状态方程 $p=\rho RT$，得

$$\frac{T_0}{T}=\frac{p_0/p}{\rho_0/\rho} \tag{2-42}$$

于是

$$\frac{T_0}{T}=\left(\frac{\rho_0}{\rho}\right)^{\kappa-1}=\left(\frac{p_0}{p}\right)^{\frac{\kappa-1}{\kappa}} \tag{2-43}$$

又由于 $\kappa=1.4$，所以

$$\frac{\rho_0}{\rho}=\left(\frac{T_0}{T}\right)^{\frac{1}{\kappa-1}}=\left(\frac{T_0}{T}\right)^{2.5} \tag{2-44}$$

$$\frac{p_0}{p}=\left(\frac{T_0}{T}\right)^{\frac{\kappa}{\kappa-1}}=\left(\frac{T_0}{T}\right)^{3.5} \tag{2-45}$$

将式(2-40)代入式(2-44)和式(2-45)，得

$$\frac{\rho_0}{\rho}=(1+0.2Ma^2)^{2.5} \tag{2-46}$$

$$\frac{p_0}{p}=(1+0.2Ma^2)^{3.5} \tag{2-47}$$

式(2-40)、式(2-46)和式(2-47)称为等熵流动关系式，它表示流场中某点的温度、密度、压力与该点气流 Ma 之间的关系。

若以上等熵流动关系式中的 Ma 为来流马赫数，温度、压力、密度为飞机所在高度大气的温度、压力和密度，这些静参数分别用 T_∞、p_∞ 和 ρ_∞ 表示，当飞行高度一定时，T_∞、p_∞、ρ_∞ 一定。这时，驻点参数随来流马赫数的增大而增大，随来流马赫数的减小而减小。

在飞行高度和速度一定时，驻点参数(T_0，p_0，ρ_0)一定。由等熵流动关系式可知，局部马赫数增大，该点温度、压力、密度均减小；反之，局部马赫数减小，则该点温度、压力、密度均增大。

4. 气动力加热

飞机高速飞行时，流向飞机的相对气流在飞机前缘或边界层中受到阻滞，使空气温度升高。在绝热时，速度减小为零时温度将升高到总温，热量向飞机表面传播，使飞机温度升高。这种现象称为空气动力加热，又称气动增温。由式(2-40)可得

$$T_0=(1+0.2Ma^2)\cdot T \tag{2-48}$$

温度增量为

$$\Delta T=T_0-T=0.2Ma^2T \tag{2-49}$$

但是，驻点的实际温度要比据式(2-48)所得的计算值小一些。这是因为之前假设空气是

绝热的，而实际上总有一些热传导和热辐射存在。所以，应对上述公式加以修正。考虑热传导、热辐射后，气流滞止的实际温度增量为

$$\Delta T_r = 0.2rMa^2T \tag{2-50}$$

式中：r 为修正系数。对于层流边界层，$r \approx 0.85$；对于湍流边界层，$r \approx 0.885$。

随着飞行马赫数增加，飞机表面的温度会迅速提高，温度增量与 Ma^2 成正比。例如在 10 km 高度上，气温为 223 K，取 $r=0.85$，当 $Ma=0.3$ 时，机翼表面温度仅升高 3.41 ℃；当 $Ma=3$ 时，温度升高 341 ℃。显然，会有大量的热量传入飞机内部。

严重的气动加热会给飞行带来不利影响。例如，使飞机结构刚度下降和强度减弱，并产生热应力、热应变等现象；会引起机体内部温度升高，使机体内工作环境变坏；油料容易挥发、稀释，影响发动机工作；橡胶制件、整流罩、仪表电器雷达设备等的性能也会变差；此外，气动加热还会影响飞机的红外隐身性能等。

飞机高速飞行时，因气动加热而使飞行器被烧蚀，俗称热障。为了保证飞行安全和飞机的正常使用，对高速飞机飞行速度有严格限制，飞行人员应严格遵守。

2.2.4 激波和膨胀波

飞行中，飞机机翼、机身各部分都会影响附近的空气，产生压缩扰动（$dp>0$）或膨胀扰动（$dp<0$）。在超声速飞行中，这种压缩和膨胀的现象更为显著。超声速气流加减速时，气流特性呈现出与亚声速显著不同的特点，主要表现为：流管截面积随流速的变化规律截然不同；扰动有界，气流加速时，界面为膨胀波，减速时，界面为激波。

1. 流速随流管截面积的变化

将连续方程 $\rho VA=C$ 两边取自然对数后微分，得

$$\frac{d\rho}{\rho}+\frac{dV}{V}+\frac{dA}{A}=0 \tag{2-51}$$

将公式 $d\rho/\rho=-Ma^2 dV/V$ 代入式(2-51)，得

$$\frac{dA}{A}=(Ma^2-1)\frac{dV}{V} \tag{2-52}$$

式(2-52)是可压缩气流流管截面积相对变化量与气流速度相对变化量间的关系式。亚声速飞行时，(Ma^2-1)是负值，流管截面积变小时，速度增大；流管截面积变大时，速度减小，这与低速流动的规律相同。但超声速飞行时，(Ma^2-1)是正值，流管截面积变大时，速度增大；流管截面积变小时，速度减小，如图 2-18 所示。

由式(2-52)可知，要产生超声速气流，流管截面应先减小后增大，整个流管的形状如图 2-19 所示，这种先收缩后扩张的管子称为拉瓦尔管。在拉瓦尔管中，亚声速气流在收缩段加速，至最窄截面处（喉部）达到声速（$Ma=1$），进入扩张段进一步加速到超声速。

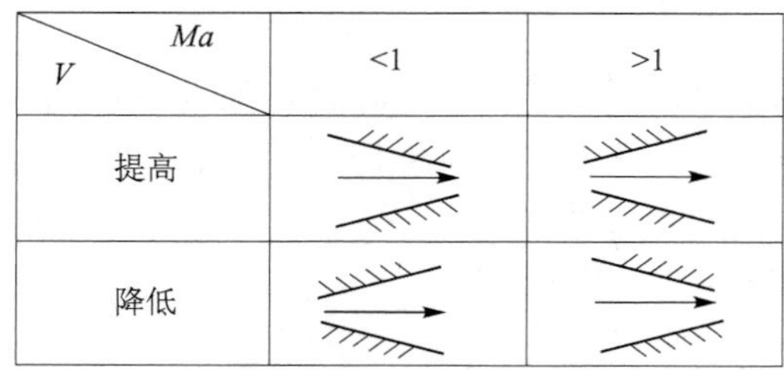

图 2-18 流管截面积随流速的变化

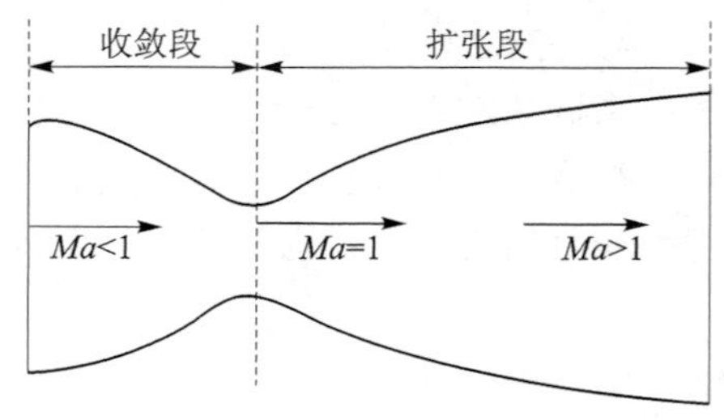

图 2-19 拉瓦尔管

产生超声速气流的条件，除气流必须通过先收缩后扩张的流管之外，进口与出口的压力比还要足够大。

2. 激波的形成

超声速气流通过波面后，压力、密度和温度上升、流速下降的波面称为压缩波。压缩波分弱压缩波和强压缩波两种。超声速气流中压力、密度和温度在波面上发生突跃变化的强压缩波称为激波。

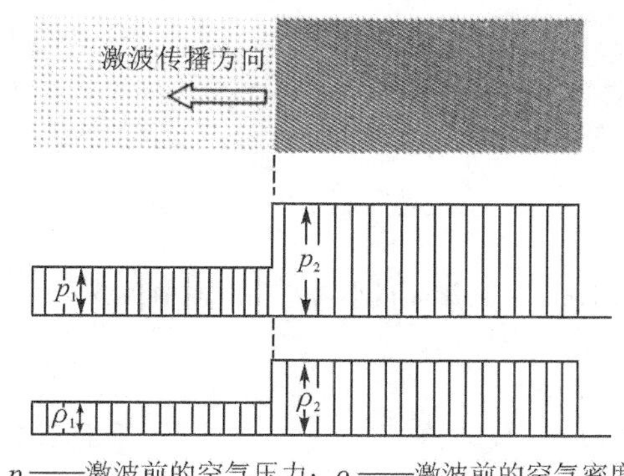

p_1——激波前的空气压力；ρ_1——激波前的空气密度
p_2——激波后的空气压力；ρ_2——激波后的空气密度

图 2 - 20　激波前后的空气压力和密度

激波形成的条件是超声速气流受到阻挡。如果在空气中，某处压力突然升高或流动的空气突然受到阻挡，都会形成强烈的扰动并向四处传播。在传播过程中，受扰的空气与未受扰的空气间存在一个压力、密度等差别很大的分界面，即激波，如图 2 - 20 所示。激波前后的压力差越大，激波强度越强。强烈的压力波在向外传播的过程中，由于能量不断损失，激波强度逐渐减弱，最后变成弱扰动波。

试验结果表明，在一般情况下激波很薄，和分子自由程属于同一量级，与一般所讨论的物体尺寸相比可忽略不计，因此可以把激波看成是没有厚度的突跃面，通过这个面的 p、ρ、T 等参数会发生突跃变化。

只有在超声速流场中，气流受到压缩扰动，才有可能出现稳定的激波。空气受到压缩扰动有两种情形：一是超声速气流受到物面的阻挡（分为向内转折和正面阻挡两种情况）；一是受到逆压的影响。

超声速气流流过凹角（向内转折）将产生激波，如图 2 - 21 所示。如果折角 δ 无限微小，凹角的顶点 A 对气流产生弱的压缩扰动，扰动的界限波为弱压缩波。弱压缩波的倾角，即马赫角 $\mu_1=\arcsin(1/Ma_1)$。如果物面有两个连续微小转折，则将产生两道弱压缩波。由于压缩波后气流速度与马赫数降低，因此后一道弱压缩波的马赫角 $\mu_2=\arcsin(1/Ma_2)$ 将大于前一道弱压缩波的马赫角，即 $\mu_2>\mu_1$。因此，这两道波必然会在气流中某处相交，形成压缩强度增大的波。如果转折点很多，如图 2 - 21 中的 A、B、C……则最后形成的压缩波强度必然很大，这就是激波。如果这些转折点又无限接近，结果形成一个有限大的转折角，则激波将出现在这个转折角的顶点，如图 2 - 22 所示。这说明激波是无数弱压缩波的叠加。超声速气流遇到足够大的压缩扰动时，就可能产生激波。

超声速飞行时，机身头部和机翼前缘不断撞击空气。此时，空气来不及“让开”而受到强烈压缩，其压力、密度和温度都迅速升高。由这种压力升高而引起的扰动波，开始以超过飞行速度的传播速度向四周传播出去。在其沿飞行速度方向向前传播的过程中，强度逐渐减弱，传播速度也就越来越慢。当传播速度减至与飞行速度相等时，扰动波与机身头部或机翼前缘保持一定的距离，同飞机一起前进。这样，在机身头部和机翼前缘，就出现了压力、密度和温度突然变化的激波，如图 2 - 23 所示。在激波后面，空气的压力、密度和温度都突然升高。

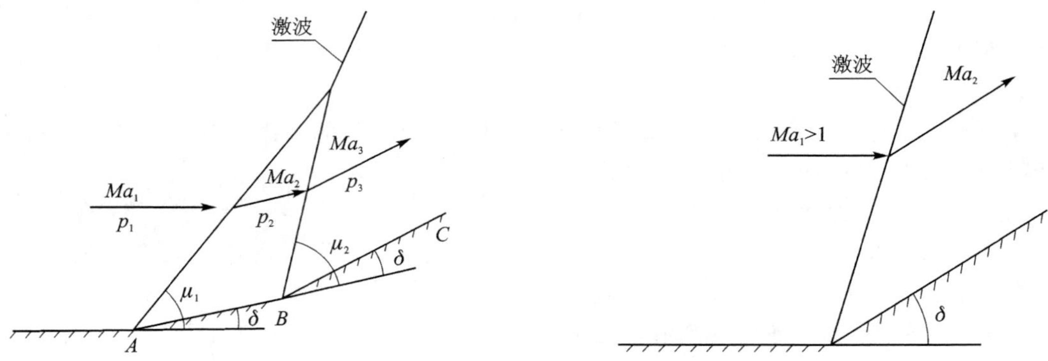

图 2-21　连续经过小内折角形成的激波　　**图 2-22　经过较大内折角形成的激波**

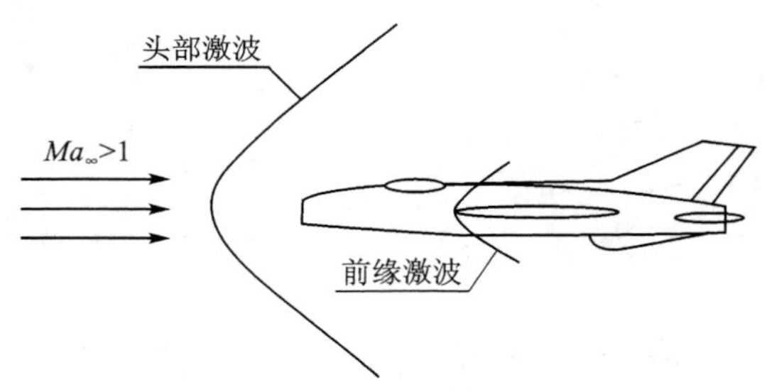

图 2-23　头部激波和前缘激波

上述现象也可根据相对运动原理解释。假设飞机不动,而空气以超声速由远前方吹来,首先在机身头部或机翼前缘受阻而压力升高。以机翼前缘驻点为例,该处的压力比周围空气的压力高,形成一个强扰动波,向四周传播。扰动波所经之处,空气的压力就要发生变化。扰动波自机翼前缘逆气流方向向飞机的前方传播时,一开始,由于波面前后的压力差很大,扰动波的传播速度比迎面气流的速度大,扰动可以向前传播。但扰动波在向前传播的过程中能量有损失,波面前后的压力差减小,其传播的速度也相应减慢。直至扰动波向前传播到一定位置,其传播速度减至与迎面气流速度相等时,扰动波就稳定在这一位置上,不再变动。这时,波面后部各处的空气压力分布也随之稳定下来,不再变化;而波面前部的空气压力、密度、温度因没有受到从前缘来的压力扰动的影响,始终保持不变。扰动波稳定下来后,波面前的气流速度仍为超声速,波面前后压力差还相当大。或者说,空气以超声速流过扰动波的波面,压力突然升高,所以这个稳定下来的扰动波就是激波。

根据激波形成原理,激波的传播速度应等于当地的气流速度。对于头部激波和前缘激波,其传播速度就等于飞行速度。飞行速度不同,激波传播速度不同,强度也就不同。

激波的传播速度 V_s 可按下列公式计算

$$V_s=\sqrt{\frac{p_2-p_1}{\rho_2-\rho_1}\cdot\frac{\rho_2}{\rho_1}} \tag{2-53}$$

对于弱扰动波,p_1 与 p_2、ρ_1 与 ρ_2 相差微小,式(2-53)将变成声速公式。但对于有一定强度的压缩波(激波),波后参数有突跃变化,ρ_2 比 ρ_1 大得多,所以,激波传播速度大于声速。激波前后气流参数相差越大,激波就越强,传播速度就越大。

3. 激波分类及影响因素

(1) 正激波和斜激波

流场中不同地点产生的激波不仅与气流方向间的夹角不同，而且激波强度也不同。激波强度不同又导致空气在激波前后的速度、密度和温度变化也不同，对飞行的影响也就不同。图 2-24 所示为高速飞行中机翼前缘产生激波的情形。该图表明：在机翼正前方，激波与气流方向垂直；在正前方上、下两侧，激波逐渐向后倾斜。在激波与气流方向垂直而靠近机翼前端的地方，空气压缩最为严重，激波前后的压力差最大，即激波强度最强。离机翼稍远的地方，激波开始倾斜，激波强度减弱。离机翼很远的地方，激波就逐渐减弱而成为弱扰动波了。为便于分析问题，有必要将激波区分为正激波和斜激波。

正激波是指波面与气流方向垂直的激波。空气流过正激波，压力、密度和温度都突然升高。流速由超声速降为亚声速，但气流方向不变。在同一飞行马赫数下，正激波是最强的激波。

斜激波是指波面沿气流方向倾斜的激波。以激波角来说明斜激波向后倾斜的程度，激波角是指超声速流中的激波面与来流方向的夹角，用 β 表示。空气流过斜激波，压力、密度、温度也都突然升高，但不像通过正激波那样强烈，流速可能降为亚声速，也可能仍为超声速。空气通过斜激波后，气流的方向还要向外转折。

同一马赫数下，空气流过斜激波后的气流参数变化程度比正激波小，其原因如下：如图 2-25 所示，在垂直于波面的方向上，波前后有压力差，而在平行于波面的方向上，波前后没有压力差，所以气流通过斜激波后，只是垂直于波面的分速 V_n 减小，而平行于波面的分速 V_t 不变。所以通过正激波后，流速减小得多，压力、密度和温度升高得也较多。而通过斜激波的空气，流速减小得少，压力、密度和温度升高并不多。

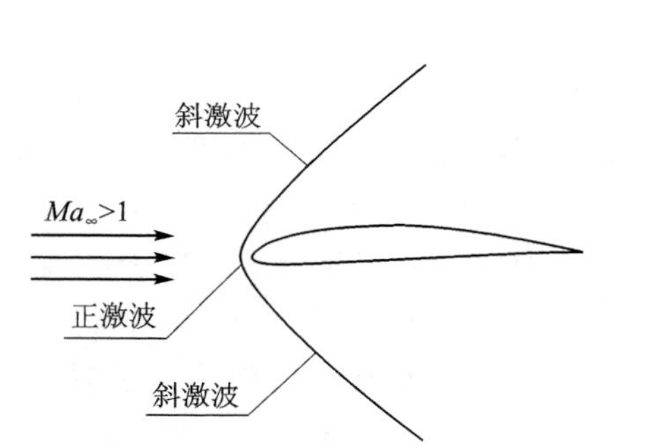

图 2-24　正激波和斜激波

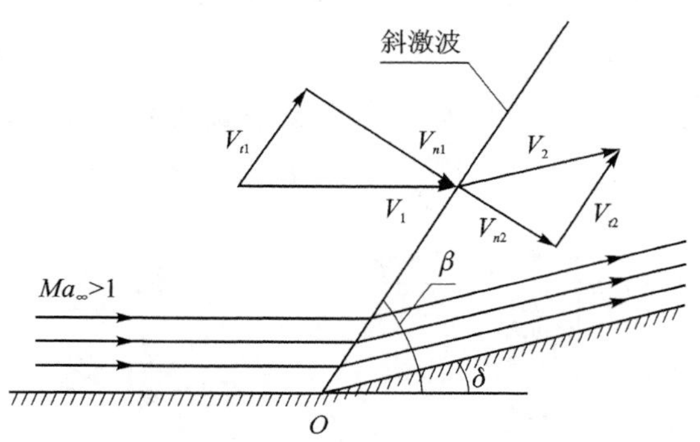

图 2-25　斜激波前后的流速变化

所以，在同一马赫数下，斜激波与气流方向的夹角越小（即激波角越小），与波面垂直的气流分速度越小，气流参数的变化也越小，即激波越弱。

(2) 物体形状对激波的影响

在同一马赫数下，物体形状对气流的阻滞作用越强，则激波越强，激波角越大。

① 钝头形状的物体，对气流的阻滞作用最强。在钝头前端，常产生脱体激波，即在距前端一定距离处产生强烈的正激波（见图 2-26(a)）。距离物体稍远处，空气受物体的阻滞作用较小，产生斜激波，再远一些就只产生弱扰动边界波。前缘曲率半径较大的翼型，在其前端也会产生脱体激波（见图 2-26(b)）。

② 尖头形状的物体，对气流的阻滞作用比较弱。在尖头前端，常产生附体激波（见图 2-26(c)）。物体前缘越尖，气流受阻滞程度越小，激波角越小。某些超声速飞机，其机翼、机身等部分的前缘之所以具有尖锐的形状，就是为了减小激波强度。

③ 空气流过向上转折的斜平面（或称内折角），同样要受到斜平面的阻滞作用，在气流方向转折的地方产生斜激波，如图 2-25 所示。激波前面的空气沿着物体表面平行流动，通过激波后，则沿着转折后的表面平行流动。物体表面的转折角 δ 越大，对气流的阻滞作用越强，斜激波的激波角也越大。空气通过激波后的压力、温度、密度变化也相应越大。表面转折角大到一定程度，转折处就会产生正激波。

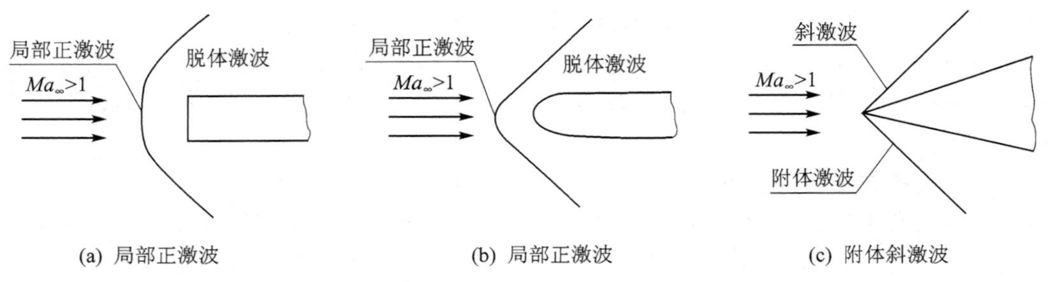

图 2-26　不同形状物体上产生的激波

空气通过斜激波，其与波面垂直的气流分速减小（$V_{n1}>V_{n2}$），而与波面平行的气流分速保持不变（$V_{t1}>V_{t2}$），所以斜激波后的气流方向向外转折。

可见，在同一马赫数下，激波的强度与超声速气流受到阻滞的程度有关。根据斜激波的激波角大小，一般就可以判断气流所受阻滞的强弱程度，也可以判断斜激波的强度，即空气通过激波后的压力、温度和密度的变化程度。

(3) Ma 对斜激波的激波角和波后压力的影响

如图 2-27 所示，超声速气流平行流过，假设在平板 O 点仅有微小转折，在该处形成弱扰动边界波，它与气流方向之间的夹角为 μ。如果 O 点为斜平面的转折点，则因斜平面具有对气流的阻滞作用而产生激波。由于激波传播速度大于声速，所以激波角 β 也就大于 μ 角。气流速度越大或声速越小（即 Ma 越大），扰动波向前传播越困难，β 角就越小，即 Ma 增大，激波角减小。反之，Ma 越小，激波角就会越大。

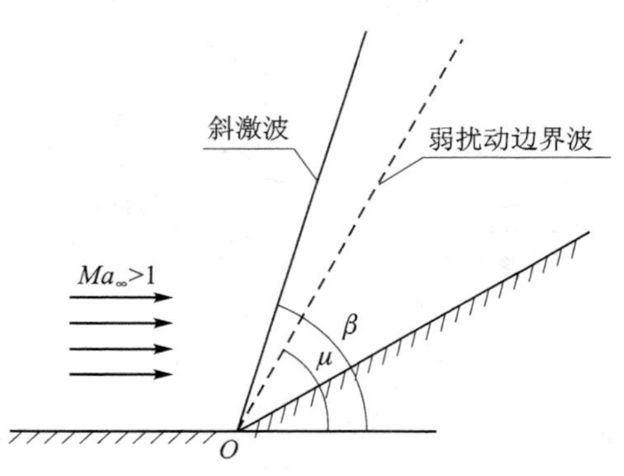

图 2-27　斜激波和弱扰动边界波

随着 Ma 增大，激波后的压力变化要受到两方面影响：一是动压增大，会促使波后压力升高；二是激波角减小，会促使激波强度相对减弱，即波后压力有所降低。在一般情况下，前一因素的影响大，所以波后压力随 Ma 的增大而升高。但因后一因素的影响，波后压力与动压之比反而降低。

4. 激波后气流的总温与总压

气流经过激波，其热力学过程可视为绝热过程，即波前波后的总温不变。经过正激波，气流受到突跃式压缩，它是绝热压缩，但不是等熵压缩，波后的熵值增大。因为激波压缩时，气体本身黏性在起作用(因通过激波,速度变化剧烈,即速度梯度很大,所以黏性作用就显著起来),摩擦使流动的机械能变成了热能,尽管这些热能仍保留在气流内,但要让这些热能重新变为机械能,却要打一定折扣,不可能全部变回去,所以该过程是不可逆的。当激波很弱时,即 p_2/p_1、ρ_2/ρ_1 接近于 1,激波压缩和等熵压缩差别不大,这时可近似把它看成是等熵压缩过程。

气流通过激波时总压要发生变化。波后总压与波前总压之比称为总压恢复系数,用 σ 表示,即 $\sigma=p_{02}/p_{01}$。σ 值总是小于 1,说明气流经过激波,总压有损失。气流总压标志着它的机械能的大小或对外做功的能力。由于摩擦消耗了气流的机械能,使它转变为热能,所以气流的机械能有损失。

为了提高飞行器性能,减小激波损失,超声速飞行器的头部变尖,机翼变薄,尽量使正激波变成斜激波,以减少机械能损失。超声速进气道通过采取一定措施形成适当的激波系,以防止高速飞行时发动机性能下降。

5. 膨胀波

超声速气流通过波面后,压力、密度和温度下降、流速升高的波面称为膨胀波。膨胀波是一种弱扰动波。超声速气流受到阻滞而减速,压力突然升高,就会产生激波。但超声速气流加速,则空气会逐步膨胀,压力逐渐降低,而不致出现像激波那样压力陡然变化的分界面。如图 2-28 所示,空气以超声速流过菱形翼型的流动就是如此。空气先是沿菱形翼型的表面 AO 段流动;经过转折点,在 $O1$ 与 $O2$ 两线所夹的扇形区域内,空气膨胀加速,并改变流动方向沿着表面 OB 段流动。

超声速气流的膨胀加速是一个渐变过程,即其变化总是在一定范围内完成,空气在这个范围内的流动就是超声速膨胀流。

如图 2-29 所示,AOB 为一向外转折的物体表面(称为外凸角),空气以超声速沿表面 AO 段平行流动,其流速为 V_1,Ma 为 Ma_1。空气一流到转折点 O(可以把 O 点看成是长度极短的弯曲表面),因为表面转折,流动空间扩大,根据超声速气流流管截面积随流速的变化关系,气流必然膨胀加速而引起压力降低。这种由压力降低而引起的扰动,从转折点 O 向外传播。但其传播范围只局限于弱扰动边界波(图中的 $O1$ 线)后面。弱扰动边界波的倾斜角度 μ_1 则视波面前方的气流 Ma 而定。气流 Ma 越大,则弱扰动边界波越向后倾斜。

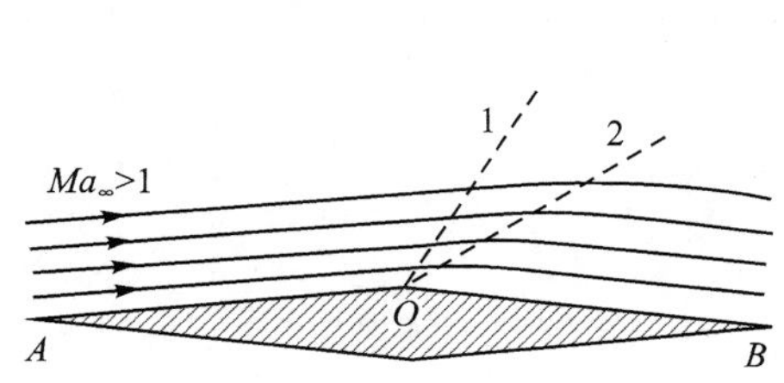

图 2-28　超声速气流沿菱形翼型加速的情况

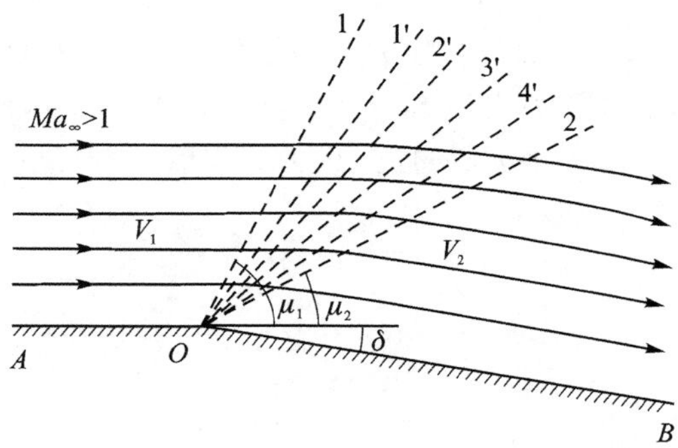

图 2-29　超声速气流流经外凸角时的膨胀波

气流通过波面 $O1$,流速稍有加快,压力、密度和温度都稍有降低,气流方向也稍向表面 OB 段靠拢,但还没有完全平行。流速加快使得从 O 点发出的另一条弱扰动边界波 $O1'$ 更向后倾斜一些。气流通过波面 $O1'$,流速又稍有加快,使得波面 $O2'$ 又向后倾斜一些,压力、密度更降低一些，气流方向更偏转一些。依此类推，直至气流通过波面 $O2$ 后，气流方向与表面 OB 段平行，而不再偏转，于是空气以超声速 V_2 沿平行于表面 OB 段的方向流动。由此可见，弱扰动边界波 $O1$ 与 $O2$ 之间所夹的扇形区域就是超声速气流不断膨胀加速的范围。超声速气流通过这个范围内的若干扰动边界波而逐步膨胀加速，所以这些弱扰动边界波也常被称为膨胀波。膨胀波 $O1$ 与 $O2$ 的倾斜角度 μ_1 和 μ_2 可依据气流沿 AO 段和沿 OB 段流动的气流 Ma 而定。有时为了便于分析与画图，当外凸角很小时，也可用一个膨胀波代替一个扇形膨胀波区。

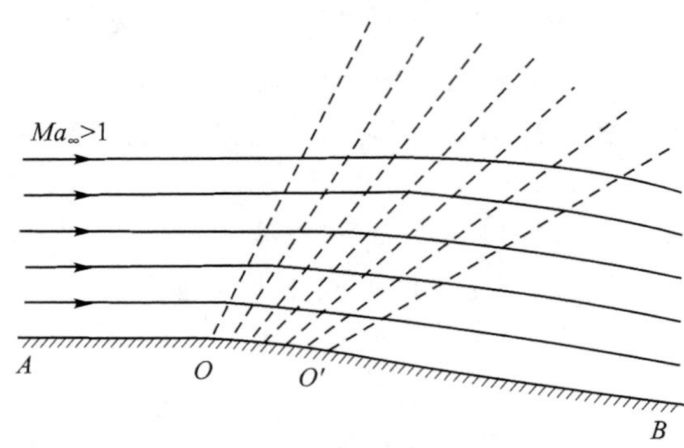

图 2-30　超声速气流流经外凸曲面时的膨胀波

再来看空气流过向外转折的弯曲表面(称为外凸曲面)的流动情况，如图 2-30 所示。

外凸曲面的弯曲部分 $O-O'$ 可以看成是由许许多多不断转折的外凸角组成的表面，只是每次转折角度都极小。因此，空气以超声速流过这一外凸曲面时，也就可以看成是空气以超声速连续流过许多转折角很小的外凸角。气流每流过一个外凸角，就膨胀加速一次，流动方向改变一次。从 O 点发出的膨胀波开始，到 O' 点发出的膨胀波结束，空气在此范围内连续膨胀加速。而在此范围以外，气流仍然保持沿物面平行流动，流速和压力均无变化。

气流的最初方向与最后方向所夹的角度大(也就是物体表面的转折角大)，表明气流经过多次的膨胀加速，空气的压力、温度、密度的变化也比较大。

6. 超声速飞行中的声爆

飞机做超声速飞行，机身、机翼、尾翼等处都会产生强烈的激波，引起周围空气发生急剧的压力变化。如果飞行高度不高，地面上的人在激波经过瞬间，会听到类似响雷或炮弹爆炸的声音，好似晴空霹雳，这就是超声速飞行中的声爆。

飞行试验表明，当飞机以超声速做平飞时，飞机各部位产生的激波系在传播中会逐渐汇合成一前一后两个激波，称为头波和尾波，向外传播并传至地面(见图 2-31(a))。

图 2-31(b)表明了激波经过时地面上的压力变化。对地面某一点来说，当前一激波经过时，空气压力突然增高 Δp。经过激波之后，压力随即平稳下降，以至降到大气压力以下。然后，当后一激波经过时，压力又突然上升，最后恢复到大气压力。据试飞资料记载，前后两激波

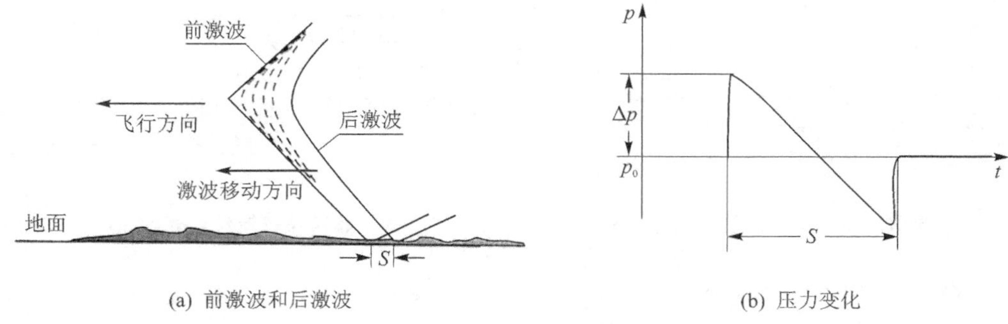

(a) 前激波和后激波　　(b) 压力变化

图 2-31　激波经过时地面上的压力变化

经过的时间间隔为 0.12～0.22 s，地面听到的声爆都是急促的连续两响。

激波所引起的压力变化对地面的影响程度与飞行高度和 Ma 有很大关系。飞行高度低、飞行马赫数大，则影响大，其中又以飞行高度的影响最为显著。因为高度升高，一方面，飞机在同一飞行马赫数下产生的激波强度减弱；另一方面，激波由高空传至地面路程加长，强度也会被削弱，所以对地面影响大大减弱。如果超声速飞行所产生的声爆过强，不仅影响居民的安宁，还可能造成建筑物的损坏。所以，在飞行训练中，做超声速飞行的高度不得低于规定高度，以尽量减弱声爆对地面的影响。

2.2.5　局部激波的产生和发展

1. 临界马赫数

飞机以一定的速度做亚声速飞行时，空气流过翼型上表面凸起的地方，由于流管收缩，故局部流速加快，局部流速加快，又引起局部温度降低，从而使局部声速减小。所以，当飞行速度增大时，上表面最低压力点的气流速度随之不断增大，而该点的局部声速则不断减小。于是，局部流速与局部声速逐渐接近以至相等。

当飞行速度增大到一定程度时，机翼表面最低压力点的气流速度等于该点的声速，该点称为等声速点。此时的飞行速度称为临界飞行速度，简称临界速度，用 V_{cr} 表示（见图 2－32，图中 c_{loc} 为当地声速）。临界速度与该飞行高度的声速之比称为临界飞行马赫数，简称临界马赫数（或称下临界马赫数），用 Ma_{cr} 表示，$Ma_{cr}=V_{cr}/c$。

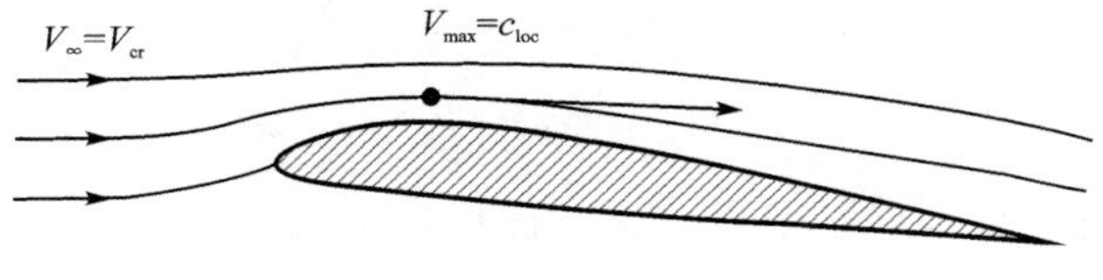

图 2－32　临界速度

例如，在 2 km 高度，声速为 1 200 km/h，当飞行速度增大到 900 km/h，机翼表面最低压力点的流速为 1 150 km/h，而该点的局部声速也降低到 1 150 km/h，则临界马赫数为

$$Ma_{cr}=\frac{V_{cr}}{c}=\frac{900}{1\ 200}=0.75$$

若飞行马赫数小于临界马赫数，则翼型表面各点气流速度都低于声速，全流场均为亚声速流，气流特性不发生质变。若飞行马赫数大于临界马赫数，翼型表面就会出现局部声速区，并产生局部激波。在超声速区内，气流为超声速，其特性会发生质变。因此，临界马赫数的大小可用来说明翼型上表面出现局部超声速气流时机的早晚，可作为翼型空气动力特性即将发生显著变化的标志。

临界马赫数的大小会因迎角不同而不同。迎角增大时，翼型上表面最低压力点处的气流速度更快，局部声速更慢，于是在较小的飞行速度下，翼型上表面就可能出现等声速点，即临界速度和临界 Ma 有所降低。所以，迎角增大，临界马赫数降低；反之，迎角减小，临界马赫数提高。

对具体形状的翼型而言，其压力分布与翼型本身的相对厚度、相对弯度和迎角等参数有关，因此，翼型的 Ma_{cr} 也与这些参数有关。对机翼来说，Ma_{cr} 还与其平面形状有关。

如果翼型前方的来流马赫数继续增大，即 $Ma_\infty>Ma_{cr}$，则翼型表面上将产生局部超声速区和激波，翼型和机翼的气动特性将随之发生剧烈变化。显然，这种变化将从来流 Ma 超过临界马赫数开始。

从翼型的临界马赫数开始，到远前方来流马赫数逐渐增大，使得翼型前方脱体激波附体的来流马赫数即为分离马赫数 Ma_{det}，又可以称为上临界马赫数，介于这两个马赫数之间的绕翼型的流场称为跨声速流场。

2. 局部激波的产生

当飞行马赫数大于临界马赫数时，等声速点的后面流管扩张，空气膨胀加速，出现局部超声速区。在超声速区内，压力比大气压力小得多；但翼型后缘处的压力却接近大气压，这种较大的逆压梯度使局部超声速气流受到阻挡而产生较强的压力波，压力波逆着翼型表面的气流向前传播。该强压力波的传播速度大于当地声速，又因超声速区内的气流速度大于局部声速，所以，当压力波传到某一位置，其传播速度等于迎面的局部超声速气流速度时，就不能再继续向前传播了，结果该压力波相对于翼型稳定在这一位置上。于是，翼型上表面出现一压力突增的分界面，这个分界面就是局部激波，如图 2-33 所示。

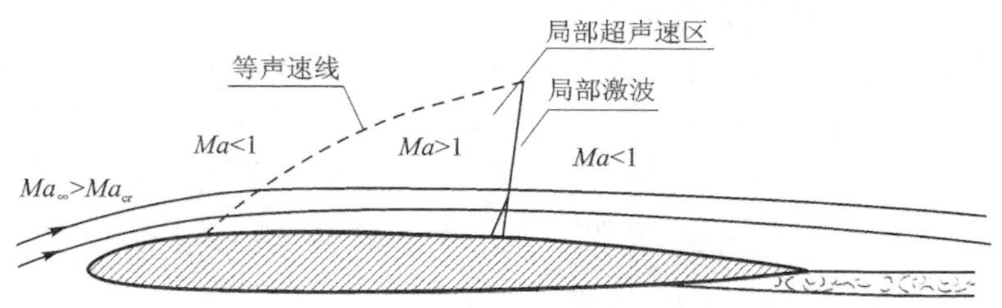

图 2-33　翼型局部激波的产生

气流通过局部激波后，减速为亚声速气流，波后压力、温度、密度突然升高。此时，翼型周围既有亚声速气流，又有超声速气流。局部激波前、等声速线后是局部超声速区，流场中的其他区域则是亚声速区。

3. 局部激波的发展

下面以接近对称的薄翼型在 2°正迎角下的试验结果为例，来说明来流马赫数增大的过程中机翼局部激波发展的规律。

如图 2-34 所示，飞机以正迎角飞行时，机翼上表面的局部流速比下表面快，所以，当 $Ma > Ma_{\text{cr}}$ 后，图 2-34(a)中翼型的临界马赫数约为 0.73，机翼上表面首先出现范围较小的局部超声速区和强度较弱的局部激波。

保持迎角不变，飞行马赫数增大至 0.81，在机翼上表面激波前各点的气流速度都普遍加快，原来没有达到声速的地方也增加到了声速，流管截面积最小处前移，致使等声速点前移，如图 2-34(b)所示。同时因形状类似于拉瓦尔管的流管进口和出口的压力比增大，超声速区内的气流速度超过声速更多，大于激波的传播速度，迫使局部激波后移。等声速点前移和局部激波后移，都使得超声速区扩大。超声速气流速度增大，使局部激波前后的压力差增大，激波强度增强，传播速度加快；当局部激波后移到某一位置，其传播速度增大到与波前的超声速气流速度相等时，激波就稳定在新的位置上不再向后移动了。

飞行马赫数再增大至 0.85，翼型下表面也出现局部超声速区和局部激波，如图 2-34(c)所示。因为实验中的翼型接近对称型且为正迎角，下翼面流管截面最细处比上翼面靠后，所以下表面等声速点位置比上表面的靠后一些，局部超声速区和局部激波的位置也同样靠后。

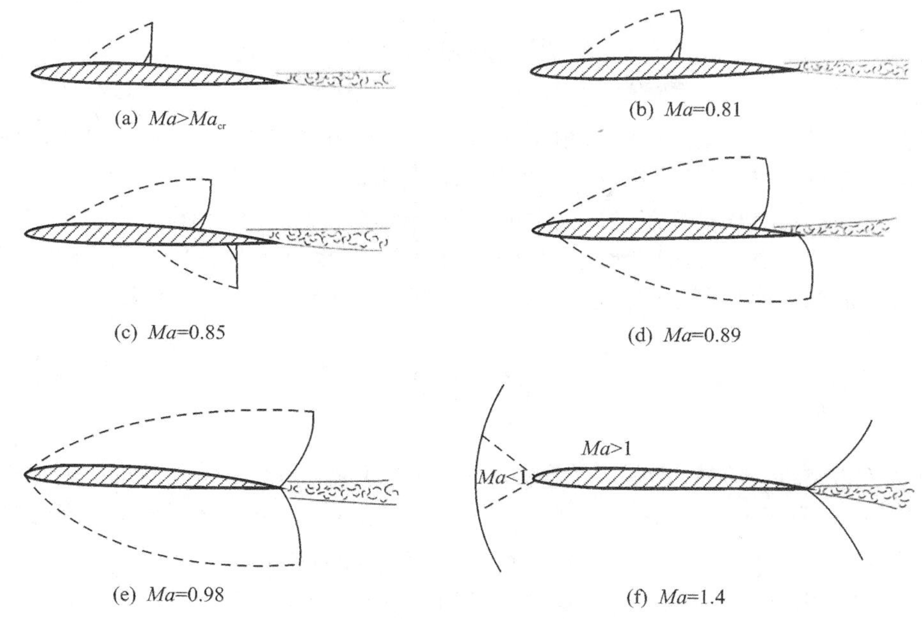

(a) $Ma>Ma_{cr}$　(b) Ma=0.81　(c) Ma=0.85　(d) Ma=0.89　(e) Ma=0.98　(f) Ma=1.4

图 2-34　某翼型局部激波的发展

飞行马赫数继续增大到 0.89，机翼上、下表面都已出现局部激波，激波强度也不断增强。等声速线都前移，局部激波都后移，局部超声速区的范围都扩大了，如图 2-34(d)所示。但下表面的局部激波比上表面的后移得快些，局部超声速区扩大得更快些。这是因为接近对称的薄翼型在正迎角下，上翼面流线弯曲程度大一些，下翼面流线弯曲程度小一些。因此，上翼面的流管后段沿途扩张得较快，压力沿弦向的变化也比较快；而下翼面后段流管沿途扩张得比较慢，压力沿弦向的变化也比较慢。在飞行马赫数增大的过程中，假如上下翼面的局部激波后移同样的距离，下翼面局部激波前后压力差自然增加得少一些，传播速度也自然加快得少一些。由此可见，下翼面的局部激波要比上翼面的局部激波向后移动更多的距离，其传播速度才会增大至与波前的超声速气流速度相等。所以说，翼型下表面的局部激波比上表面向后移动得快一些，下表面局部激波的位置比上表面的靠后些。因此，当飞行马赫数增大至一定程度，下表面的局部激波先移到后缘。

飞行马赫数增大至接近 1，如图 2-34(e)所示的 0.98，上表面的局部激波也移到后缘。此时，翼型后缘出现两道斜激波，称后缘激波。此时上下表面几乎全是超声速区了。

飞行马赫数大于 1 以后的超声速阶段如图 2-34(f)所示，来流马赫数等于 1.4，机翼上、下表面的局部激波均仍处于后缘，超声速区内的气流速度更大，局部激波更加向后倾斜。此时，机翼前缘已出现了前缘激波。

以上关于局部激波在上、下表面的产生和发展过程，虽然只是某一翼型的试验结果，但也基本上说明了其他类似翼型的情况。尽管在数量上有差别，但发展趋势基本一致。因此，后面就以上述关于局部激波的发展趋势和过程作为基础，来研究机翼亚声速、跨声速空气动力特性的变化特点。

局部激波产生以后，不仅影响飞机周围流场中的压力分布，引起升力和阻力的变化，还会影响飞机的操纵性和稳定性。

本章小结

本章首先介绍了空气动力学分析中用到的流动基本概念，推导了低速不可压缩流动的质量方程和能量方程，分析了低速边界层产生的机理及雷诺数概念，为后续理解空气动力产生和失速机理奠定基础。对比分析了高速流动的压缩特性，推导了高速定常流动的能量方程，给出不同速度下的流动特点。分析了激波和膨胀波的概念、产生机理和物理特性，特别介绍了亚、跨声速飞行时局部激波的产生和发展。图 2-35 为本章思维导图，供学习参考。

思考题

1. 解释低速流动气体伯努利方程的物理意义和使用条件，分析空速管的工作原理。

2. 图 2-36 所示为一翼剖面的流谱，设 $A_1=0.001\ \mathrm{m}^2$，$A_2=0.000\ 5\ \mathrm{m}^2$，$A_3=0.001\ 2\ \mathrm{m}^2$，$V_1=100\ \mathrm{m/s}$，$p_1=101\ 325\ \mathrm{Pa}$，$\rho=1.225\ \mathrm{kg/m^3}$，求 V_2，p_2，V_3，p_3。

3. 某飞机分别以 360 km/h 的速度在海平面和以 468 km/h 的速度在 5 000 m 高度上做水平飞行，全压是否相等？各是多少？

4. 低速边界层是怎样产生的？是如何影响空气动力特性的？

5. 解释表速和真速的定义，分析二者在无人机飞行中的运用时机。

6. 某型飞机的飞行高度为 10 000 m，飞行马赫数为 2。试用国际标准大气表查出该高度处的大气压强、密度和温度，并求出该高度的飞行速度。

7. 某飞机的飞行速度是 850 km/h，在海平面标准大气条件下，其飞行马赫数是多大？如果飞行高度为 11 km，其飞行马赫数又是多大？

8. 根据激波形成原因，试分析飞机做亚声速或等声速飞行时，是否会产生头部激波或前缘激波？

9. 某飞机在 10 km 上空飞行，时速 850 km/h：(1) 求机身前端驻点处的温度和压力；(2) 若机身上有一隆起，其最高点处的流速等于飞行速度的 1.4 倍，求该点处气流的温度、密度及压力。

10. 比较低速气流和高速气流特性的异同点。

11. 说明超声速气流流过一外凸角和外凸曲面时，膨胀波区的形成过程及膨胀波区前后气流参数的变化情形。

12. 飞机头部激波是怎样产生的？正激波和斜激波有什么区别？

13. 翼型表面局部激波是怎样产生的？又是怎样发展的？“局部激波总是先在翼型上表面产生”这种说法对吗？为什么？

14. 阅读后面的拓展阅读材料，描述空气动力学发展脉络，分析影响空气动力学发展的因素，写出自己的感悟和启示。

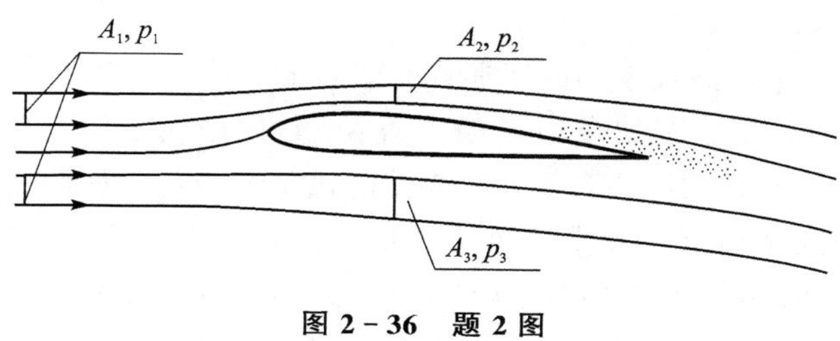

图 2-36　题 2 图

拓展阅读

空气动力学发展

最早对空气动力学的研究，可以追溯到人类观察鸟或弹丸在飞行时的现象及猜测其受力和力的作用方式。17 世纪后期，荷兰物理学家惠更斯首先估算出物体在空气中运动的阻力；1726 年，牛顿应用力学原理和演绎方法得出：在空气中运动的物体所受的力正比于物体运动速度的平方和物体的特征面积以及空气的密度。这一工作可以看作是空气动力学经典理论研究的开始。

1755 年，数学家欧拉得出了描述无黏性流体运动的微分方程，即欧拉方程。这些微分形式的动力学方程在特定条件下可以积分，得出很有实用价值的结果。19 世纪上半叶，法国的纳维和英国的斯托克斯提出了描述黏性不可压缩流体动量守恒的运动方程，后称为纳维-斯托克斯方程（N-S 方程）。

到 19 世纪末，经典流体力学的基础已经形成。20 世纪以来，随着航空事业的迅速发展，空气动力学便从流体力学中发展出来，并形成力学的一个新的分支。

航空要解决的首要问题是如何获得飞行器所需要的升力、减小飞行器的阻力来提高它的飞行速度。这就要从理论和实践上研究飞行器与空气相对运动时作用力的产生及其规律。1894 年，英国的兰彻斯特首先提出无限翼展机翼或翼型产生升力的环量理论和有限翼展机翼产生升力的涡旋理论等，但兰彻斯特的想法在当时并未得到广泛重视。

大约在 1901—1910 年间，库塔和儒科夫斯基分别独立地提出了翼型的环量和举力理论，并给出举力理论的数学形式，建立了二维机翼理论。1904 年，德国的普朗特发表了著名的低速流动的边界层理论，该理论指出在不同的流动区域中控制方程可有不同的简化形式。

边界层理论极大地推进了空气动力学的发展。普朗特还把有限翼展的三维机翼理论系统化，给出它的数学结果，从而创立了有限翼展机翼的举力线理论。但它不能适用于失速、后掠和小展弦比的情况。1946 年美国的琼斯提出了小展弦比机翼理论，利用这一理论和边界层理论，可以足够精确地求出机翼上的压力分布和表面摩擦阻力。

近代航空和喷气技术的迅速发展使飞行速度迅猛提高。在高速运动的情况下，必须把流体力学和热力学这两门学科结合起来才能正确认识和解决高速空气动力学中的问题。1887—1896 年间，奥地利科学家马赫在研究弹丸运动扰动的传播时指出：在小于或大于声速的不同流动中，弹丸引起的扰动传播特征是截然不同的。

在高速流动中，流动速度与当地声速之比是一个重要的无量纲参数。1929 年，德国空气动力学家阿克莱特首先把这个量纲为 1 的参数与马赫的名字联系起来，10 年后，马赫数这个特征参数在气体动力学中广泛应用。

小扰动在超声速流中传播会叠加起来形成有限量的突跃——激波。在许多实际超声速流动中也存在着激波。气流通过激波流场，参量发生突跃，熵增加而总能量保持不变。

英国科学家兰金在 1870 年、法国科学家希贡扭在 1887 年分别独立地建立了气流通过激波应满足的关系式，为超声速流场的数学处理提供了正确的边界条件。对于薄翼小扰动问题，阿克莱特在 1925 年提出了二维线化机翼理论，以后又相应地出现了三维机翼的线化理论。这些超声速流的线化理论圆满地解决了流动中小扰动的影响问题。

在飞行速度或流动速度接近声速时，飞行器的气动性能发生急剧变化，阻力突增，升力骤降，飞行器的操纵性和稳定性极度恶化，这就是航空史上著名的声障。大推力发动机的出现冲过了声障，但并没有很好地解决复杂的跨声速流动问题。20 世纪 60 年代以后，由于跨声速巡航飞行、机动飞行以及发展高效率喷气发动机的要求，跨声速流动的研究更加受到重视，并有很大的发展。

远程导弹和人造卫星的研制推动了高超声速空气动力学的发展。在 20 世纪 50 年代到 60 年代初，确立了高超声速无黏流理论和气动力的工程计算方法。20 世纪 60 年代初，高超声速流动数值计算也有了迅速的发展。通过研究这些现象和规律，高温气体动力学、高速边界层理论和非平衡流动理论等得到了发展。

由于在高温条件下会引起飞行器表面材料的烧蚀和质量的引射，带来所谓的热障问题，故需要研究高温气体的多相流。空气动力学的发展出现了与多种学科相结合的特点。

空气动力学发展的另一个重要方面是实验研究，包括风洞等各种实验设备和实验理论、实验方法、测试技术的发展。世界上第一个风洞是英国的韦纳姆在 1871 年建成的。到今天，适用于各种模拟条件、目的、用途和各种测量方式的风洞已有数十种之多，风洞实验的内容极为广泛。

20 世纪 70 年代以来，激光技术、电子技术和电子计算机的迅速发展极大地提高了空气动力学的实验水平和计算水平，促进了对高度非线性问题和复杂结构的流动的研究。除了上述航空航天事业的发展推进空气动力学的发展之外，20 世纪 60 年代以来，由于交通、运输、建筑、气象、环境保护和能源利用等多方面的发展，出现了工业空气动力学等分支学科。

第3章　固定翼无人机空气动力特性

空气动力特性是指空气动力的产生、分布和随飞机迎角、速度、高度等的变化规律。物体在空气中运动受到的空气动力本来是分布在物体表面各部分的，但为了研究和使用方便，往往将其综合为一个力来考虑，这个力称为合力 R，其作用点称为压力中心。研究无人机飞行时通常把合力按飞行方向（相对气流方向）和垂直飞行方向分解为阻力 D、升力 L 和侧力 C；建立无人机动力学方程时，会按无人机三个机体轴来分解力；研究作用在螺旋桨上的空气动力时，会将其分解为拉力 T（沿飞行方向）和旋转阻力 Q（沿旋转平面与螺旋桨旋转方向相反）；研究作用在无人直升机旋翼上的空气动力时，会将其分解为推力 T（沿飞行方向）、升力 L（沿垂直方向）和阻力 D（逆飞行方向）。无人机的空气动力特性是分析计算飞行性能的重要依据，也是分析无人机平衡、稳定性和操纵性的重要基础。由于无人机低速和高速飞行时，空气动力特性差异很大，因此在空气动力学中通常分为低速和高速两部分来研究空气动力特性。

3.1　低速空气动力特性

3.1.1　空气动力产生机理

无人机能够在空中持续飞行，就是因为有升力平衡无人机的重力。无人机在飞行过程中必然会有阻力，需要无人机动力系统的推力来平衡。另外，飞控系统常常是通过控制升力来改变无人机飞行状态的。

1. 机翼迎角

为了分析方便，我们用翼型代表机翼，根据翼型的流谱来定性分析机翼升力的产生原理。这种不考虑气流参数和空气动力的展向变化，以翼型代表的机翼称为二维翼，也叫无限翼展平直翼。如前所述，在低速气流中，翼型的流谱主要取决于翼型形状和机翼在气流中的位置关系。机翼在气流中的位置关系常用迎角表示。

机翼迎角是指翼弦与相对气流方向之间的夹角，用 α 表示，如图 3-1 所示。将表示相对气流速度的矢量平移至前缘处，使矢量末端与前缘重合，如矢量在翼弦所在直线的下方（与机翼下表面在同一侧）时，迎角为正；反之，矢量在翼弦所在直线的上方（与机翼上表面在同一侧）时，迎角为负，而相对气流方向与翼弦平行时，迎角为零。

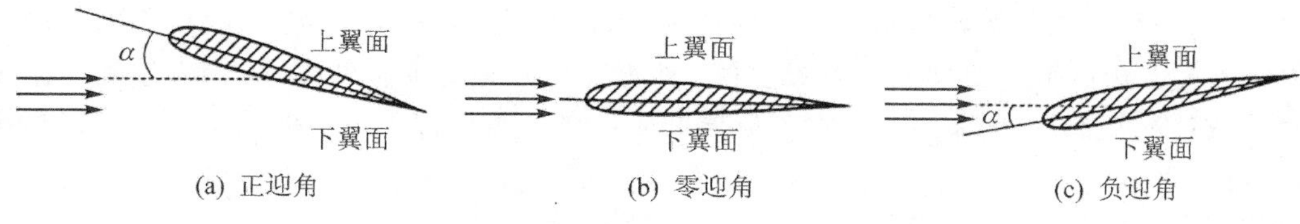

图 3-1　机翼迎角

低速飞行中，翼型的流谱只取决于迎角。图 3-2 所示是同一翼型在不同迎角下的流谱，从图上可以看出，大迎角时，机翼上表面前半部流管更细，下表面前半部流管更粗，边界层的分离点更靠前,后缘涡流区扩大。

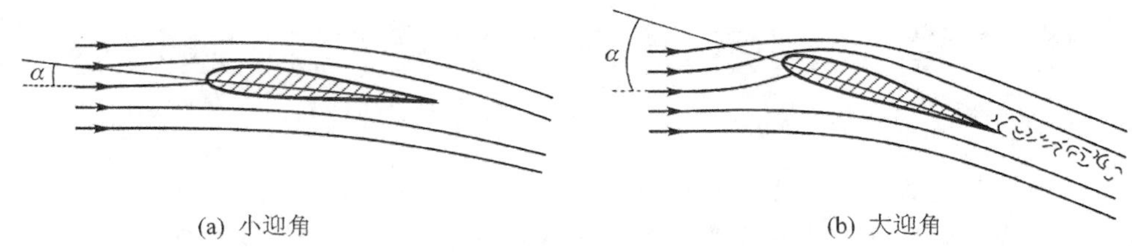

图 3-2 翼型在不同迎角下的流谱

2. 低速飞行升力的产生

正确解释升力产生的原因是一件很复杂的事情。早前的常用解释是基于伯努利定理,按照等时段理论进行解释,后来基于附壁效应(康达效应),采用牛顿理论,即动量传递或空气偏转理论进行解释。在空气动力学中,常采用升力的精确数学描述,主要依靠库塔条件、绕翼环量、库塔-茹可夫斯基定理和伯努利定理,用机翼环量来确定升力。

(1) 升力产生的机理

1) 升力的普遍描述

升力的普遍描述是基于翼型和伯努利定理。相对气流流到机翼前缘,在驻点处分成上、下两股气流,分别沿机翼上、下表面流过,在机翼后缘重新汇合向后流去。由于翼型的上表面外凸程度大于下表面,应用连续性定理和伯努利定理,故流过上表面的气流快于下表面,动压增加而静压减小,于是机翼上、下表面出现了压力差,垂直于相对气流方向的压力差总和就是升力。升力来源于机翼上下表面气流的速度差导致的压力差。即使典型弧形翼型的迎角为零,也会产生升力,更不用说迎角大于零了,如图 3-3 所示。

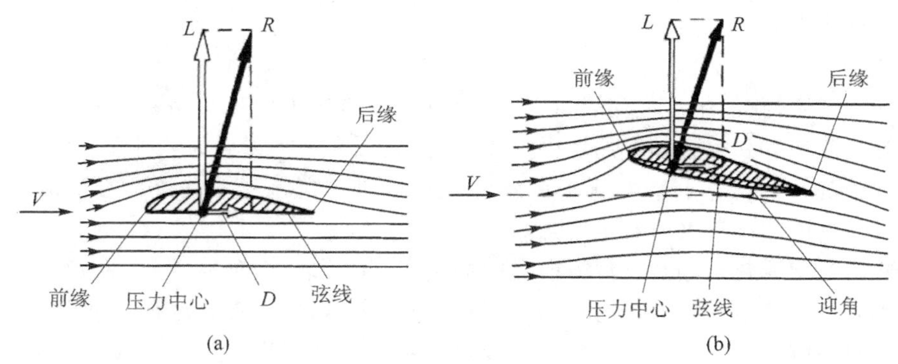

图 3-3 机翼升力图

采用伯努利的这种解释虽然理论上通俗易懂,但这种解释进行了很多简化,忽略了很多因素,由压力差算出的升力其实并不是真实值。其实,由于上翼面前段流管收缩,空气的流速自然加快,故达到后缘要提前。风洞的实验结果或计算机仿真都显示:机翼顶部的气流要比底部的气流快很多到达机翼后沿,而不是同时到达。从图 3-4 中翼型绕流中可以看出,流过翼型上表面的相对气流先到达后缘,而这个时间差恰恰会产生更大的升力。

2) 升力的物理描述

升力的物理描述主要基于牛顿三大定律和康达效应(Coanda Effect)。康达效应也称附壁

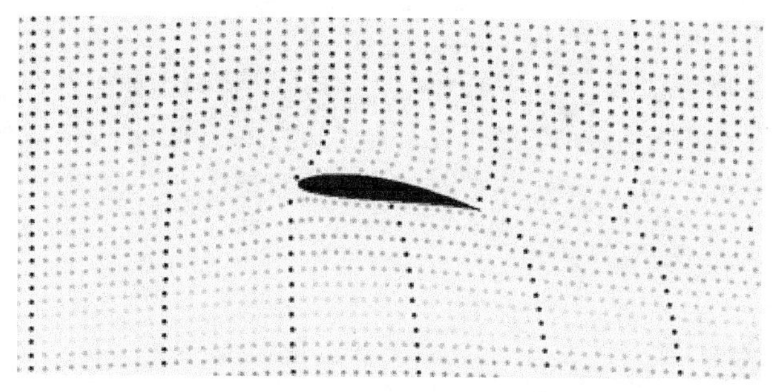

图 3-4　空气微团流经翼型的仿真显示

效应，是大部分飞机机翼的主要作用原理。流体有离开本来的流动方向，改为随着凸出的物体流动的倾向，流体与它流过的物体表面之间存在面摩擦，这时流体的流速会减慢。只要物体表面的曲率不是太大，流速的减缓会导致流体被吸附在物体表面上流动。

例如，打开水龙头放出小股水流，把一汤勺背靠水流慢慢接近，水流会被吸引发生弯曲，流到汤勺的背面，这是伯努利定理及康达效应作用的结果，如图 3-5 所示。伯努利定理令汤勺与水流之间的压力降低，把水流引向汤勺上。当水流附在汤勺上以后，康达效应令水流一直在汤勺的凸出表面流动。根据牛顿第一定律可知，水流发生弯曲是因为受到外力，其方向指向弯曲方向。根据牛顿第三定律可知，汤勺受到一个大小相等、方向相反的力。同样道理应用到机翼上，就可以解释升力了。

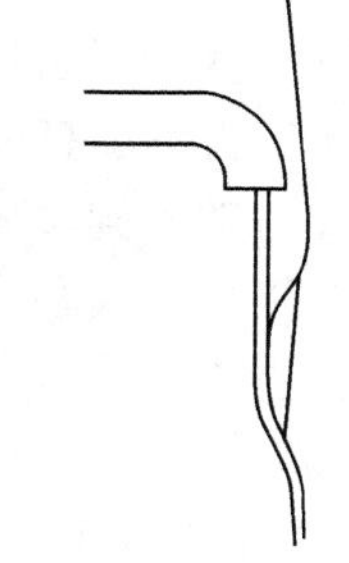

图 3-5　康达效应

相对气流在机翼周围弯曲就是康达效应的结果。如图 3-6 所示，气流从机翼的下表面接近机翼，并产生气流的上洗，然后气流分成两股向机翼后缘流去，在后缘向下偏转。机翼用下翼面将空气向下推，用上翼面将空气向下拉，其中后一个动作更为重要。气流弯曲是受到外力的作用，此外力与流线垂直，弯曲越大，外力就越大。根据牛顿第三定律，空气受到的力与机翼受到的力大小相等，方向相反，如图 3-7 所示。这种上吸下推的共同作用形成机翼上的升力。

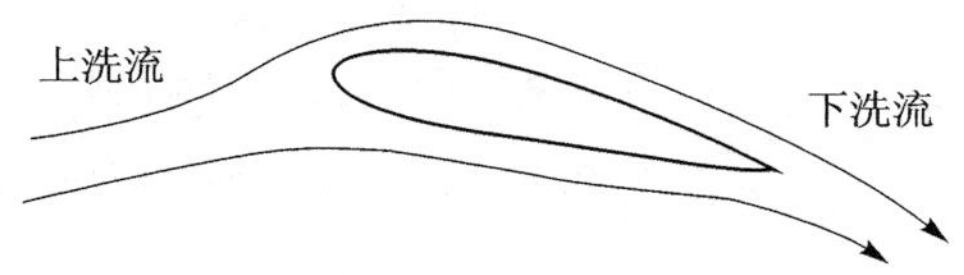

图 3-6　气流绕机翼的真实情况

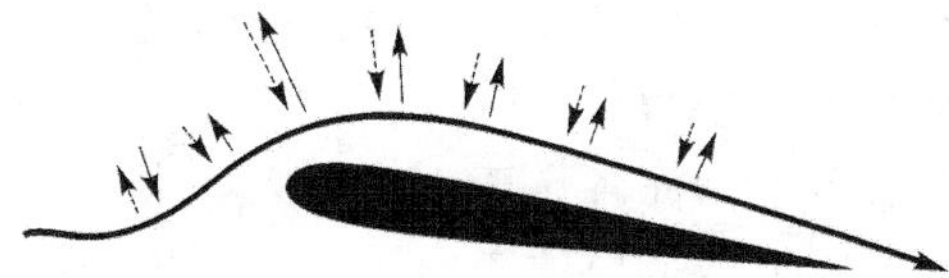

图 3-7　空气和机翼的受力

3）升力的数学描述

如果需要精确计算机翼产生的升力，需要用到大量复杂的数学公式。采用 N-S 方程（分析黏性流体）等复杂的数学公式，通过计算机求解翼型周围的空气流速，然后再通过伯努利方程或欧拉方程分析理想流体，可以精确计算出压力和升力。

这种升力解释方法是基于升力环量定律，就是在分析中采用环量概念，对通过机翼周围空气的旋转程度进行量化，可以解释上、下表面空气流动速度的差异性。升力大小与环量大小成正比，环量大升力大，环量小升力小；环量为零，即使存在迎角，升力也为零。

(2) 翼型表面的压力分布

机翼升力的作用点称为机翼压力中心(画图分析时通常记为升力作用线与翼弦的交点)。

为便于研究飞机运动方向的保持和变化,规定升力的方向为与相对气流垂直的方向,指向上方为正,如图 3-8 所示。由于飞机左右对称,故一般情况下升力位于飞机对称面内。

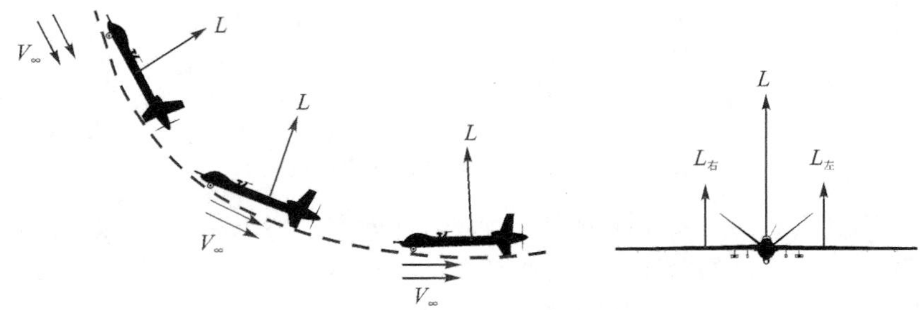

图 3-8 升力的方向

空气流过机翼上下表面的压力变化可以通过实验来测定。图 3-9 所示是测量机翼上下表面压力分布的实验示意图。在机翼上下表面沿气流方向在同一翼剖面上各钻一些小孔,用软管分别连到多管气压计上,气压计上的 0 号管管口液面感受的是大气压力。空气流过机翼时气压计各液柱的高度发生变化,根据这些变化可以算出翼面上这些点处的气流静压与大气压力之差 Δp,Δp 称为剩余压力,其大小为

$$\Delta p = p - p_\infty = -\gamma_{液} \Delta h \tag{3-1}$$

式中:p 为翼面某点的气流静压;p_∞ 为机翼远前方空气静压(大气压);$\gamma_{液}$ 为所用液体的重度(单位:N/m^3);Δh 为液柱与 0-0 线的高度差。

液面低于 0-0 线时,Δh 为负值,说明机翼表面所测点的压力大于大气压,即 Δp 为正值,称为正压力,简称压力;液面高于 0-0 线时,Δh 为正值,说明翼面所测点的压力比大气压力小,即 Δp 为负值,称为吸力或负压力。

图 3-9 记录了空气以一定的正迎角流过机翼时的实验结果,可以看出,与上表面各测量点(图 3-9 中的 2~8 点)相连的气压计液面均在 0-0 线以上,说明机翼上表面各点压力普遍小于大气压力;与下表面各点(图 3-9 中的 9~16 点)相连的气压计液面均在 0-0 线以下,说明机翼下表面各点压力普遍大于大气压力。此实验验证了前面的分析结论:机翼升力是由机翼上吸下压形成的表面压力差产生的。

为了便于比较机翼各个部位对升力贡献的大小,可根据上述实验测出的结果画出翼型压力分布图。在绘制翼型压力分布图时,不是直接画出翼面各点压力数值,而是画出各点的压力系数 C_p。所谓压力系数,指的是剩余压力与远前方气流动压的比值,即

$$C_p = \frac{p - p_\infty}{\frac{1}{2}\rho_\infty V_\infty^2} \tag{3-2}$$

根据伯努利方程 $p + \frac{1}{2}\rho_\infty V^2 = p_\infty + \frac{1}{2}\rho_\infty V_\infty^2$,可得

$$C_p = 1 - \frac{V^2}{V_\infty^2} \tag{3-3}$$

式中,V 为机翼表面某一点的局部流速。根据连续方程 $VA = V_\infty A_\infty$,可得

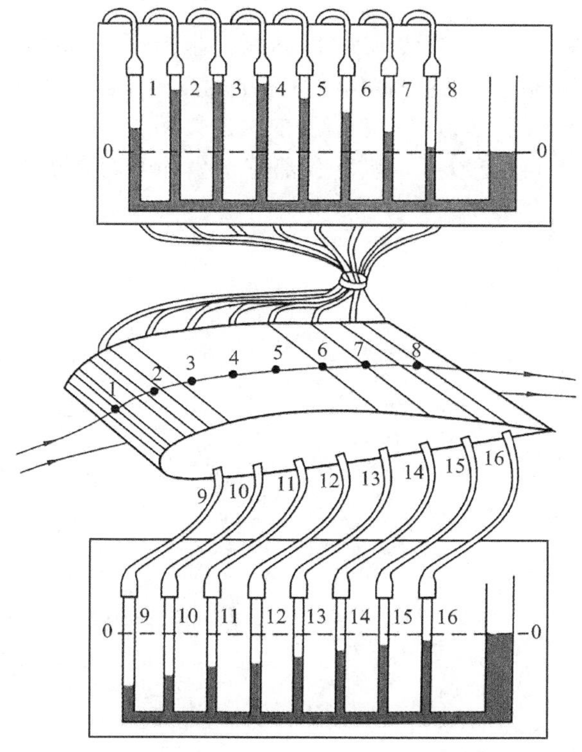

图 3-9 测定翼型表面各点压力的实验

$$C_p = 1 - \frac{A_\infty^2}{A^2} \tag{3-4}$$

不难看出,对于低速气流来说,在迎角、翼型一定时,流谱一定,对于翼面某一固定点来说,其 A_∞^2/A^2 是一确定值,即其压力系数是一定值。这就是说,翼型表面各点的压力系数仅取决于迎角和翼型,而与动压无关。对同一机型飞机来说,翼型不变,这时翼面上固定点的压力系数就只取决于迎角了。

翼型表面的压力分布通常有两种表示方法:一种是矢量表示法,另一种是坐标表示法。

1) 矢量表示法

如图 3-10 所示,用带箭头的线段表示压力系数,将各测量点所测得的压力系数画在对应点的物面法线上,线段的长度对应压力系数绝对值的大小,箭头从翼面指向外表示吸力,箭头向里指向翼面表示正压力。将各个矢量的末端用平滑的曲线连接起来,便得到用矢量法表示的压力分布图。图中压力最低,即吸力最大的点是最低压力点;在前缘附近,流速为零,压力最高的点叫驻点,驻点的压力系数等于1。

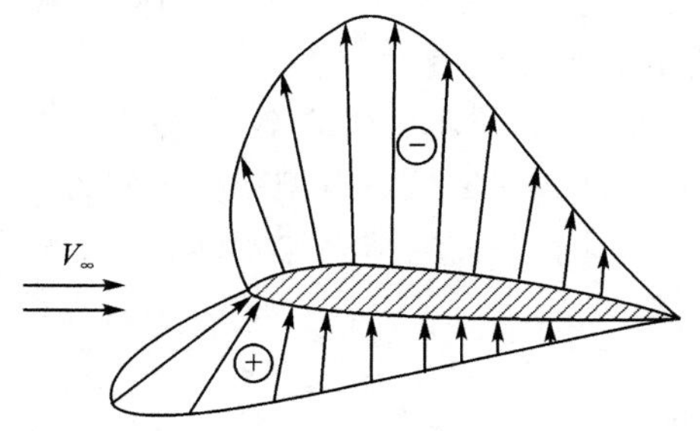

图 3-10 用矢量法表示的翼型压力系数分布

显然,机翼表面某处的压力系数与远前方气流动压的乘积就是该点的剩余压力 Δp,机翼表面各处剩余压力在垂直于相对气流方向分力的合力就是机翼的升力。

2）坐标表示法

如图 3－11 所示，以翼弦所在直线为横轴，前缘为坐标原点，将翼型各测量点投影在横轴上，以弦长相对量 x/c 作横坐标，然后将各测量点上的压力系数值作为纵坐标画出，正压力画在横轴下方，吸力画在横轴上方，再用平滑曲线依次连接图上各点，就是用坐标法表示的压力分布图。有了压力分布图，便可以分析机翼各部位产生的升力在机翼总升力中所占的比例。图 3－12 为几种典型压力分布曲线。

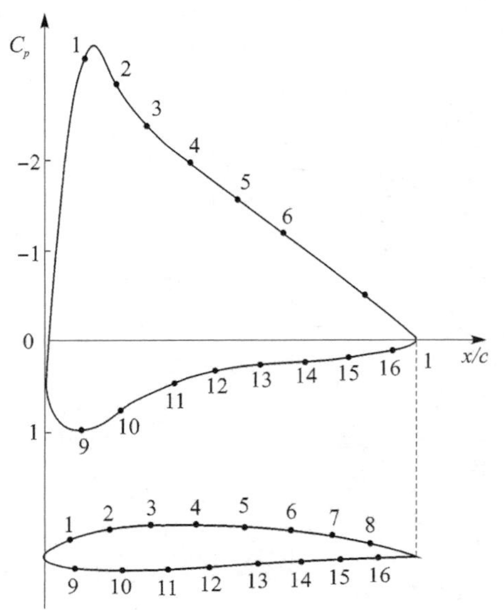

图 3－11　用坐标法表示的翼型压力系数分布

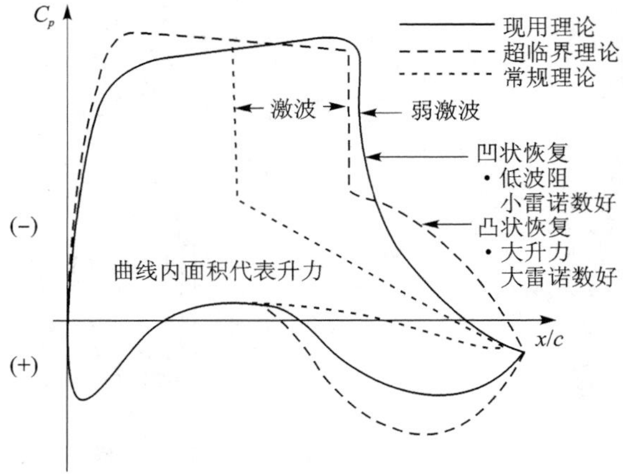

图 3－12　几种典型压力分布曲线

图 3－10 和图 3－11 都表明：

① 机翼的升力大部分靠上表面的压力减小（吸力）获得，小部分靠下表面的压力增大（正压力）获得。由上表面吸力所形成的升力一般占总升力的 60%～80%，而由下表面正压力所形成的升力只占总升力的 20%～40%。气流以小迎角流过双凸翼时，下表面产生的也是吸力，此时下翼面不仅不产生升力，而且起减小升力的作用，此时机翼的升力全靠上翼面的吸力获得。

② 机翼上表面前半部产生的吸力大，后半部产生的吸力小。所以，机翼上表面前半部对升力的产生贡献最大。

“全球鹰”使用层流翼型，如图 3－13、图 3－14 所示。翼型压力分布不算很理想，将之与另一种较好的 LRT 层流翼型作比较即可看到差别。“全球鹰”选用这种翼型可能还要照顾其他要求，是综合平衡的结果，其翼型相对厚度约 16.3%。

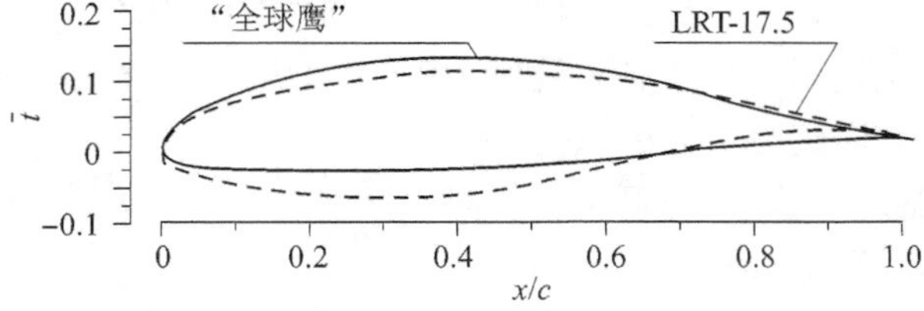

图 3－13　“全球鹰”翼型与 LRT 翼型外形对比

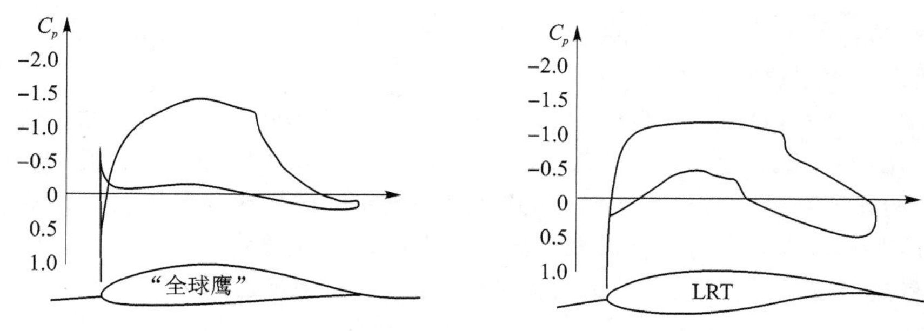

图 3-14　“全球鹰”翼型压力分布与 LRT 翼型对比

关于上下翼面的压力差，可以根据流动类型分为三种情况：附着流型、脱体流型和激波流型，此处介绍的属于附着流型升力的产生原理，另外两种将在后面介绍。

飞机的升力主要由机翼产生。除机翼外，机身水平尾翼（简称平尾）也能产生一部分升力，产生的原因与机翼升力产生的原因相近，飞机各部分升力的总和就是飞机的升力 L。需要说明的是，水平尾翼的升力相对于机翼升力来说小得多，通常是用来产生使飞机绕机体横轴转动的俯仰力矩，以保持或改变迎角；机身产生的升力则更小，通常可以忽略。

3. 低速飞行阻力的产生

飞行中，飞机的各部分都会产生空气动力。总阻力就是各部分空气动力的总和（总空气动力）在平行于飞行速度方向上的分量，其方向与飞行速度方向相反。总阻力是阻碍飞机前进的空气动力，其中的每部分都代表飞机运动受到阻碍的程度。飞机低速飞行时的阻力，按其产生原因可分为摩擦阻力、压差阻力、诱导阻力和干扰阻力。

（1）摩擦阻力

摩擦阻力简称摩阻，是黏性气流与飞机表面摩擦而产生的阻力。飞机表面各处摩擦力在相对气流方向上投影的总和，就是整个飞机的摩擦阻力。

1）摩擦阻力的产生

由于飞机表面不是绝对光滑，当空气流过飞机时，飞机表面与紧贴飞机表面的空气层之间会产生摩擦力，其大小等于紧贴表面的空气层与其上一层空气之间的黏性力。紧贴表面的空气一方面受到其上一层空气的黏性力，另一方面又受到飞机表面的摩擦力，二者方向相反。由于这层空气相对流速为零，故上述两个力互相平衡。因此，可用上面两层空气之间的黏性力来计算摩擦阻力。

2）摩擦阻力与边界层的关系

湍流边界层的摩擦阻力要比层流边界层的摩擦阻力大得多。根据摩擦阻力的计算公式，边界层底层的速度梯度越大，摩擦阻力也越大。理论计算表明，当 $Re=10^6$ 时，层流边界层的摩擦系数为 0.001 38，而湍流边界层的摩擦系数为 0.004 55，是层流边界层的三倍多。因此，从减小摩擦阻力的角度考虑，应尽量使边界层保持为层流。

转捩点的位置不同，层流段与湍流段的长度不同，摩擦阻力也不同。转捩点靠前，表明边界层的层流段短，湍流段长，摩擦阻力就大。反之，转捩点靠后，摩擦阻力小。

转捩点的位置不是固定不变的，对于同一翼型来说，它与气温、飞机表面光滑程度、来流速度以及气流原始紊乱程度等因素有关。气温高，则黏度大，层流边界层流动的稳定性增强，不易转变为湍流，转捩点就靠后。

飞机表面粗糙，会使转捩点前移。较薄的层流边界层受物面不规则程度影响很大，飞机表面任何可用手感觉出来的不光滑都会导致层流转变为湍流，从而导致边界层变厚，并沿流向呈扇形扩展，使得表面摩擦阻力明显增加。

来流速度大，会使转捩点前移。根据雷诺的试验发现，流体的密度和黏度一定时，当速度达到某值，流动由层流转变为湍流。出现转捩的速度值与物体的厚度成反比，即翼型厚度越大，出现转捩的速度越小。对于给定厚度的翼型，来流速度增加导致转捩点向翼型前缘方向移动。转捩提前意味着表面上有更多区域被湍流边界层覆盖，摩擦阻力会增加。但是，湍流边界层比层流边界层有更大的动能，可推迟气流分离，使最大升力系数增大。

(2) 压差阻力

1) 压差阻力的产生

压差阻力是由空气黏性间接造成的一种压力差形式的阻力。以机翼为例，相对气流流过机翼时，因在机翼前缘附近受到阻挡，流速减慢，压力增大，出现高压区；而在机翼后缘附近气流分离，形成涡流区，在涡流区内，空气快速旋转，频繁发生摩擦，一部分机械能不可逆转地转变成热能而散失，结果涡流区内压力降低，甚至形成负压区(低于未扰动的大气压力)。这样机翼前后就出现了压力差，这种压力差对飞机飞行起阻碍作用。这种由于空气黏性作用导致机翼前后出现压力差而形成的阻力，就是机翼的黏性压差阻力，简称压差阻力。飞行中，机身、尾翼等其他部分也会产生压差阻力，飞机各部分压差阻力的总和就是飞机的压差阻力。

需要注意的是，首先发生气流分离的区域不一定是在机翼后缘，对于尖前缘的薄机翼，可能会首先在前缘发生气流分离现象。

2) 压差阻力与边界层的关系

由于在同样的逆压梯度下，湍流边界层不易发生气流分离，故湍流边界层的压差阻力小。为减小物面的逆压梯度，通常将飞机的机身、机翼、挂弹架等都做成圆头、尖尾的形状，圆头的作用是可适应不同来流方向，尖尾的作用是上述部件后部的边界层不易发生分离，因此就把这样的形状称为流线型。对于流线型的翼型，在小迎角下，边界层流动尚未分离，压差阻力相当小，阻力中主要是黏性摩擦阻力。随着迎角增大，当边界层气流分离时，压差阻力会增大，像钝头体一样，其所受阻力主要是黏性压差阻力。

实际飞行中，边界层的分离会影响到飞机的飞行动态。例如，飞机在失速时，由于机翼表面大面积气流分离引起升力脉动和阵发性左右升力不等，使飞机产生抖动、摇晃；在各种力和力矩共同作用下，飞机还会发生滚转和偏转；若进一步发展，还会引发飞机进入螺旋。

(3) 诱导阻力

诱导阻力是伴随实际有限翼展机翼升力的产生而产生的，这个由升力“诱导”而产生的阻力，称为诱导阻力，也称升致阻力。

飞机的诱导阻力主要是由机翼产生的。有限翼展的三维机翼产生正升力时，下表面气流压力大，上表面气流压力小，下表面的空气会绕过翼尖流向上表面，如图 3-15(a)所示。这样，在气流流过机翼的过程中，下表面的流线由机翼的对称面偏向翼尖，而上表面的流线则由翼尖偏向对称面，如图 3-15(b)所示。由于上下翼面的气流流过后缘时具有不同的流动方向，从而会形成旋涡。由于空气的黏性作用及旋涡的相互作用，旋涡面在翼后不远处卷成两个大涡索，称为翼尖涡，又称尾涡，如图 3-15(c)所示。翼尖涡的出现是三维流动的基本特点。从机翼后面向前看，左翼尖涡做顺时针旋转，右翼尖涡做逆时针旋转。自然界中也存在利用翼尖涡流的现象，例如，大雁长途迁徙时，常排成“人”字或斜“一”字形，小雁又常位于外侧，这就便于后雁利用前雁翅梢处所产生的翼尖涡流中的上升气流，利于长途飞行。

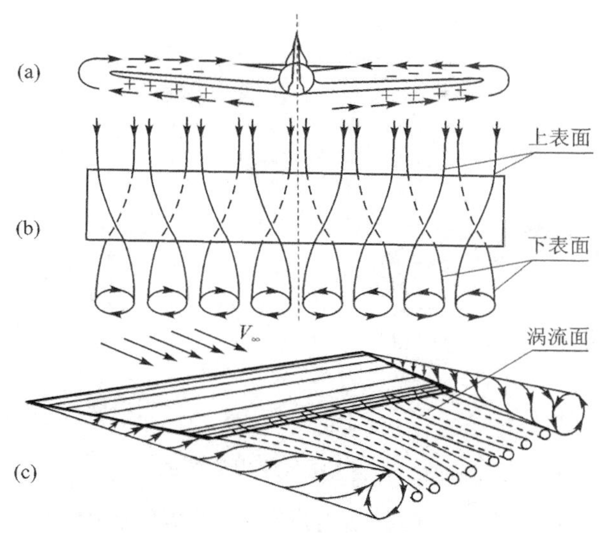

图 3-15　机翼上下翼面绕流形成翼后涡面和翼尖涡

翼尖涡会改变整个流谱，尤其是改变了流经机翼和尾翼表面的空气流动方向和速度。由于翼尖涡的作用，在机翼范围内，诱导出一个向下的速度，称为下洗速度 W，如图 3-16 所示。流过机翼的空气，沿着相对气流速度 V 和下洗速度 W 的合速度 V'方向流动，这种向下倾斜的气流称为下洗流。下洗流向下倾斜的角度称为下洗角 ε，如图 3-17 所示。

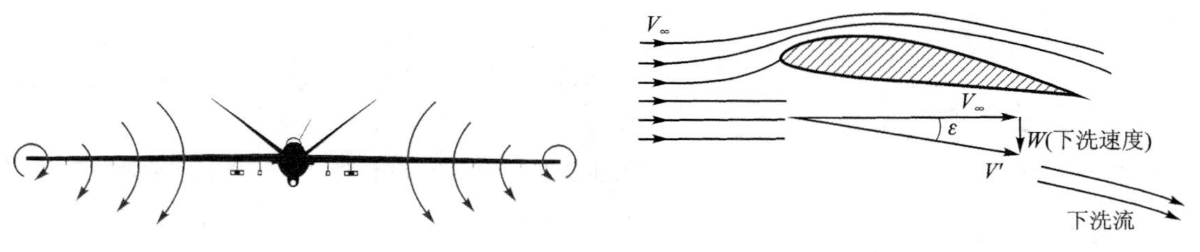

图 3-16　下　洗

图 3-17　下洗速度、下洗流和下洗角

如图 3-18 所示，下洗流方向与翼弦的夹角称为有效迎角 α_t。假如流过机翼的气流是理想流，则机翼在下洗流速度 V'和有效迎角 α_t 条件下不产生摩擦阻力和压差阻力，只产生垂直于下洗流的升力 L'。但是，L'相对于机翼远前方来流速度 V_∞来说，却向后倾斜了一个角度 ε，这个向后倾斜了一个角度的升力称为实际升力。对飞机的飞行而言，这个向后倾斜的实际升力 L'起两个作用：与相对气流方向垂直的分力 $L'\cos\varepsilon$ 起升力作用，称为有效升力 L；与相对气流方向平行的分力 $L'\sin\varepsilon$ 与飞行速度方向相反，起阻力作用，就是诱导阻力 D_i。

从以上对诱导阻力产生原因的分析可以看出，诱导阻力是伴随着三维翼(有限翼展机翼)升力的产生而产生的阻力。没有升力，就没有翼尖涡，也就没有诱导阻力。

因此翼尖涡对升力、阻力和飞机的操纵性都有很大影响。它对流过机翼本身的气流产生重要影响，还会导致靠近尾翼的气流向下倾斜，导致平尾的有效迎角减小，平尾产生的升力减小，影响飞机的俯仰平衡。

(4) 干扰阻力

飞行中，飞机各部分因气流互相干扰所引起的阻力称为干扰阻力。例如，机翼与机身的结

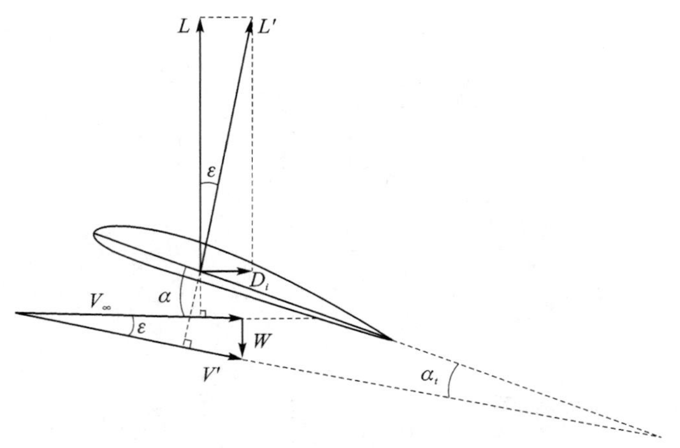

图 3-18　诱导阻力的产生

合部位，中段机翼表面和机身表面都向外凸出，使得三维流管收缩，流速迅速加快，压力很快降低；而在后部，机翼表面和机身表面都向里收缩，导致三维流管扩张，流速迅速减慢，压力很快升高。这样，翼身结合部气流向后流动的过程中承受的逆压梯度增大，分离点前移，涡流区扩大，使得翼身组合体所产生的压差阻力比机翼和机身单独产生的压差阻力之和还大，如图 3-19 所示。多出来的这部分阻力是由于机翼和机身的相互干扰所引起的，故称为干扰阻力。飞机其他各部分相结合的部位，如机身与尾翼结合部位、副油箱与机翼结合部位或发动机吊舱等，也会产生干扰阻力，导致飞机总的压差阻力增大。为了减小这部分干扰阻力，传统飞机设计时在机翼与机身、机身与尾翼等的结合部都装有整流包皮。现代飞机普遍采用翼身融合体构形，其目的之一就是为了减小干扰阻力。

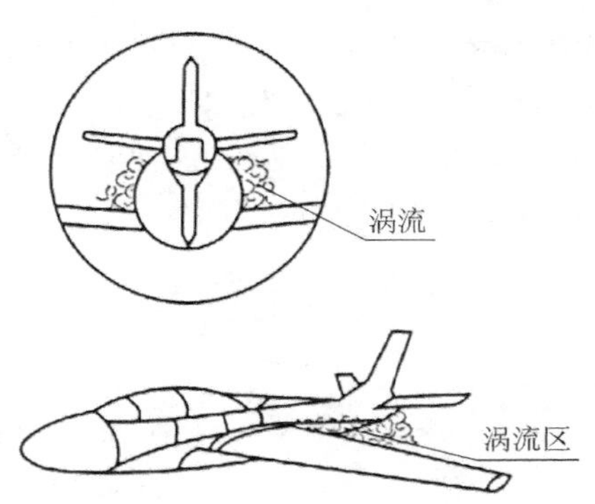

图 3-19　翼身结合部的气流分离

综上所述，飞机的阻力包括摩擦阻力、压差阻力、诱导阻力和干扰阻力四种。其中除诱导阻力以外，摩擦阻力、压差阻力和干扰阻力都与升力大小无关，合称为废阻力或寄生阻力。

3.1.2　空气动力影响因素

1. 升力公式

升力的大小可用升力公式计算。升力公式是分析飞行问题和进行飞行性能计算最重要、最基本的公式。

(1) 升力公式推导

在单位展长机翼上沿弦向取微段 dx，如图 3-20 所示。

设微段上表面弧长为 $ds_上$，下表面弧长为 $ds_下$，其切线与翼弦(x 轴)的夹角分别记为 $\delta_上$，$\delta_下$。则作用在该微段上垂直于翼弦的分力为

$$\Delta p_下 \, ds_下 \cos\delta_下 - \Delta p_上 \, ds_上 \cos\delta_上 \tag{3-5}$$

平行于翼弦方向的分力较小，可忽略不计。当迎角为 α 时，作用在该微段上的升力为

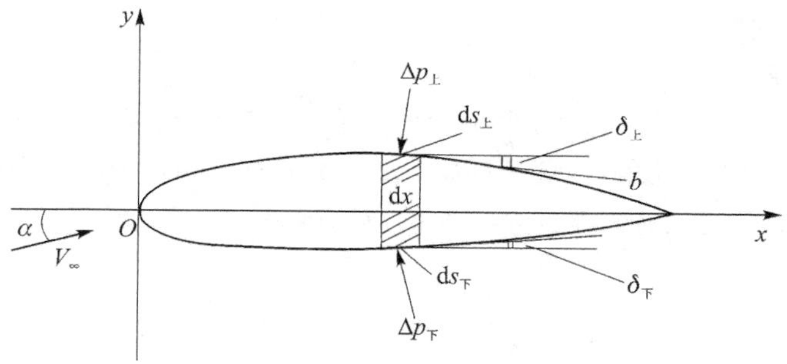

图 3-20　单位长度机翼

$$dL_l = (\Delta p_下 \cdot ds_下 \cdot \cos\delta_下 - \Delta p_上 \cdot ds_上 \cdot \cos\delta_上)\cos\alpha \tag{3-6}$$

由于 $ds_下 \cdot \cos\delta_下 \approx ds_上 \cdot \cos\delta_上 \approx dx$，故

$$\Delta p_上 = C_{p上}\frac{1}{2}\rho_\infty V_\infty^2, \quad \Delta p_下 = C_{p下}\frac{1}{2}\rho_\infty V_\infty^2 \tag{3-7}$$

于是，单位展长机翼的升力为

$$\begin{aligned} L_1 &= \frac{1}{2}\rho_\infty V_\infty^2 \int_0^c (C_{p下} - C_{p上})\cos\alpha \cdot dx \\ &= \frac{1}{2}\rho_\infty V_\infty^2 c \int_0^1 (C_{p下} - C_{p上})\cos\alpha \cdot d\bar{x} \end{aligned} \tag{3-8}$$

式中 $\bar{x} = x/c$。令

$$C_{L1} = \int_0^1 (C_{p下} - C_{p上})\cos\alpha \cdot d\bar{x}$$

则

$$L_1 = C_{L1} \cdot \frac{1}{2}\rho_\infty V_\infty^2 \cdot c \cdot 1 \tag{3-9}$$

式中：C_{L1} 称为翼型（二维翼）的升力系数；$c \times 1$ 为单位展长机翼面积。于是，飞机升力可仿照此形式写为

$$L = C_L \frac{1}{2}\rho_\infty V_\infty^2 S \tag{3-10}$$

式中：C_L 为升力系数；ρ_∞ 为自由流的空气密度，单位为 kg/m^3；V_∞ 为自由流的气流速度，单位为 m/s；S 为机翼面积，单位为 m^2。

(2) 升力系数的物理意义

空气流过实际机翼（实际机翼称为三维翼）时，气流参数沿展向是变化的，即压力系数 C_p 沿展向是变化的，所以升力系数 C_L 是机翼沿展向各剖面升力系数的平均值。因此，C_L 综合表达了迎角、翼型等因素对升力的影响。对同一机型飞机来说，翼型不变时，低速飞行时 C_L 的大小只随迎角变化。实际上，飞行中飞机的机身、尾翼也产生部分升力。飞机的升力系数还受到增升装置和地面效应的影响。具体机型飞机总的升力系数通过试验确定。

(3) 应用升力公式计算升力时的注意事项

应用升力公式计算升力时，首先要注意各物理量的单位，式中 C_L 为无因次量，ρ 的单位为 kg/m^3，V 与 S 的单位分别是 m/s 和 m^2，L 的单位为 N；其次，计算动压时，如果密度用海平面标准大气的数值，则对应的速度应用表速，而当密度用实际飞行高度上的大气密度值时，则与此相应的速度应为真速；最后，从飞机技术说明书上查找升力系数值时，应注意飞机是干净构形还是带外挂,是否需要考虑地面效应等。

2. 升力影响因素

试验表明,低速飞行时,影响升力大小的因素有:相对气流速度、空气密度、机翼面积、机翼的剖面形状和平面形状、迎角、机翼表面状况、空气的黏性、地面效应、侧滑角、雷诺数、马赫数等。下面着重分析低速飞行阶段几个重要的影响因素。

(1) 迎 角

对于同一机型的飞机,根据风洞试验测得的各迎角下的升力系数,以迎角为横坐标,升力系数为纵坐标,可以画出该型飞机升力系数随迎角变化的曲线,简称升力系数曲线。升力系数曲线一般如图 3-21 所示,图 3-22 所示为"全球鹰"与 LRT 翼型升力系数曲线。具体机型飞机的升力系数曲线可以从其技术说明书或相关资料中查到。

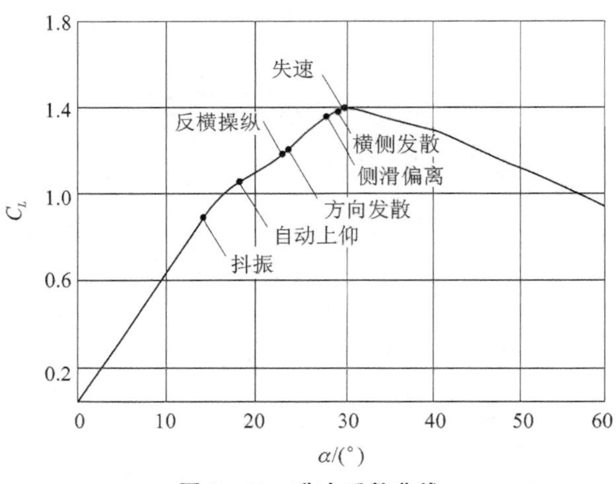

图 3-21 升力系数曲线

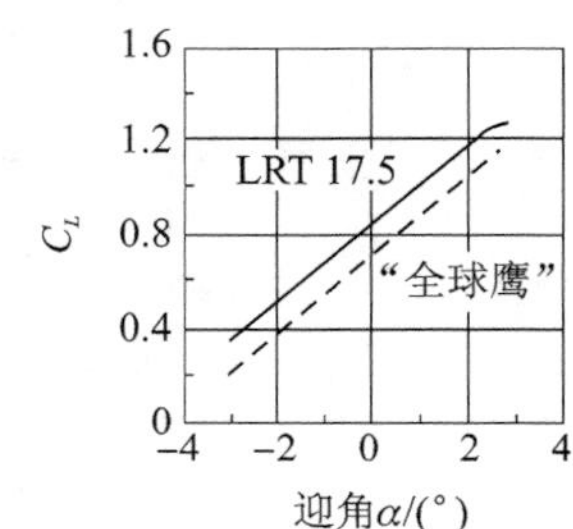

图 3-22 "全球鹰"与 LRT 翼型升力系数曲线

观察升力系数曲线,不仅可看出升力系数随迎角变化的规律,读出任意迎角对应的升力系数值,还可以查出零升迎角、临界迎角,并求出升力系数曲线斜率。

1) 零升迎角

零升迎角 α_0 是升力系数为零时对应的迎角。具体机型的 α_0 与翼型的相对弯度、飞机增升装置是否放下及放下的角度、是否受地面效应影响有关。翼型相对弯度增加,零升迎角减小。增升装置放下或受地面效应影响时,零升迎角减小。收襟翼无地效影响时,"全球鹰"无人机的零升迎角约为-4°。

2) 临界迎角和最大升力系数

临界迎角 α_{cr} 是升力系数最大值对应的迎角。影响最大升力系数 $C_{L,\max}$ 的因素较多,主要有翼型的相对弯度 $\bar{f}$、最大弯度位置 $\bar{x}_f$、相对厚度 $\bar{t}$ 和前缘半径 r 等。试验结果表明,$\bar{f}$ 大,$C_{L,\max}$ 较大,而 $\bar{t}$ 过大或过小,$C_{L,\max}$ 都会减小。普通翼型,$\bar{t}$ 为 9%~14%时,$C_{L,\max}$ 较大。同一薄翼型,r 较大的,$C_{L,\max}$ 较大。具体机型的 α_{cr} 和 $C_{L,\max}$ 大小同样与飞机襟翼的开度及有无地面效应影响有关。

3) 升力系数曲线斜率

升力系数曲线斜率 $C_{L\alpha}$ 是指增加单位迎角时的升力系数增量,即

$$C_{L\alpha} = \frac{\partial C_L}{\partial \alpha} \tag{3-11}$$

在中小正迎角范围内，由于上翼面的气流分离基本没发生或分离区很小，升力系数与迎角呈线性关系，$C_{L\alpha}$ 为常数。各种机型的 $C_{L\alpha}$ 值由试验确定。

中小迎角下，若已知 $C_{L\alpha}$ 和 α，则

$$C_L = C_{L\alpha}(\alpha - \alpha_0) \tag{3-12}$$

迎角增大到一定程度，机翼上表面的气流分离逐渐明显，C_L 随 α 变化随之变缓，$C_{L\alpha}$ 变小。超过升力系数曲线上 C_L 与 α 开始脱离线性关系处的迎角，机翼一般会出现轻微抖振，所以常将这一迎角称为飞机的抖振迎角 α_{bf}，α_{bf} 的大小表明了翼面出现明显气流分离的时机，α_{bf} 对应的 C_L 称为抖振升力系数 C_{Lbf}。随着迎角增大，飞机会陆续出现自动上仰、反横操纵、方向发散、侧滑偏离等现象直至最后失速下坠。α 增至 α_{cr}，C_L 达到最大，此时 $C_{L\alpha}=0$。超过 α_{cr}，α 再增大，C_L 减小，$C_{L\alpha}$ 变为负值。雷诺数小的无人机机翼升力系数曲线很可能没有直线段。

有些低速飞机，α_{bf} 与 α_{cr} 非常接近；而后掠翼和三角翼飞机 α_{bf} 与 α_{cr} 通常相差较多。如某歼击机，抖动迎角为 18°左右，而临界迎角则大于 29.6°。

从小 α 开始，随着 α 增大，上翼面流线更弯，流管收缩得更细，流速进一步加快，吸力不断增大，压力系数不断减小，而下翼面气流更加受阻，流管越来越粗，流速不断减小，正压力不断增大，压力系数不断增大，如图 3－23(a)②、③所示，压力中心位置前移。所以，在 α 小于 α_{bf} 范围内，α 增大，C_L 增大。

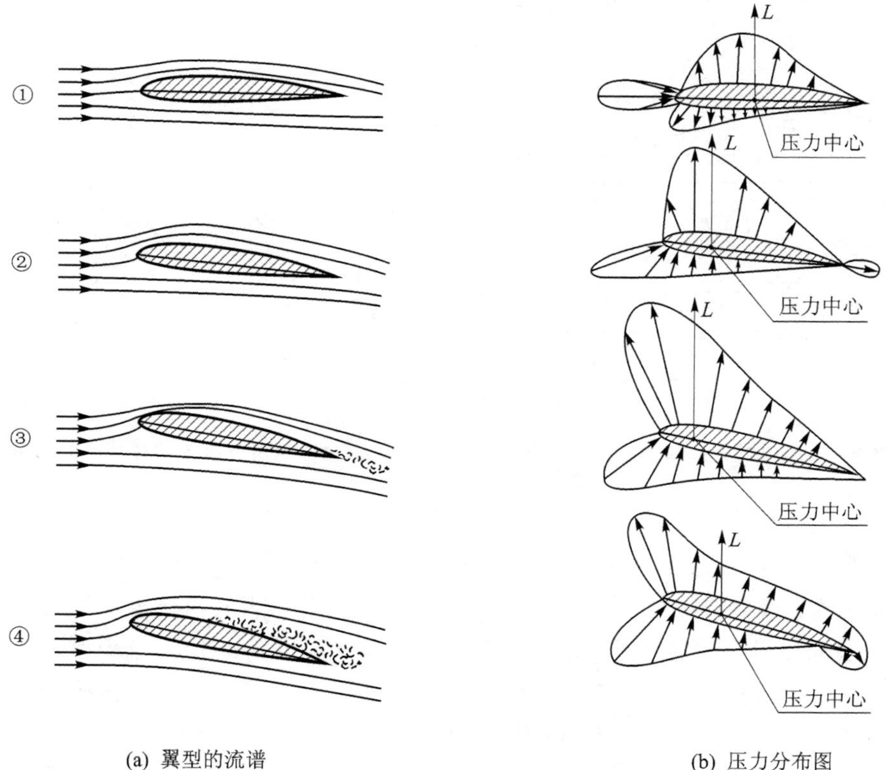

图 3－23　不同迎角下翼型的流谱、压力分布和升力

随着 α 增大，机翼上表面边界层的逆压梯度增大，导致分离点前移，涡流区扩大；当 α 超过

α_{cr} 后，由于分离点迅速前移，涡流区迅速扩大，使上表面的主流不能紧贴机翼表面流动，流线变得平直，中前部流管变粗，流速减慢，造成上表面前缘至中央部位的吸力大幅度减小，如图 3-23(a)④所示。此时，虽然机翼下表面前半部的流管随 α 增大仍进一步变粗，流速继续减慢，正压力稍有增大，但由于机翼升力主要靠上表面吸力产生，上表面吸力大幅度减小会致使 C_L 减小。所以，超过 α_{cr} 后，α 再增大时，C_L 反而减小，此时压力中心后移。

(2) 机翼形状

1) 相对弯度

图 3-24 所示是三种不同相对弯度的翼型在相同迎角下的流谱，可以看出，0°迎角时，在相对厚度相同的情况下，平凸翼型上下表面流管粗细差别最大，双凸翼型次之，对称翼型上下表面流管对称。流谱不同决定着压力分布不同，所以，迎角相同时，平凸翼型升力系数最大，双凸翼型次之，对称翼型最小。

图 3-25 所示为相对弯度不同的翼型的升力系数曲线，a 曲线代表对称翼型的升力系数曲线，b 曲线和 c 曲线代表弯度逐渐增加的翼型升力系数曲线。从图 3-25 可以看出，对称机翼型的 α_0 为 0°，有相对弯度翼型的 α_0 为负值；在小于 α_{cr} 的范围内，翼型相对弯度越大，相同迎角下的升力系数越大；$C_{L,\max}$ 随相对弯度增加而增大，但 α_{cr} 随相对弯度增加而减小。

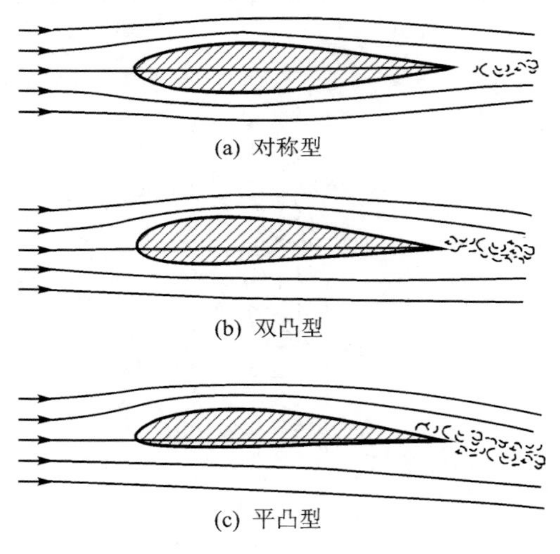

图 3-24　相对弯度不同翼型的流谱

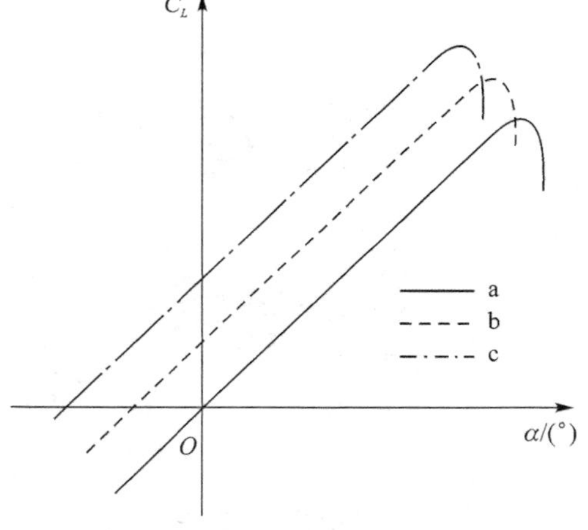

图 3-25　相对弯度不同翼型的升力系数曲线

2) 机翼表面粗糙程度

机翼粗糙度增加，$C_{L,\max}$ 和 α_{cr} 都减小。机翼的表面条件特别是接近机翼前缘部分的表面粗糙程度对机翼的升力特性影响非常大，尤其是 $C_{L,\max}$ 对前缘表面粗糙程度很敏感。图 3-26 所示为前缘表面光滑和粗糙两种情况下的升力系数曲线。可以看出，$C_{L,\max}$ 和 α_{cr} 随着机翼前缘粗糙度的增加而逐渐减小，从前缘到 20%翼弦处，表面粗糙程度进一步减少，对 $C_{L,\max}$ 和升力系数曲线斜率影响较小。翼面粗糙的原因通常一方面是由于加工过程中造成的表面不规则或在使用过程中出现的塑性变形，另一方面是飞行中由于积冰、泥浆污染或战损造成的，后者造成的影响往往更大。

3) 机翼展弦比

机翼的展弦比不同，会影响到气流分离的情况，进而影响临界迎角。在同样升力条件下，展弦比小的飞机，平均下洗速度大，机翼的有效迎角比没有翼尖涡流时的迎角小，使机翼产生的总升力系数减少，但却可以增大临界迎角，甚至可以高达 40°。所以，现代战斗机为提高大迎角下的机动性能，大多采用展弦比较小的三角翼。

因此，相同翼型的机翼，展弦比 A 不同时升力系数曲线也不同，如图 3-27 所示。

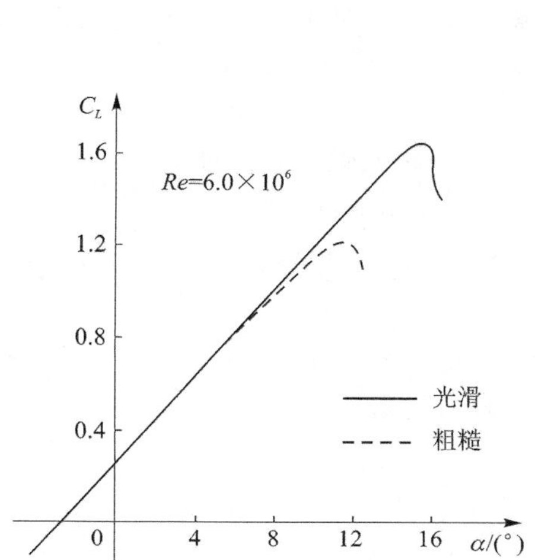

图 3-26　不同粗糙程度下的升力系数曲线

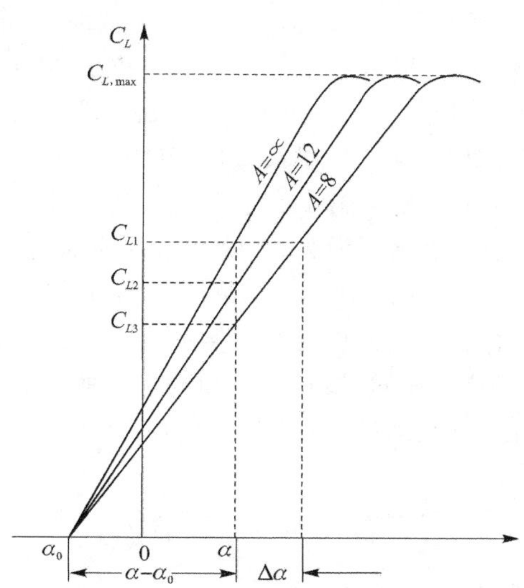

图 3-27　不同展弦比机翼升力系数曲线

设由于翼尖涡流引起的诱导迎角为 $\Delta\alpha$(°)，理论上诱导迎角的大小正好等于下洗角的一半，即

$$\Delta\alpha = 18.2C_L/A \tag{3-13}$$

从图 3-27 可以看到，当展弦比从无限大改为 8 时，升力系数曲线便向右偏斜，对应同一升力系数，两者迎角相差 $\Delta\alpha$，这个角度的大小可用公式(3-13)算出来。用这个办法可以把翼型的升力系数曲线改为展弦比符合我们机翼情况的曲线。计算时最大 C_L 值采用相同的 $C_{L,\max}$ 值，实际情况并非如此。小雷诺数时，$C_{L,\max}$ 与雷诺数关系很大。至于展弦比减小后，临界迎角的变化情况就更复杂了，很难用公式计算。这里给出的计算公式只能作为理论对照参考。

设翼型的升力系数曲线是已知的，由式(3-12)可知，翼型升力曲线斜率 $C_{L\alpha}$ 等于升力系数与绝对迎角 $\alpha_{\text{abs}} = \alpha - \alpha_0$ 的比值，即

$$C_{L\alpha} = C_L/\alpha_{\text{abs}} \tag{3-14}$$

如果机翼展弦比是 A，那么升力系数曲线斜率受诱导迎角的影响也将改变，现在斜率是

$$C_{L\alpha} = C_L/(\alpha_{\text{abs}} + \Delta\alpha) \tag{3-15}$$

将式(3-13)代入，可得

$$C_{L\alpha A} = C_L/(\alpha_{\text{abs}} + 18.2C_L/A) \tag{3-16}$$

在迎角为 α 时的升力系数应该是

$$C_L = C_{L\alpha A}\alpha_{\text{abs}} = C_L\alpha_{\text{abs}}/(\alpha_{\text{abs}} + 18.2C_L/A) \tag{3-17}$$

将公式整理得机翼的升力系数为

$$C_L = C_{L\alpha}\alpha_{\text{abs}}/(1 + 18.2C_{L\alpha}/A) \tag{3-18}$$

式(3-18)可用来反算翼型的性能，也可以用来计算展弦比不同的机翼的升力系数，但对于雷

诺数很小的机翼，迎角与升力系数的直线关系不准确，尤其是在临界迎角附近，升力系数曲线的斜率逐渐减少，所以不能应用公式，还是要靠风洞试验。

4）机翼根梢比

根梢比是影响气流分离沿展向发展的一个重要参数，其突出作用是影响机翼的展向压力分布。图 3－28 所示为展弦比 $A=6$ 时，不同根梢比机翼的剖面升力系数 C_L' 与机翼升力系数 C_L 比值的展向分布情况。图中给出了 C_L'/C_L 与半展长的关系曲线。对于椭圆翼，沿展向从翼根到翼梢，C_L'/C_L 均为 1.0。对于非椭圆翼，如梯形翼，C_L'/C_L 沿展向发生变化。

由图 3－28 可以看出以下几点：

① 根梢比 λ 为 1 的矩形翼的剖面升力系数的最大值出现在翼根剖面处；

② 根梢比 λ 为 2～3 的梯形翼的剖面升力系数分布最接近椭圆翼；

③ 根梢比较大（$\lambda>3$）的梯形翼的剖面升力系数的最大值出现在翼梢附近，而且随着根梢比的增大，最大剖面升力系数越来越靠近翼梢。

展弦比相同、根梢比不同的机翼的升力系数曲线如图 3－29 所示。由图 3－29 可以看出：展弦比相同，随根梢比增大，升力系数曲线斜率和最大升力系数都增大。

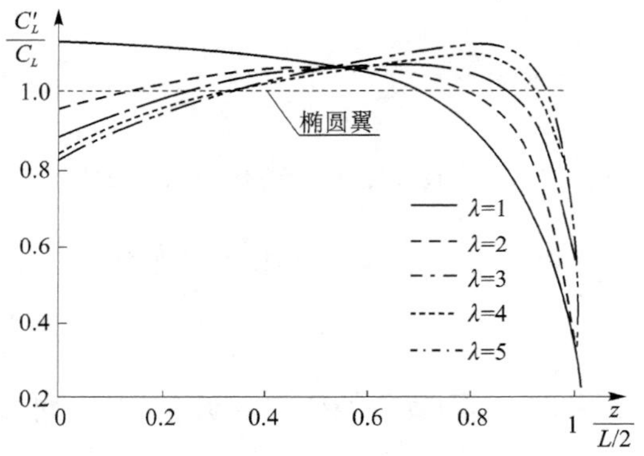

图 3－28　不同根梢比机翼的 C_L'/C_L 展向分布

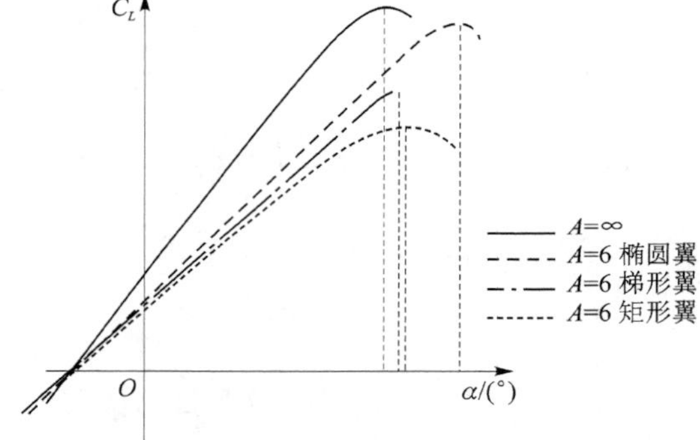

图 3－29　不同根梢比机翼的升力系数曲线

剖面升力系数沿展向的分布会影响剖面气流分离的早晚，即机翼根梢比会对气流分离产生影响。剖面升力系数最大的地方，会最先达到翼型的临界迎角，进而最先发生严重的气流分离，也就是翼型失速。

对于椭圆翼，沿展向剖面升力系数不变。所以随迎角增大，整个展向各翼剖面同时出现气流分离，同时达到翼型的最大升力系数，失速特性良好，如图 3－30 所示，图中 W 是下洗速度。

矩形翼（$\lambda=1$）的翼根剖面升力系数比翼梢大。因此，气流分离首先发生在翼根部分，机翼最大升力系数下降明显，然后分离区逐渐向翼梢扩展，气流分离是渐进的，如图 3－31 所示。

对于根梢比较大的梯形翼（$\lambda>3$），情况正好相反，剖面升力系数在翼梢附近最大，而且随根梢比增大，这种趋势变得明显。气流分离首先发生在翼梢附近，如图 3－32 所示，会导致副翼等操纵面的效能降低。

可见，椭圆翼在大迎角下的失速特性较好。矩形机翼的最大升力系数较小，翼根气流先分离不会引起副翼效能下降，并可提供一定的失速警告。根梢比大于 3 的梯形翼翼梢气流先分离，所造成的副翼效能下降可能危及飞行安全。

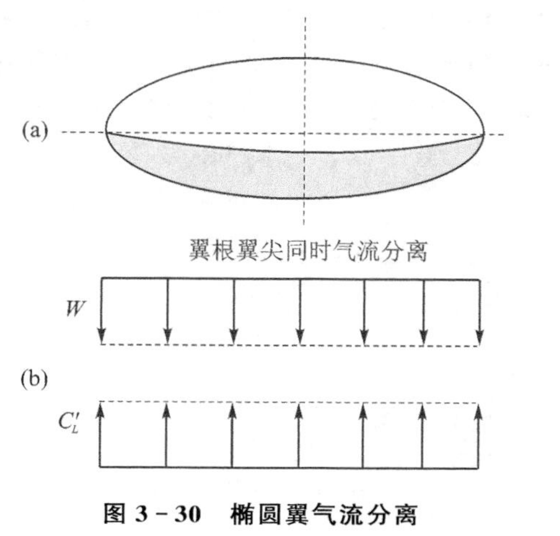

图 3-30　椭圆翼气流分离

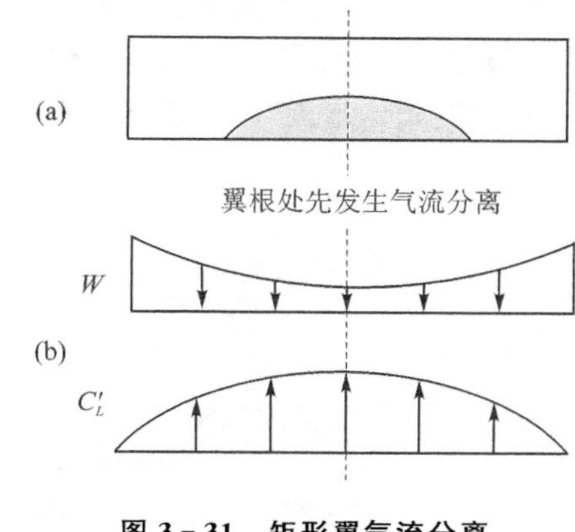

图 3-31　矩形翼气流分离

（3）雷诺数

$C_{L,\max}$ 和 α_{cr} 都随雷诺数 Re 的增加而增大。在某一高度上飞行时，飞行高度一定，空气的密度和温度、飞机的特征长度，以及空气的黏度都是不变的，只有飞行速度的变化导致 Re（$Re=\rho Vl/\mu$）的变化。对于通用翼型，不同 Re 下飞机的升力系数曲线如图 3-33 所示。可以看出，$C_{L,\max}$ 和 α_{cr} 都随速度的增加而增大。这是因为，流过机翼的来流速度增加，导致转捩点前移，湍流边界层内空气的动能增加，从而推迟边界层的气流分离。空气密度增加或黏度减小同样也会推迟飞机的失速。

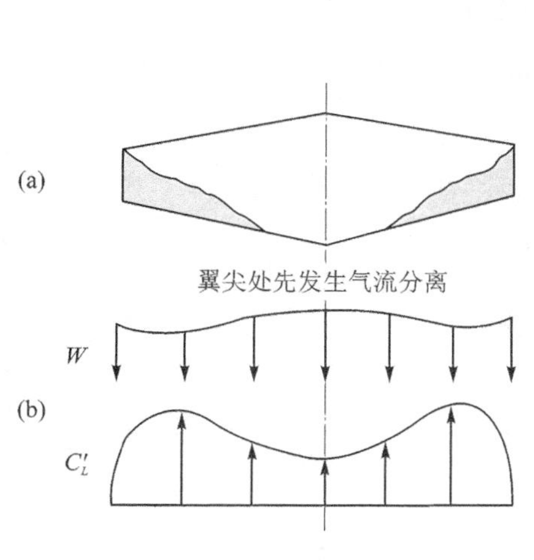

图 3-32　梯形翼气流分离

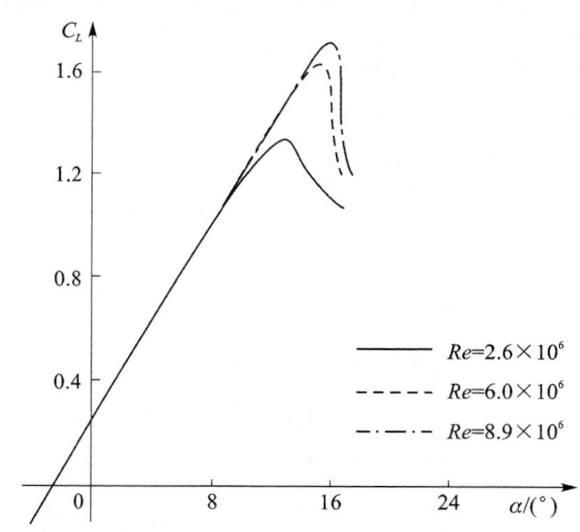

图 3-33　不同雷诺数下的升力系数曲线

（4）地面效应

飞机在起飞、着陆或贴近地面飞行时，由于流经飞机的气流受到地面影响，致使飞机的空气动力发生变化，这种现象称为地面效应。

如图 3-34 所示，同空中飞行相比，贴近地面飞行时，飞机上的空气动力之所以发生变化，一方面是由于机翼下表面的空气绕过翼尖向上表面流动的时候受到地面的阻挡，致使翼尖涡减弱，平均下洗速度减小，下洗角减小，有效迎角增大，使机翼的实际升力增大，且向后倾斜的角度减小，所以，有效升力增大；另一方面是由于通过机翼下表面的气流受到地面的阻滞作用，流速减慢，压力增大且有一部分空气改由上表面流动，使上表面流速进一步加快，压力减小。另外，有效迎角的增大，还会引起气流提前分离，从而使 α_{cr} 减小，$C_{L,\max}$ 降低。

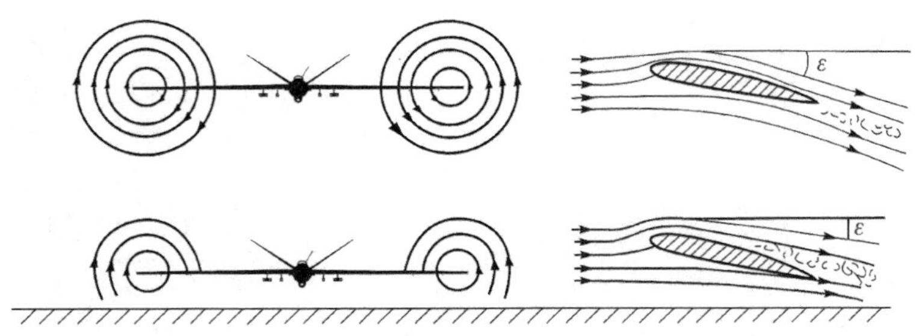

图 3-34　地面效应对流过飞机的气流的影响

此外，贴近地面飞行时，飞机平尾的下洗速度和下洗角也减小。同空中飞行相比较，在平尾上会额外产生一部分正升力，对飞机重心形成低头力矩，这对保持和改变飞机的纵向力矩平衡有一定影响。若平尾面积较大，安装位置低，则影响更明显。

图 3-35 所示为高速飞机有地面效应和无地面效应时的升力系数曲线对比。从图 3-35 可以看出，在一定迎角范围内，地面的影响使得贴近地面飞行时各迎角的 C_L 普遍增大；地面的影响还使 α_{cr} 减小，$C_{L,\max}$ 降低。

地面效应对飞机空气动力的影响随飞机距地面高度的升高而减小。如图 3-36 所示，地面效应引起的升力系数增量 ΔC_{Lg} 取决于机翼后缘到地面的相对高度 $\bar{h}=h/b$（b 为翼展），在 $\bar{h}$ 大于 0.5 时，ΔC_{Lg} 不超过 0.1，地面效应影响就不大了；但在 $\bar{h}$ 较小时，ΔC_{Lg} 可能达到 0.2～0.3 或者更大。

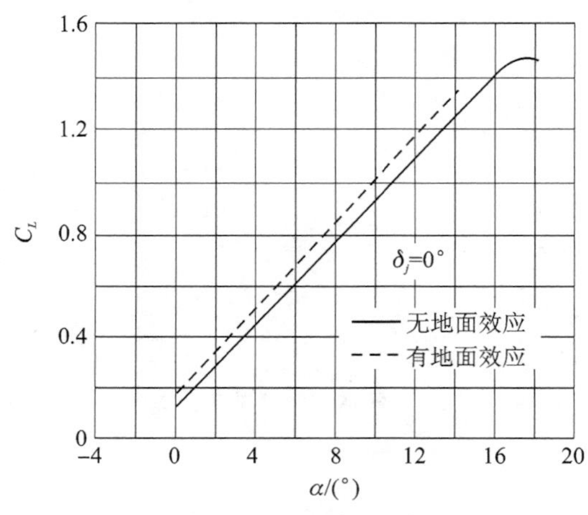

图 3-35　高速飞机有、无地效的升力系数曲线

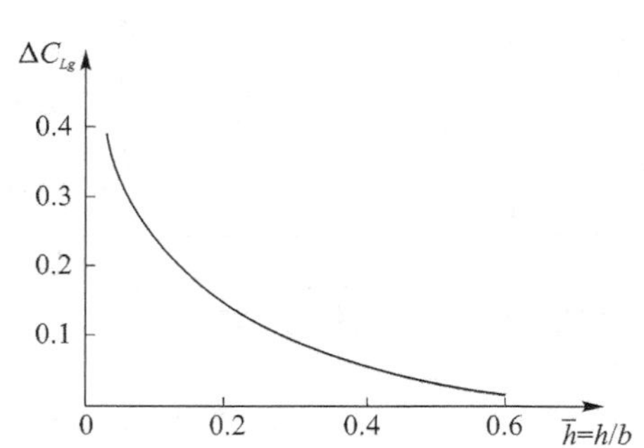

图 3-36　机翼距地面高度对升力系数增量的影响

(5) 侧　滑

相对气流方向与飞机对称面不平行的飞行称为侧滑，如图 3-37 所示。相对气流从飞机对称面的左（右）侧前方吹来，称为左（右）侧滑。相对气流方向同飞机对称面之间的夹角，称为侧滑角 β。规定右侧滑角为正，左侧滑角为负。

现以左侧滑为例说明侧力的产生原因。相对气流从飞机左侧前方吹来，在机身和垂尾左侧，气流受到阻挡，流管变粗，流速减慢，压力增大；而在机身和垂尾右侧，流管变细，流速加快，压力减小。于是，在机身和垂尾左右两边出现了压力差，压力差在垂直于相对气流方向的总和就是飞机的侧力 C。在左侧滑中，侧力指向对称面的右侧；在右侧滑中，侧力指向对称面的左侧。规定向右的侧力为正，向左的侧力为负。侧力公式为

$$C = C_C \frac{1}{2}\rho V^2 S \tag{3-19}$$

式中：C_C 为侧力系数，综合表达了侧滑角、机身和垂尾形状等因素对侧力的影响。

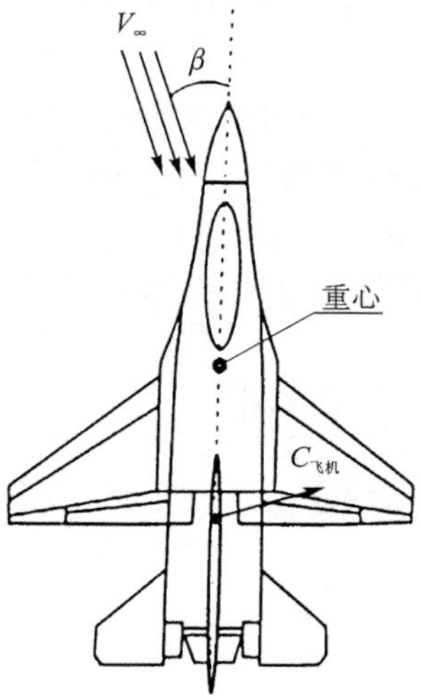

图 3-37　侧滑角和飞机的侧力

侧力系数同升力系数、阻力系数一样，也是由试验求出的无因次数值，其大小取决于侧滑角的大小及机身、垂尾形状等，因此，对于同一机型，机身和垂尾形状一般不变，所以，低速飞行时，侧力系数主要取决于侧滑角。

根据风洞试验可测出机型的侧力系数随侧滑角变化的曲线，该曲线称为侧力系数曲线。图 3-38、图 3-39 所示分别为低速飞机和高速飞机的侧力系数曲线。

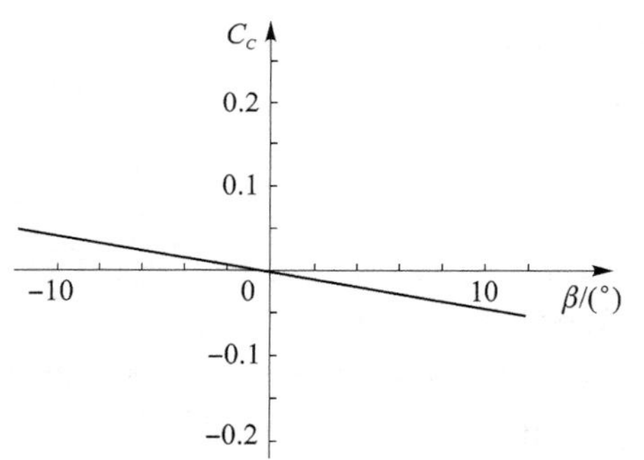

图 3-38　低速飞机的侧力系数曲线

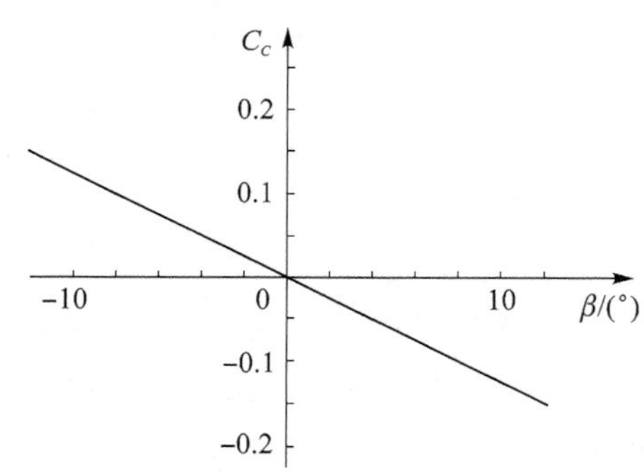

图 3-39　高速飞机的侧力系数曲线

从曲线上可以看出以下几点：

① 在无侧滑（$\beta=0°$）飞行中，侧力系数为零。这是因为飞机外形是左右对称的，飞机在无侧滑飞行中，左右两边的压力分布也是对称的。

② 在右侧滑（$\beta>0°$）中，侧力系数为负；在左侧滑（$\beta<0°$）中，侧力系数为正。这是因为在右侧滑中，飞机产生向左的侧力，侧力为负；在左侧滑中，飞机产生向右的侧力，侧力为正。

增加单位侧滑角时，侧力系数的增量称为侧力系数曲线斜率，用 $C_{C\beta}$ 表示，即 $C_{C\beta}=\partial C_C/\partial\beta$。显然，侧力系数曲线斜率是负值，且在中、小侧滑角下为一常数值。机型不同，侧力系数曲线斜率值不同。

式（3-19）说明：飞机的侧力主要由机身和垂尾产生，侧力与侧力系数、相对气流动压以及机翼面积成正比。机身产生的侧力与机身剖面面积成正比例，垂尾产生的侧力与垂尾面积

成正比例。为了使侧力公式同升力、阻力公式在形式上一致，并便于使用，在侧力公式中，侧力与机翼面积成正比，换算后的差别在侧力系数 C_C 中体现。

飞行中出现侧滑时，飞机上不仅会产生侧力，而且飞机的升力特性也会受到影响。实验证明，在左侧滑中，左翼上表面的气流比较平顺，升力较大；而右翼的上表面，则可能产生气流分离，如图 3-40 所示，升力较小。所以飞行中出现侧滑时，升力会减小。图 3-40 中的左、右机翼间存在的升力差，还会影响飞机的横向平衡，形成使飞机滚转的力矩。

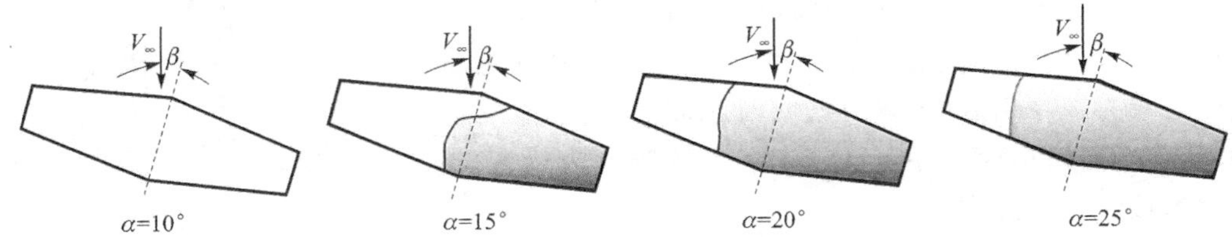

图 3-40 侧滑对平直翼气流分离的影响

3. 阻力公式

飞机阻力的大小可用阻力公式计算，即

$$D = C_D \frac{1}{2}\rho V^2 S \tag{3-20}$$

式中，C_D 为阻力系数，综合表达了迎角、飞机形状(含机翼、机身和尾翼形状、外挂物形状及组合情况)以及飞机表面光滑程度等因素对阻力的影响。

由式(3-20)可以看出，飞机飞行时阻力的大小与阻力系数、相对气流动压、机翼面积成正比关系。低速飞行时，飞机的总阻力为摩擦阻力、压差阻力和诱导阻力之和。而摩擦阻力与压差阻力之和为废阻力，也称为寄生阻力。于是飞机的阻力系数可写为

$$C_D = C_{Dp} + C_{Di} \tag{3-21}$$

式中，C_{Dp} 为废阻力系数；C_{Di} 为诱导阻力系数。

在中小迎角下，飞机的阻力系数也常写成如下形式

$$C_D = C_{D0} + C_{Di} \tag{3-22}$$

式中，C_{D0} 为零升阻力系数，即升力系数为零时的阻力系数。

因为摩擦阻力基本不随迎角变化，在中小迎角下，压差阻力随迎角变化不大，所以在中小迎角下，可以认为飞机的废阻力系数与零升阻力系数近似相等。

零升阻力系数的大小主要取决于翼型相对厚度、相对弯度、最大厚度位置和表面粗糙度等。相对厚度增大或相对弯度增大，最低压力点的压力较小，分离点靠前，后缘涡流区范围扩大，压差阻力增大，所以零升阻力系数增大；最大厚度位置靠后，上表面的最低压力点也比较靠后，边界层中的空气容易稳定地向压力低的地方流动，层流边界层段较长，摩擦阻力较小，所以零升阻力系数减小；表面粗糙程度增加，零升阻力系数增大。

根据风洞试验测出的同一机型飞机各迎角下的阻力系数，可以画出该机型飞机阻力系数随迎角变化的曲线，简称阻力系数曲线。图 3-41、图 3-42 所示分别为低速飞机和高速飞机的阻力系数曲线。

从阻力系数曲线上不仅可以查出各迎角的阻力系数，还可以看出阻力系数随迎角变化的规律：迎角增大，阻力系数不断增大。但是，在小迎角下，阻力系数较小，且增大得较慢；在大迎角下，阻力系数增大得较快，即增大单位迎角时对应的阻力系数增量大；超过临界迎角以后，阻力系数急剧增大。

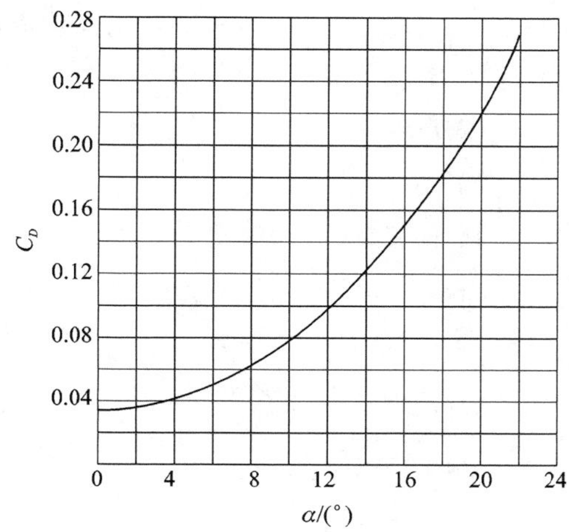

图 3 - 41　低速飞机的阻力系数曲线

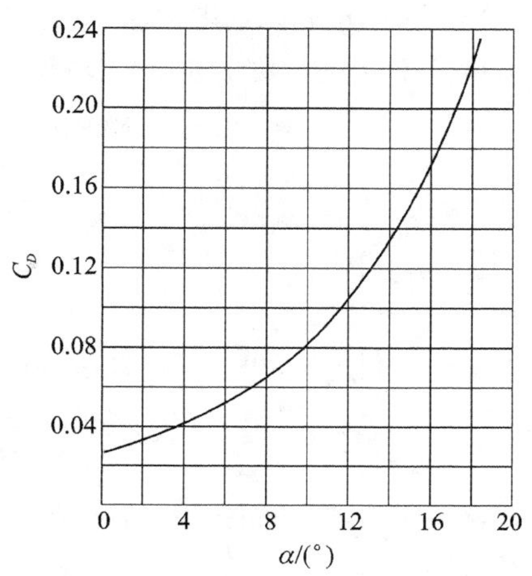

图 3 - 42　高速飞机的阻力系数曲线

4. 阻力影响因素

低速飞行时，飞机的阻力会受到迎角、飞行速度、飞机表面光滑程度、飞机形状、升力、机翼和机身形状、地面效应、侧滑等因素的影响，下面分别说明上述因素对诱导阻力、压差阻力和摩擦阻力的影响。

(1) 影响诱导阻力的因素

影响翼尖涡的形成，进而影响诱导阻力的主要因素包括：机翼平面形状、展弦比、飞行速度、迎角以及地面效应。

1) 平面形状

在涡最强的地方，诱导阻力最大。因此，减小诱导阻力必须获得均匀的展向压力分布。椭圆形机翼有其独特的性质：一是沿翼展下洗速度恒定；二是对于给定的升力、展长和速度，椭圆翼的诱导阻力最小。这是因为，椭圆翼的弦长呈椭圆形分布，椭圆翼的升力沿展向也呈椭圆形分布，这样，沿展向同样大小的面积会产生同样大小的升力。因此，椭圆翼沿展向每段机翼的剖面升力系数都相同，并且机翼在展长范围内诱导的下洗速度都相同。所以，从气动角度看，椭圆翼是最有效的平面形状，因为展弦比一定时，升力系数和下洗速度均匀分布，其诱导阻力系数最小。

理论分析表明，在同样升力系数和展弦比下，椭圆翼的诱导阻力系数最小。对于椭圆翼来说，诱导阻力系数的大小为

$$C_{Di}=\frac{k_i C_L^2}{\pi A}=A_i C_L^2 \tag{3-23}$$

式中，C_{Di} 为诱导阻力系数；A 为展弦比；k_i 为非椭圆翼诱导阻力系数的修正系数，与机翼后掠角有很大关系，后掠角增加，则 k_i 值变大，平直机翼或后掠角小于 30°机翼为 1.05～1.30，三角翼为 1.55～1.57；$A_i=k_i/(\pi A)$ 为诱导阻力因子，一般在飞机说明书中给出。

由于椭圆翼存在加工复杂的问题，因此可以通过精心设计根稍比或改变机翼的翼型，使得沿展向可获得与椭圆翼相近的气动特性。

2) 展弦比

机翼面积相同，展弦比不同，翼尖涡强度不同。如展弦比小的机翼，其平面形状是短而宽的，在相同升力下，翼尖部分的升力所占比例大，翼尖涡强，对机翼中部的影响也较显著，平均

下洗速度大，诱导阻力就大，如图 3－43 所示。由式(3－23)可知，诱导阻力与展弦比大致成反比关系。不同展弦比对诱导阻力系数的影响如图 3－44 所示。

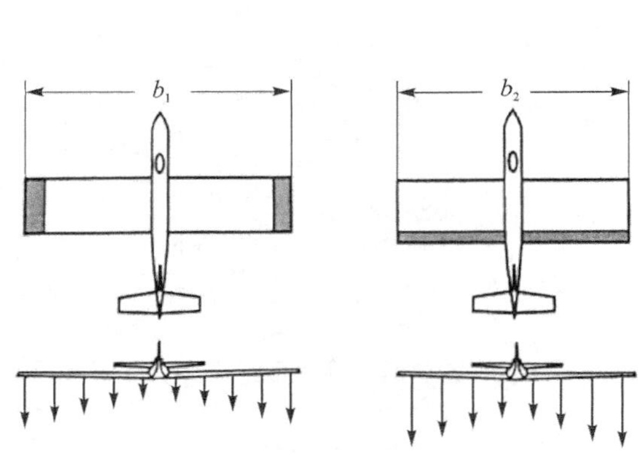

图 3－43　不同展弦比下的诱导速度

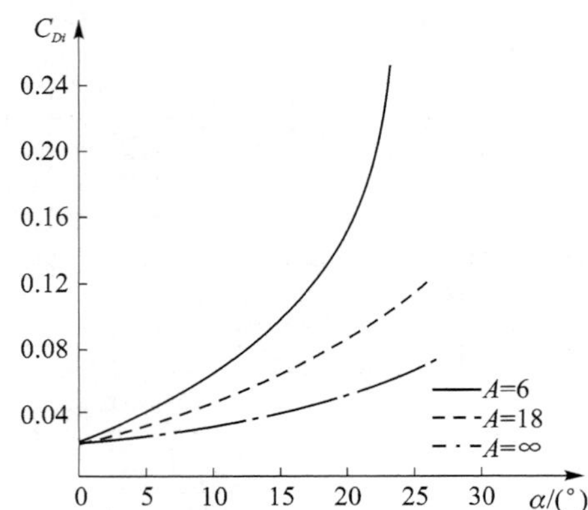

图 3－44　展弦比对诱导阻力系数的影响

采用大展弦比的机翼可以减小诱导阻力，如滑翔机、运输机、侦察机、反潜机、无人机等。如高性能滑翔机的展弦比通常可以达到 25～30。但是，增大展弦比会使机翼重量增加，而且刚度特性变差，还会加剧垂直阵风对机身的影响。

假设已知的阻力系数资料是在展弦比 A_1 时试验而得，若机翼形状不变，但展弦比是 A_2，那么阻力系数可根据式(3－23)换算，也就是

$$C_{DA2}=C_{DA1}+(k_i/\pi)C_L^2/(1/A_2-1/A_1) \tag{3-24}$$

式中，C_{DA2} 为展弦比 A_2 时机翼阻力系数；C_{DA1} 为展弦比 A_1 时机翼阻力系数。

3）迎　角

在小于临界迎角范围内，迎角增大，一方面升力增大，另一方面翼尖涡增强，气流下洗角增大，导致实际升力更加向后倾斜，而诱导阻力与升力系数的平方成正比，诱导阻力迅速增加，如图 3－45 所示。大迎角下，如起飞时，诱导阻力几乎占总阻力的 3/4，高速飞行时诱导阻力减小，对飞行的影响不大。

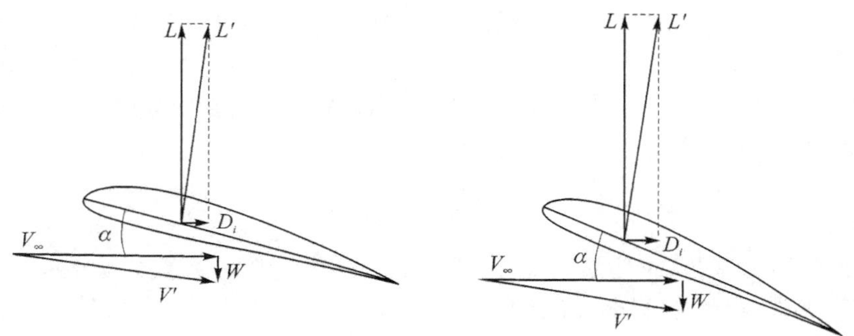

图 3－45　不同迎角下的诱导阻力

4）飞行速度的影响

保持平飞时，速度减小为初始值的一半，则产生升力的动压减小为原来的 1/4。为保持升力不变，升力系数必须增加为原来的 4 倍，必须增大迎角，使升力矢量向后倾斜，导致诱导阻力增加。此外，由于翼型上下表面的压力差随迎角变化而改变，导致翼尖涡的影响增强。图 3－46

给出了总阻力、零升阻力、诱导阻力随飞行速度的变化趋势。

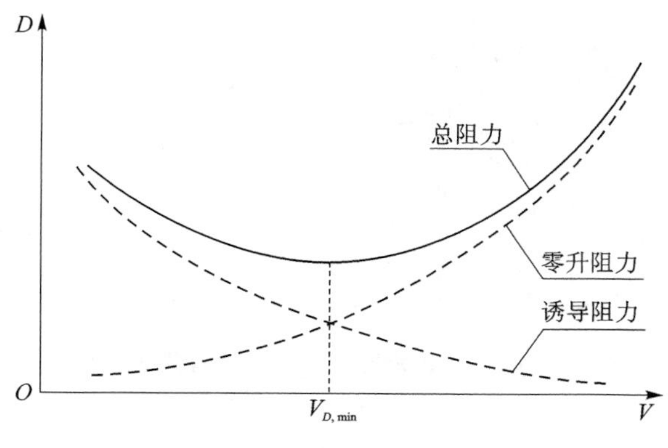

图 3-46　总阻力曲线

5）地面效应

飞机贴近地面飞行时，由于机翼下表面的气流受到地面阻滞，平均下洗速度减小，平均下洗角减小，有效迎角增大，实际升力向后倾斜的角度减小，会使同一升力系数下的诱导阻力系数减小，致使诱导阻力减小。

（2）影响废阻力的因素

1）迎　角

低速飞行时，飞机的摩擦阻力基本不随迎角变化。在中、小迎角下，改变迎角，压差阻力变化不大；在大迎角下，迎角增大，机翼后缘涡流区明显扩大，使得压差阻力明显增大。超过临界迎角后，增大迎角，机翼表面发生严重的气流分离，分离点迅速前移，涡流区迅速扩大，机翼后缘压力减小很多，导致压差阻力急剧增大。

2）翼　型

相对弯度较大的翼型，上表面弯曲厉害，最低压力点的压力较小，同一迎角下分离点靠前，涡流区较大，压差阻力较大。例如，迎角、相对厚度相同的平凸翼型和双凸翼型相比较，平凸翼型压差阻力大。可见，翼型不同，压差阻力不同。

（3）机身对阻力的影响

绝大多数的无人机虽然不需要座舱，但要有安装各种探测、通信设备的位置，所以多数无人机仍有机身。机身一般都是流线型的，其阻力有一个下限，就是不应比表面摩擦阻力更小。

1）最小阻力系数

设机身的浸润面积（机身与外界空气接触的总表面积，亦称冲洗面积，wetted area）为 S_{wet}，相应雷诺数的摩擦力系数为 C_f，机身的阻力系数为 C_{DF}，机身最大横截面面积 S_F，结果 $C_f S_{\text{wet}} \leqslant C_{DF} S_F$，即

$$C_{DF} \approx C_f S_{\text{wet}} / S_F \tag{3-25}$$

如果 Re 小，可以认为机身外的边界层都是层流，C_f 可以用层流边界层附近的数值，如图 3-47 所示，否则 C_f 要用湍流边界层的对应值。例如，Re 是 100 000，层流边界层 $C_f=0.004\,2$。如果是湍流边界层，C_f 可能达到 0.007。注意图中坐标是用对数刻度。

2）半经验公式计算

不同雷诺数时摩擦力系数也可用半经验理论摩擦力系数公式计算。

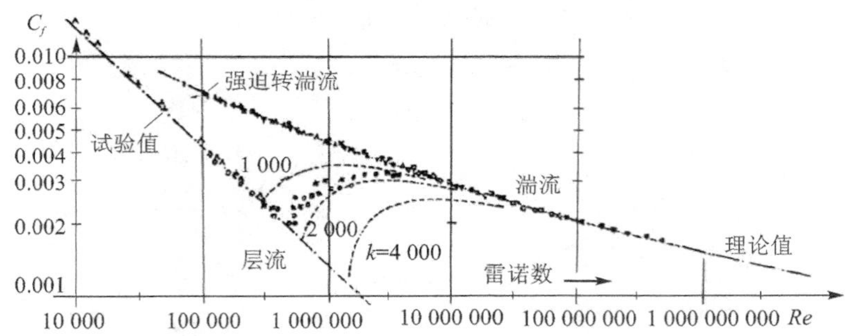

图 3-47 理论摩擦力系数与试验值的比较

层流边界层(普朗特-冯·卡门导出):

当 Re 小于 50 000 时

$$C_f = \frac{0.074}{Re^{0.2}} \tag{3-26}$$

当 Re 为 $10^5 \sim 10^9$ 时

$$C_f = \frac{0.455}{(\lg Re)^{2.58}} \tag{3-27}$$

湍流边界层(孙赫尔,Schoenherr 导出):

$$C_f = \frac{\varepsilon}{Re^{(1/m)}} \tag{3-28}$$

当 Re 为 $10^6 \sim 10^8$ 时,$\varepsilon = 0.044, m = 6$;当 Re 为 $10^7 \sim 10^9$ 时,$\varepsilon = 0.030, m = 7$。

3) 试验统计值

对于圆截面流线型物体的阻力系数可以根据该物体的细长比(直径 d/长度 l)和对应雷诺数的平板 C_f 值用下式估算出来。求阻力时参考面积是圆流线体的浸润面积 S_{wet}。

$$C_{D,\text{wet}} = C_f[1 + 1.5(d/l)^{1.5} + 7(d/l)^3] \tag{3-29}$$

只要 d/l 不是太大,一般的圆流线体浸润面积与最大横截面面积之比约为 $3(l/d)$,所以圆流线体的阻力系数 C_{D0} 计算公式为(参考面积用最大横截面面积 $\pi d^2/4$)

$$C_{D0} = C_f[3(d/l) + 4.5(d/l)^{0.5} + 21(d/l)^2] \tag{3-30}$$

从这些计算公式可得出最小 C_{D0} 值的圆流线体最佳 l/d 值是 2.7 左右。但实际上受边界层转捩等的影响,最佳 l/d 应再大一些。

流线型机身尾部切去一小段后对阻力的影响如图 3-48 所示。

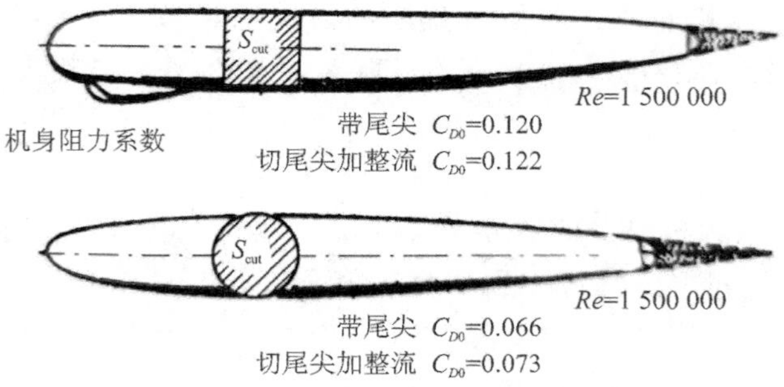

图 3-48 机身切去尾尖对阻力的影响

4）机身上加鼓包

无人机外有时要加各种探测器等，所以机身上整流鼓包是少不了的。在估算时可参考资料给出的数据，如图 3-49、图 3-50 所示。

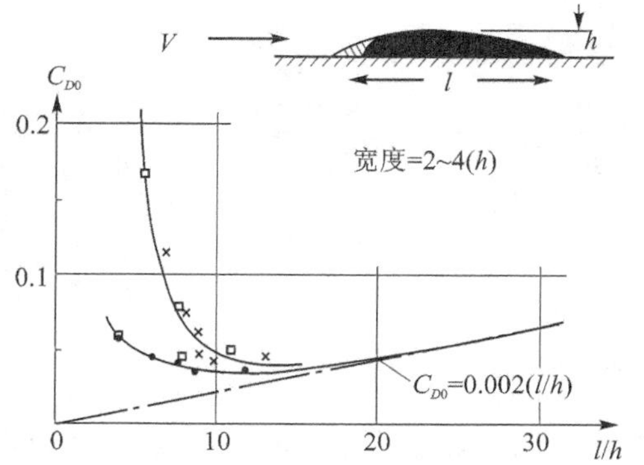

图 3-49 不同长高比外置整流罩阻力系数

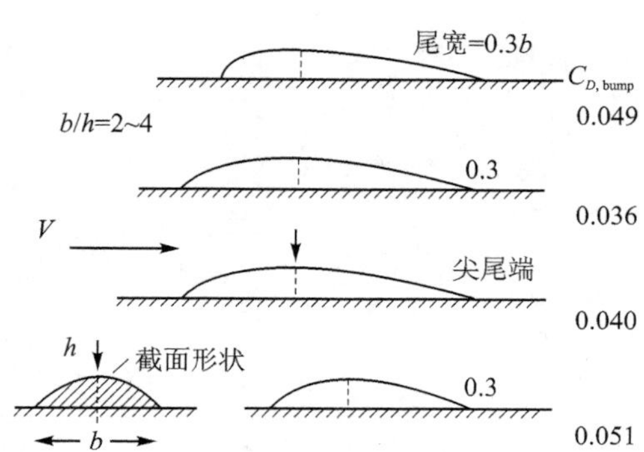

图 3-50 流线型鼓包阻力系数

如果整流鼓包的最大截面外形是圆形的一部分，圆形半径为 R，其截面面积为

$$S_{\text{cut}} = R^2 \arccos\left[(R-h)/R\right] - (R-h)(2Rh-h^2)^{0.5} \tag{3-31}$$

鼓包最大宽度为

$$b = 2(2Rh-h^2)^{0.5} \tag{3-32}$$

如果整流鼓包的最大截面外形是抛物线型，高度为 h，底宽为 l_{bo}，其截面面积为

$$S_{\text{cut}} = 2l_{bo}h/3 \tag{3-33}$$

5）起落架阻力系数

无人机起落架的阻力计算可参考图 3-51 的阻力系数值。参考面积为轮胎截面面积。

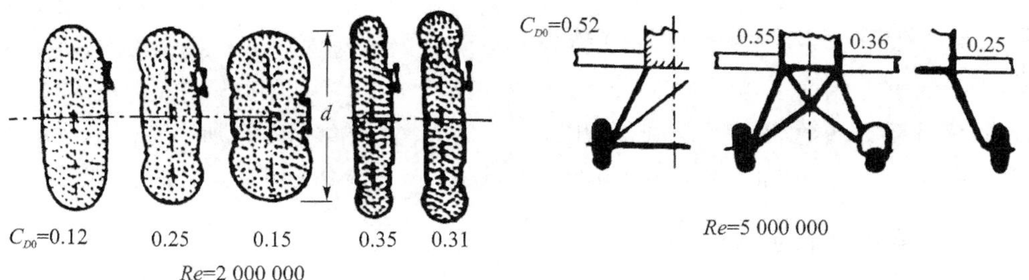

图 3-51 起落架阻力系数

6）外挂物的阻力系数

攻击型无人机往往要外挂武器或副油箱。外挂方式与阻力系数有很大关系。一般阻力增量最小的方式是民航机翼下外挂发动机的方式。下面几项是试验值，参考面积是外挂物最大截面面积，如图 3-52 所示。

当两个外挂物相距较近时阻力系数会增加，应乘上一个干扰系数 k_{int} 修正，k_{int} 值可参考图 3-53。

7）利用摩擦力系数计算全机废阻力系数

无人机的阻力系数最好是用风洞试验获得，但很多时候也需要先做些估算。由于无人机各部分都是流线型的，在正常飞行范围内的阻力主要是空气摩擦阻力，压差阻力占很小部分，

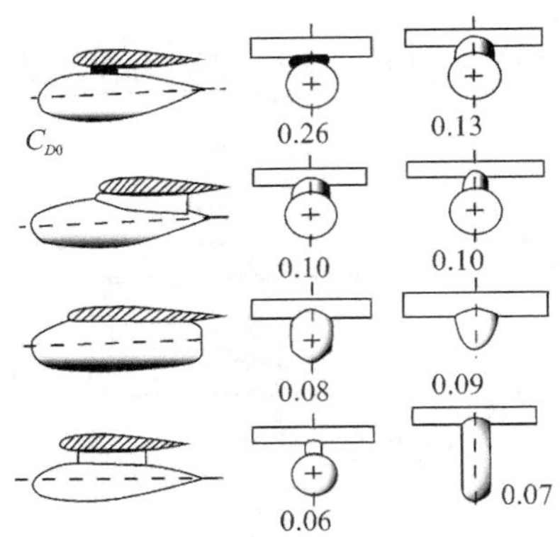

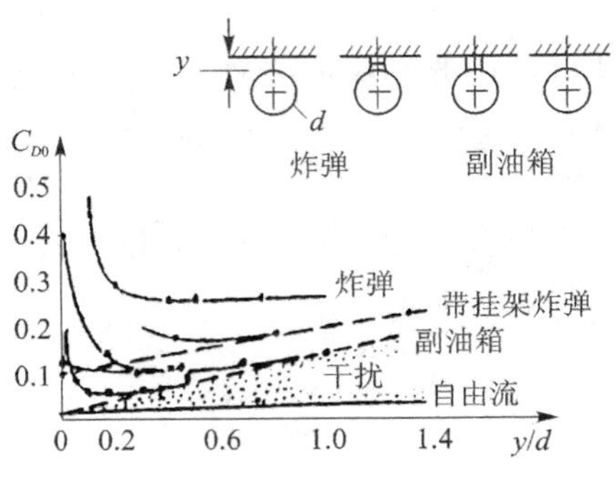

图 3-52　外挂物阻力系数

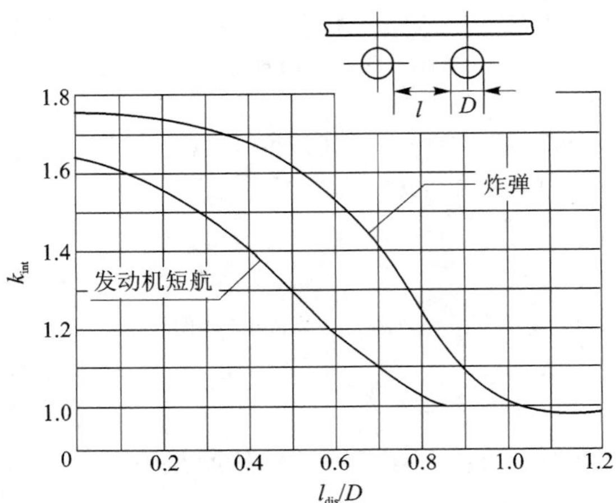

图 3-53　外挂物靠近的干扰阻力修正系数

故计算全机总废阻力系数也可以用式(3-25)，不过先要测量或估算出全机的浸润面积 S_{wet}。一般资料数值或设计时翼面积通常包括穿过机身部分，而计算浸润面积则只要外露部分，但要将机翼、平尾上下、垂尾左右面积以及机身外面积等都考虑在内。

$$C_{D0,A} \approx C_f S_{wet}/S_W \tag{3-34}$$

式中，C_f 可根据本机 Re 从图 3-47 中考虑选值，也可以用式(3-26)或式(3-27)计算出来。

例如，美国微型无人机“微星”号的机翼面积为 0.018 6 m^2，翼展 0.15 m，飞翼式布局展弦比 1.2，平均弦长 0.125 m，最大速度 18 m/s，所以 Re 是 155 250，S_{wet} 约为 0.045 m^2，从图 3-47 可知 C_f 为 0.006 左右。用式(3-26)计算，无人机摩擦阻力系数 C_f 为 0.006 8，用式(3-27)计算得 0.006 5，所以选用 0.006 7。

$$C_{D0,A} = 0.006\,7 \times 0.045/0.018\,6 = 0.016\,2$$

3.1.3　升阻比和极曲线

升阻比和极曲线是表征飞机空气动力性能的重要参数和曲线。

1. 升阻比

(1) 升阻比的概念

飞机飞行时会同时产生升力和阻力，升力和阻力是互相联系着的。因此，确定飞机空气动力性能的好坏，不能单独只看升力的大小或阻力的大小，必须综合看它们的比值。

升阻比 K 就是同一迎角下升力与阻力的比值。升阻比越大，说明同一迎角下的升力比阻力大的倍数越多，或同一升力下的阻力越小。所以，升阻比是衡量飞机空气动力性能好坏的重要参数。

升阻比可表示为

$$K = L/D = \frac{C_L \frac{1}{2}\rho V^2 S}{C_D \frac{1}{2}\rho V^2 S} = C_L/C_D \tag{3-35}$$

式(3－35)说明，升阻比又是同一迎角下的升力系数与阻力系数的比值。

同一机型的飞机，翼型一般是不变的，在低速飞行时，飞机的升力系数和阻力系数只随迎角变化，所以飞机气动外形不变时，升阻比也只随迎角变化。

飞机升力和阻力的合力叫总空气动力 R，如图 3－54 所示。总空气动力相对于升力向后倾斜的角度 θ 称为性质角，升阻比的大小与性质角有着一一对应的关系。性质角小，说明升力大，阻力小，升阻比大；反之，性质角大，说明升力小，阻力大，升阻比小。升阻比与性质角的关系是

$$K = L/D = 1/\tan\theta = \cot\theta \tag{3-36}$$

(2) 升阻比曲线

由风洞实验测出某一机型飞机各迎角下的升力系数和阻力系数，用升阻比公式可求出各迎角下升阻比，从而可画出升阻比 K 随迎角 α 变化的关系曲线，该曲线称为升阻比曲线。图 3－55 所示为包含升力系数、阻力系数和升阻比的翼型性能曲线。

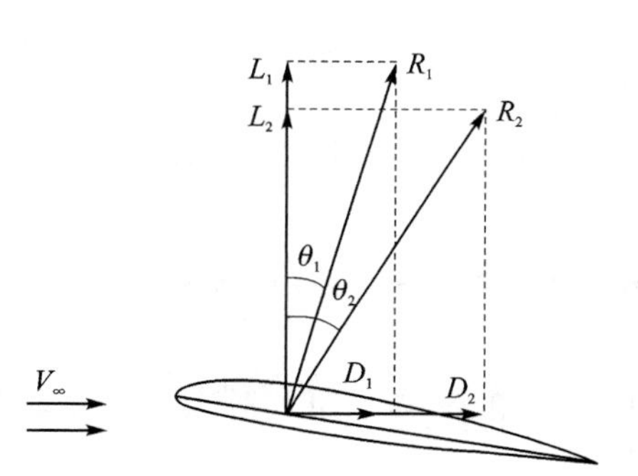

图 3－54　升阻比与总空气动力

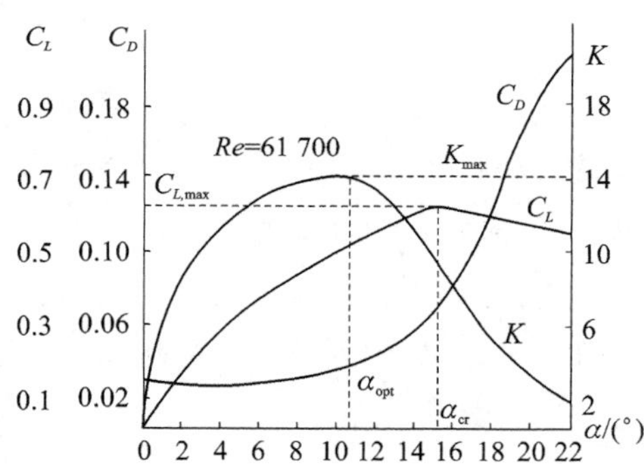

图 3－55　翼型性能曲线

从升阻比曲线上可以看出，从零升迎角开始，迎角增大，升阻比增大；迎角增至某一迎角，升阻比达到最大；超过这一迎角，迎角再增大，升阻比反而减小。升阻比最大时对应的迎角叫有利迎角 α_{opt}。升阻比随迎角增大之所以先增大后减小，是由于在中、小迎角下，升力系数曲线斜率是一个常数，而阻力系数随迎角增加得慢，增加的比例小于升力系数增加的比例；大迎角下，阻力系数增加得快，其增加的比例大于升力系数增加的比例；超过临界迎角，升力系数减小，阻力系数急剧增加。

由阻力系数公式可得

$$C_D = C_{D0} + A_i C_L^2 \tag{3-37}$$

于是

$$1/K = C_D/C_L = C_{D0}/C_L + A_i C_L \tag{3-38}$$

当 $C_{D0}/C_L = A_i C_L$ 时，$1/K$ 最小，升阻比 K 最大，此时

$$C_{D0} = A_i C_L^2 = C_{Di} \tag{3-39}$$

可见，有利迎角时的诱导阻力系数等于零升阻力系数。此时的阻力系数 $C_D = 2C_{D0}$。

2. 飞机极曲线

(1) 飞机极曲线的概念

以阻力系数为横坐标，升力系数为纵坐标，迎角为参变量，把升力系数和阻力系数随迎角变化的规律用一条曲线表示出来，这条曲线叫作飞机极曲线。曲线上每一点对应一个迎角。图 3－56 所示为某飞机的极曲线。

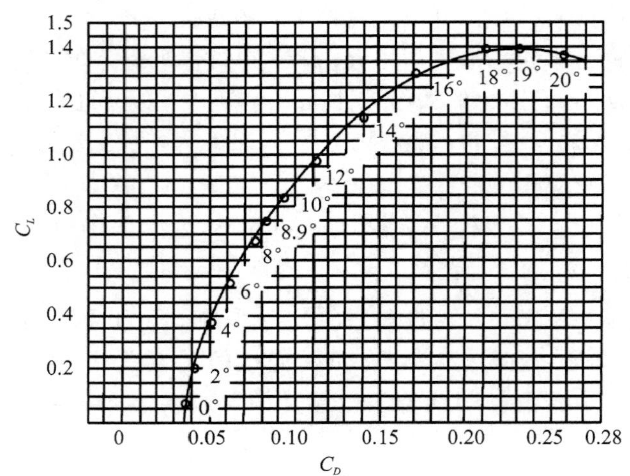

图 3－56　某飞机极曲线

飞机极曲线综合表达了飞机空气动力性能随迎角(或升力系数)变化的规律。

(2) 飞机极曲线的用途

在分析计算飞机的空气动力时，飞机技术说明书中的飞机极曲线是查找各种气动力系数的重要依据。飞机极曲线的主要用途有：

① 从飞机极曲线上可查出该型飞机的零升迎角、临界迎角、有利迎角及对应的升力系数、阻力系数。

曲线与横坐标交点对应的升力系数等于零，横坐标值为零升阻力系数，所以该点对应的迎角为零升迎角；曲线最高点对应临界迎角，对应的升力系数最大，其横坐标为临界迎角时的阻力系数；从原点向曲线作切线，切点对应的迎角为有利迎角，对应的纵横坐标分别为有利迎角时的升力系数和阻力系数，其比值为有利迎角时的升阻比，有利迎角时的升阻比最大。

② 从极曲线上可看出升力系数、阻力系数、升阻比随迎角的变化规律。

从零升迎角开始至临界迎角，迎角增大，升力系数增大，阻力系数也增大。但是，在迎角小于有利迎角的范围以内，曲线向右弯曲小，说明升力系数增加的比例大于阻力系数增加的比例，升阻比随迎角增大而增大；超过有利迎角，曲线向右弯曲大，说明升力系数增加的比例小于阻力系数增加的比例，升阻比随迎角增大而减小。超过临界迎角，曲线向右斜下方弯曲，说明升力系数减小，阻力系数急剧增加，升阻比迅速减小。

③ 飞机极曲线同升力系数曲线联合使用，可查出各迎角的升力系数、阻力系数。在升力系数曲线上查出某一迎角的升力系数，依据该升力系数在飞机极曲线上查出对应的阻力系数，两者的比值就是该迎角的升阻比。

(3) 根据无人机特点选择翼型

中小型无人机雷诺数较大，与一般飞机在气动力上差别不大，翼型的选择可以按常规飞机的设计程序进行。而高空长航时无人机与微型无人机则有明显的特殊性。

由于高空空气稀薄,高空长航时无人机在飞行时要用大升力系数。此外,高空长航时无人机留空时间长,所以用喷气式发动机的无人机机翼升阻比要大。根据这个要求,应选择大升阻比对应的升力系数大的翼型。

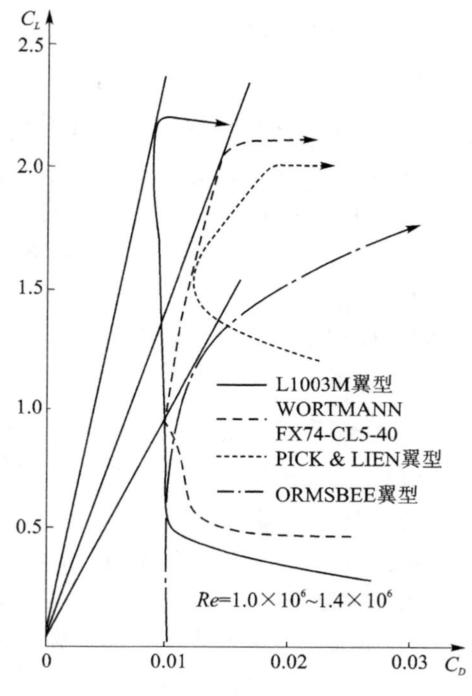

图 3-57　几种翼型的极曲线

从翼型的极曲线可以看出翼型的特点。一般来说,翼型的阻力系数越小越好,也就是说极曲线越向纵轴靠近越好。从图 3-57 中所画的几种翼型极曲线来看,L1003M 翼型的阻力系数较小,不过还不能认为应选用这种翼型。对于长航时无人机来说,阻力小并不说明这个翼型有多大好处。因为要求对应飞行时的升阻比要越大越好。在极曲线图上,通过原点画出的与极曲线相切的直线决定最大升阻比及对应的升力系数。切线越陡,与横轴所成的夹角越大,表示升阻比越大。例如,图中的 L1003 翼型的最大升阻比其他的都大,所以对要求长航时的无人喷气飞机来说,这种翼型比较好。选择翼型时可以先把升阻比大的选出来。理论上用活塞式发动机的长航时无人机要求翼型的 $C_L^{1.5}/C_D$ 值最大,而不是升阻比最大。飞行速度要比航程最远时的速度(巡航速度)小一些,称为久航速度。但这需要用翼型数据具体计算后才能比较,一般给出的资料没有 $C_L^{1.5}/C_D$ 的数据,航程和航时问题分析在后面章节中介绍。

如果从极曲线上发现两种翼型的最大升阻比相当,则选用对应最大升阻比的升力系数较大的翼型。从图 3-57 可看到 L1003M 的对应升力系数最大,所以它是这些翼型中最好的翼型。此外决定无人机飞行性能的是整架无人机的升阻比,而翼型阻力只占整架无人机阻力的 1/3 左右。有些翼型升力系数不大,虽然阻力系数也不大,但加上机身等的阻力系数以后,总的升阻比便会大为降低。而升力系数及阻力系数都较大的翼型,加上其他阻力后影响会较少。

此外,极曲线中间部分越垂直越好,图 3-57 中的 L1003M 和 WORTMANN 翼型比其他两种好。这样的极曲线表示机翼在很大迎角范围内阻力系数增加很小,无人机在这样的型角下飞行,升力系数有一点小小的变化便会引起升阻比的改变,这就是通常所说的“过分灵敏”。

高空长航时无人机都是亚声速飞机,但在高空空气稀薄,机翼要用很大升力系数,而雷诺数又较低,因此要选用新的层流翼型来满足这个要求。美国很成功的“全球鹰”无人机巡航高度 19 000 m 左右。为飞很长时间,减少诱导阻力,机翼展弦比很大,所以飞行马赫数虽然达到 0.63,但雷诺数只有 1 543 000。如果不用新的层流翼型很难满足飞机性能要求。

至于微型无人机的翼型只能选用很低雷诺数的翼型。本来微型无人机适合用弯曲平板翼型,但从结构设计和实用性来衡量,很难实际使用。理论设计的大升力系数翼型则很厚,实用性可能好一些。

3.1.4　增升装置

一般情况下，飞机靠增大迎角来增大升力系数。但是，当迎角增大到一定程度后，飞机的稳定性和操纵性显著变差，甚至危及飞行安全，所以使用迎角要受到限制，升力系数的增加也要有一定限度。因此飞机上安装了增加升力的装置，即增升装置，它的作用是提高飞机的升力系数，借以降低起飞离地和着陆接地速度，缩短起飞着陆滑跑距离和改善飞机的机动性能。用于增大最大升力系数的主要装置有襟翼和缝翼。

1. 襟　翼

襟翼的作用主要是改变翼型的相对弯度。相对弯度越大，机翼产生升力的能力越强。襟翼包括后缘襟翼和前缘襟翼。

(1) 后缘襟翼

后缘襟翼的主要形式有简单襟翼、分裂襟翼、开缝襟翼、双缝襟翼、后退襟翼和单缝后退式襟翼(又称为富勒襟翼)。

简单襟翼的形状与副翼相似，如图 3 - 58 所示。放下简单襟翼，相当于改变了机翼的剖面形状，增大了翼型的相对弯度。因此，各迎角下的升力系数普遍提高。

分裂襟翼是从机翼后缘下表面分裂出来的一部分翼面，如图 3 - 59 所示。放下分裂襟翼，不仅机翼下表面气流更加受阻，压力增大，而且在襟翼和机翼下表面后部之间形成涡流，使机翼后缘附近压力降低，吸引机翼上表面气流加速流动。因此，增升效果比简单襟翼好。

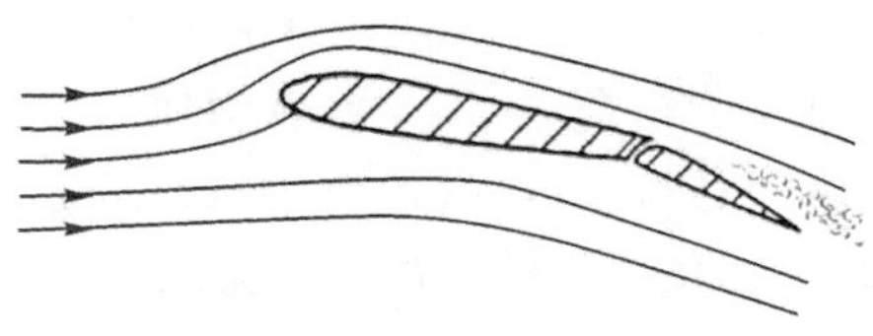

图 3 - 58　简单襟翼

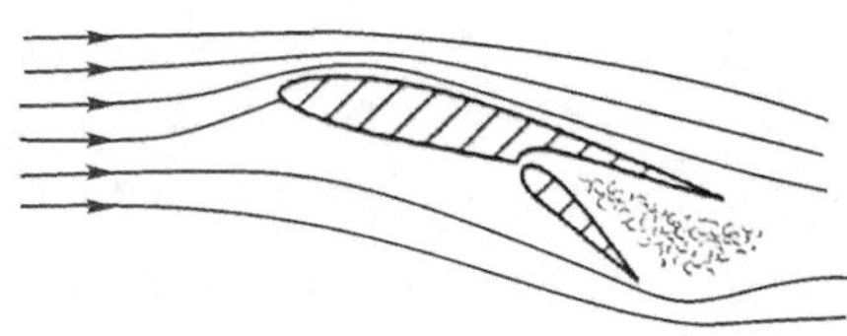

图 3 - 59　分裂襟翼

开缝襟翼由简单襟翼改进而来，如图 3 - 60 所示。放下开缝襟翼，在增大翼型相对弯度的同时，襟翼前缘与机翼后缘之间形成缝隙，空气从下表面通过缝隙流向上表面，可以吹除机翼后部的涡流，与无缝隙相比，可延迟气流分离，因此，增升效果好于简单襟翼。

为了进一步提高开缝襟翼的增升效果，襟翼放下之后，襟翼本身又展开成一个开缝翼，因而形成两条缝隙，这种襟翼称为双缝襟翼，如图 3 - 61 所示。放下双缝襟翼，有更多的高速气流通过两道缝隙流到上翼面，增加边界层能量，可推迟气流分离。此外，放下双缝襟翼，襟翼还向后滑动，增大了机翼的面积。因此，双缝襟翼有更好的增升效果。

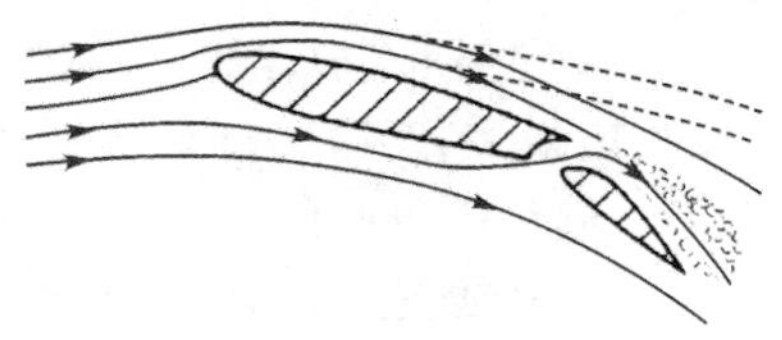

图 3 - 60　开缝襟翼

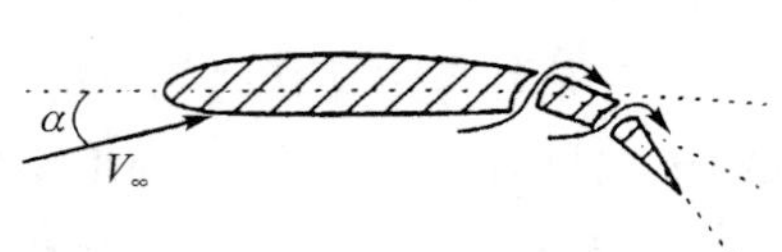

图 3 - 61　双缝襟翼

后退襟翼在向下偏转增大相对弯度的同时，还向后滑动，增大了机翼面积，高速飞机大都装有这种襟翼，如图 3－62 所示。

单缝后退式襟翼结合了后退襟翼和开缝襟翼的共同特点，因此增升效果比上述各种襟翼的效果都强，如图 3－63 所示。

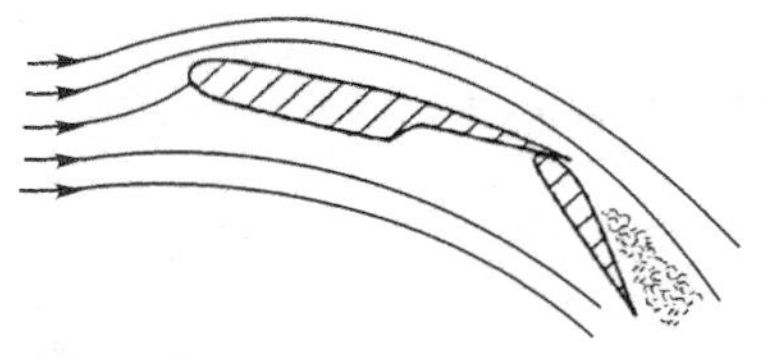

图 3－62　后退襟翼

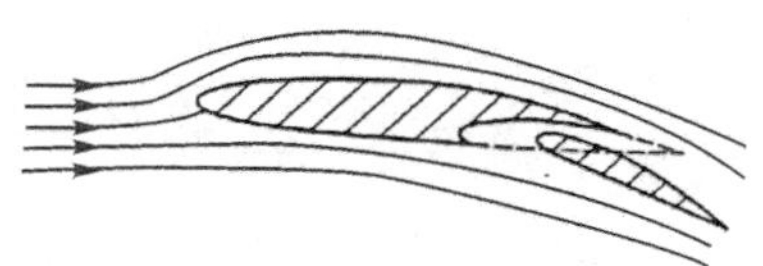

图 3－63　单缝后退式襟翼

图 3－64 所示是某高速飞机（采用后退襟翼）放襟翼和未放襟翼的升力系数曲线。从图中可看出，同一迎角下，放襟翼的升力系数比未放襟翼的增加很多。其中 δ_f 为襟翼角度。

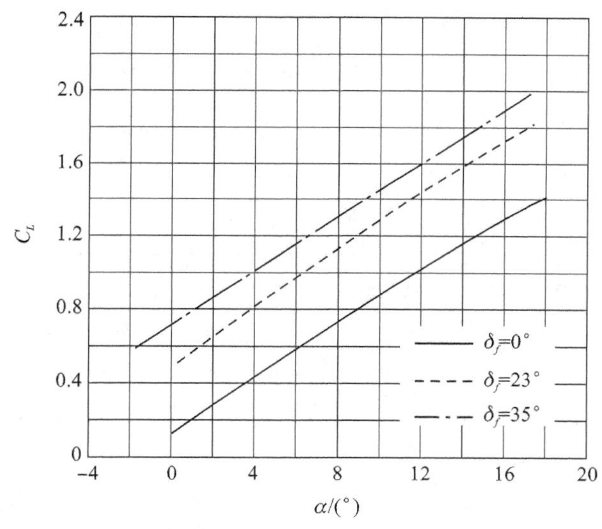

图 3－64　某高速飞机不同襟翼开度下的升力系数曲线

有的后退襟翼在放下时没有固定位置，放下角度在一定速度范围内随飞行速度的增大而减小，这种襟翼称为游动式襟翼。如某歼击机就采用了这种襟翼。

为了比较各种类型的后缘襟翼的增升效果，表 3－1 列出了典型类型襟翼及增升效果。

表 3－1　各类增升装置

增升装置	最大升力系数增量	基本翼型临界迎角	影　响
基本翼型	—	15°	所有增升装置的效果取决于基本翼型形状
简单襟翼或带弯度的襟翼	50％	12°	弯度增加，襟翼完全放下时阻力很大，产生低头力矩

续表 3-1

增升装置	最大升力系数增量	基本翼型临界迎角	影　响
分裂襟翼	60%	14°	弯度增加，襟翼放下时的阻力比简单襟翼更大，产生低头力矩
后退襟翼	90%	13°	弯度增加，机翼面积增加，阻力增加大，产生低头力矩
开缝襟翼	65%	16°	控制边界层，增加弯度，失速延迟，阻力增加不大
双缝襟翼	70%	18°	与单缝襟翼作用相同，效果更好
单缝后退襟翼	90%	15°	弯度增加，机翼面积增加，增升效果最好，产生低头力矩

从表中可以看出，安装襟翼后，不同襟翼最大升力系数的增量不等，简单襟翼最大升力系数增量仅为 50%，后退襟翼最大升力系数增量可高达 90%。如果能够使气流沿偏转的翼面流动而不分离或不失速，就可以大大提高襟翼的增升效果。实现这一目标的方法之一是采用开缝襟翼，放下襟翼时，通过缝隙为边界层气流输入动能。有些飞机采用双缝襟翼，甚至是三缝襟翼，可将最大升力系数增大 120%。

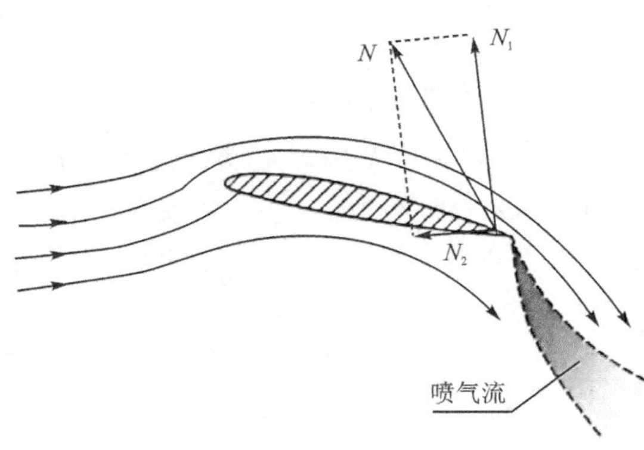

图 3-65　喷气襟翼的工作原理

喷气襟翼可以看成是一类特殊的后缘襟翼，其工作原理是把来自喷气发动机压气机的压缩空气作为气源，使其从机翼后缘的缝隙中向斜下方高速喷出，如图 3-65 所示。

向斜下方喷出的高速气流，除反作用力的垂直分力可起增升作用外，更主要的是它能吸引上表面的气流，使其流速加快，压力降低，并能阻挡下表面的气流，使其流速减慢，压力升高，从而大大提高机翼的升力系数。装有襟翼喷气系统的飞机着陆时，喷气系统工作，引来发动机压气机后的压缩空气吹除襟翼上表面的边界层，增大机翼的升力，达到降低着陆速度、缩短着陆滑跑距离的目的。

1）放下后缘襟翼后压力分布的变化

所有的后缘襟翼都会使压力分布发生变化。图 3-66 所示为放下简单襟翼和开缝襟翼后的典型压力分布。由图可见，放下襟翼后，机翼后上翼面的吸力和下翼面的正压力都增大，开缝襟翼的增升效果比简单襟翼更好。此外,放下襟翼后,尾翼处气流的下洗增强。由于平尾的尺寸和安装位置不同,尾翼处的下洗增量不同,故俯仰力矩的变化程度不同。

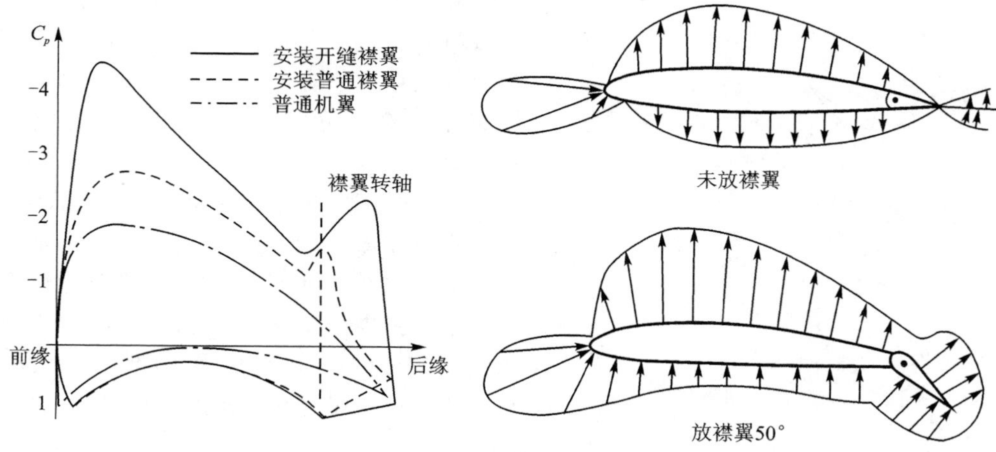

图 3-66　放襟翼和未放襟翼的压力分布

2) 放下后缘襟翼后升阻比的变化

放下襟翼后,升力增大,阻力也会增大。阻力增大的原因有两方面:一是放下襟翼后,升力系数增大,有效展弦比减小,而诱导阻力系数与升力系数的平方成正比,与展弦比成反比,所以诱导阻力系数增大;二是在大迎角下放下襟翼,可能导致机翼后缘涡流区扩大,黏性压差阻力系数也增大。在常用的迎角范围内,放下襟翼后,如果阻力系数增大的比例大于升力系数增大的比例,升阻比会下降。

3) 后掠角对后缘襟翼增升效果的影响

机翼后掠角会降低后缘襟翼的增升效果。如分别对平直翼和 35°后掠角的后掠翼在 60% 弦长处应用单缝襟翼。平直翼的最大升力系数提高了约 50%,而后掠翼的最大升力系数提高了约 20%。

(2) 前缘襟翼

前缘襟翼设置在机翼前缘,多用于高速飞机。因为高速飞机一般采用前缘半径较小的薄机翼,这种机翼在大迎角下很容易在前缘就开始气流分离,如图 3-67(a)所示。放下前缘襟翼,既能增大机翼剖面的相对弯度,又能减小前缘相对于气流的角度,如图 3-67(b)所示。因此,它能延迟气流分离,提高临界迎角和最大升力系数。

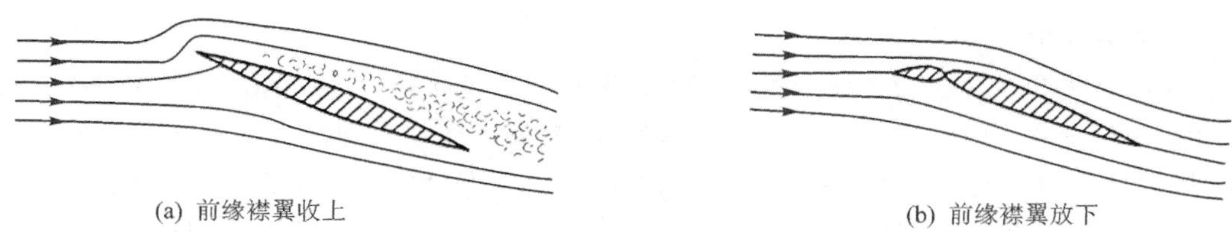

图 3-67　前缘襟翼

图 3-68 所示是另一种形式的前缘襟翼,称为克鲁格襟翼。它装在机翼翼根前缘下部,打开时,向前下方翻转,既增大了翼型弯度,又增大了机翼面积,有较好的增升效果。波音 747 等

喷气客机上就装有这种襟翼。

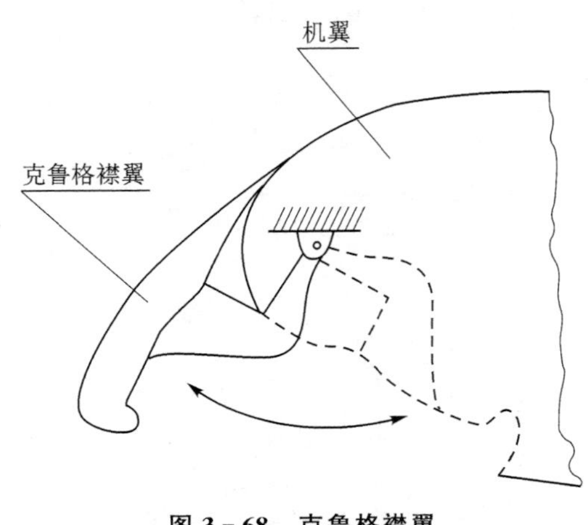

图 3-68 克鲁格襟翼

起飞或机动飞行中使用襟翼时，应该将襟翼放到相关手册中规定的位置。放下前缘(后缘)襟翼，或同时放下前后缘襟翼，可以增大翼型弯度。在大后掠角的飞机上，越来越多地采用前缘襟翼，除无尾三角翼外，所有的飞机都安装有后缘襟翼。

起飞时将后缘襟翼放到规定的起飞位置后，升力系数增加，起飞滑跑距离缩短。但是为了防止阻力系数增加过多，通常在起飞时襟翼不会完全放下。如果襟翼放下的角度过大，尽管升力会增大，但阻力增加比例更大，导致起飞滑跑距离可能比不放襟翼时长。此外，如果襟翼放下的角度过大，飞机离地速度过小，会导致飞机状态不稳。

起飞后收上襟翼时，飞机仍在加速并缓慢爬升，此时，收襟翼会导致升力系数立即下降，使飞机下沉，需要增加迎角消除收襟翼的影响，否则升力系数减小引起的升力损失会导致飞机下沉，直到飞行速度增大到足以抵消升力系数减小的影响。通常，各种飞机都规定了收襟翼的最低高度，收上襟翼后，为防止轨迹下沉而增加迎角会使得机头上仰，飞机仰角明显变大。襟翼增升效果越好，收上襟翼时机翼升力系数下降越多，避免飞机下沉而采取的修正量越大。对于有些飞机，襟翼收上阶段，升力系数应逐渐减小，以避免采取较大的修正量；当飞机的载重量较大时，尤其是大型飞机，更应注意此类问题。

着陆时，襟翼全放下后，阻力的增加有利于减速；而升力增大可以减小进近速度和失速速度，接地时的速度也更小。升力增大还有另外一个好处，即有利于拉平后接地前的飞行过程中减速。

前缘襟翼与后缘襟翼不同，放下前缘襟翼时，它会使得失速迎角增大，飞机的可用迎角范围增大。前缘襟翼常与后缘襟翼配合使用，前缘襟翼的收放可在座舱内直接控制或与其他机构联动，例如与空速测量系统相连接，当速度减小到一定值时就放下，速度增加到一定值时就收回。

2. 缝 翼

缝翼是在机翼前缘沿翼展方向安装的一小块带有较大弯度的辅助翼面。适当调节机翼和缝翼之间的缝隙可大大提高最大升力系数，但失速迎角也会增大。

(1) 缝翼的增升原理

图 3-69 所示为安装缝翼或后缘襟翼的机翼与同样尺寸普通机翼的升力系数曲线。当在大迎角下放下缝翼，由于弯度增加，升力系数增大，缝翼可使得大迎角下最低压力点处的峰值减小，压力分布曲线变得平坦，各处的压力梯度减小。压力分布曲线变平意味着边界层气流不是突然增厚，沿途压力变化不大，在吸力峰后压力不是陡然增加的，所以保留了大部分能量，能够沿机翼弦向一直流向后缘才发生气流分离。图 3-70 表明了缝翼对低压峰的减小效果。虽然压力分布曲线变平，但由于低压区的面积与其强度成正比，升力系数不仅没有发生变化，甚至有所增加。另外，从缝隙流过来的气流使得流经机翼表面的边界层气流加速，为其输入动能，增强了边界层气流抵抗逆压梯度的能力。

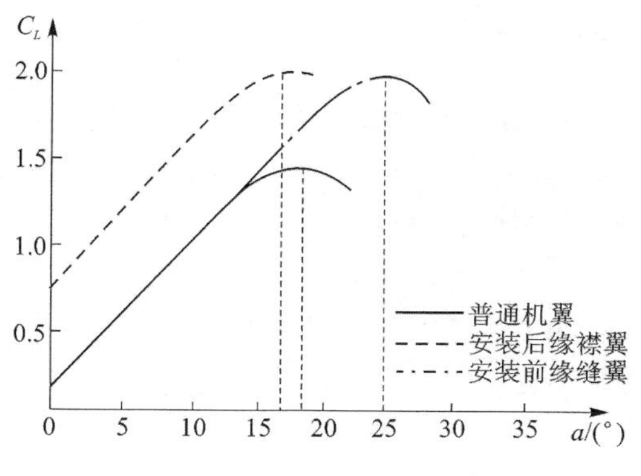

图 3－69　襟翼、缝翼对机翼升力系数的影响

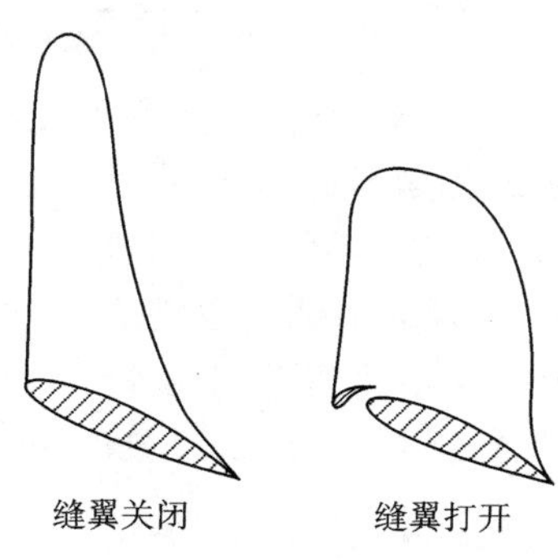

图 3－70　缝翼对压力分布的影响

如图 3－68 所示，该型飞机安装了缝翼后，临界迎角增大到 25°。在此过程中，升力系数稳步增加，达到峰值时，最大升力系数比无缝翼的机翼显著增大，当机翼载荷(简称翼载，G/S)一定时，失速速度将大大降低。失速速度减小程度取决于缝翼所覆盖的前缘长度及缝翼的弦长。如果缝翼只在翼尖部位，升力系数增加的比例会小些。

(2) 自动缝翼

缝翼只在大迎角下使用，因为在正常迎角下，放下缝翼只会增加阻力，所以将缝翼设计成可收放的就弥补了这一缺点。不需要使用缝翼时，它就作为机翼的前缘，缝翼铰接在支撑臂上，能够进行收放，以便减小阻力。这种类型的缝翼是自动收放的，无需单独操纵。

如图 3－71 所示，在小迎角下，机翼前缘承受正压力，缝翼因受到指向翼面的压力而紧贴于机翼前缘；而在大迎角下，机翼前缘承受很大吸力，迫使机翼前缘自动张开，缝翼自动张开时，会与机翼前缘形成一条缝隙。气流通过这一缝隙时得到加速，随后贴近上表面流动，能增大上表面边界层中的空气动能，延缓气流分离，使临界迎角增大，最大升力系数提高，而阻力系数增大并不多。

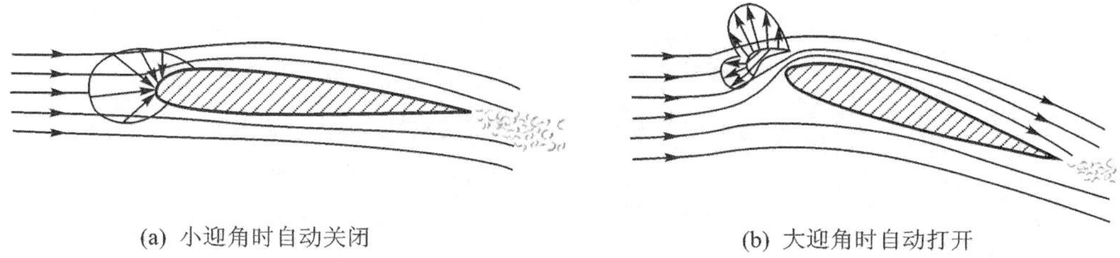

(a) 小迎角时自动关闭　　(b) 大迎角时自动打开

图 3－71　缝翼的工作原理

(3) 缝翼的使用

如果缝翼较小，阻力可忽略不计，可以采用固定的缝翼，即不是自动收放的。而较大面积的缝翼通常都是自动收放的。缝翼通常安装在大后掠角的机翼前缘，这些飞机的缝翼通常会延伸到几乎整个前缘部分，除了可缓解翼尖失速，在远低于失速迎角时，也可大大提高升力系数。

自动缝翼可在速度达到进近或着陆速度前自动打开，在此过程中，仍然可使得压力分布变平，使边界层气流能够顺利由机翼前缘流向后缘。

3.1.5 机翼形状对低速空气动力特性影响

飞机的空气动力特性不仅与其机翼的剖面形状有关，还与其机翼的平面形状有关。本章前面讲的都是翼型(无限翼展)和平直翼(有限翼展)的低速升、阻力特性，本节将重点介绍后掠翼、前掠翼、三角翼等机翼形状对飞机低速飞行时空气动力特性的影响。

1. 后掠翼的低速空气动力特性

目前多数飞机采用后掠翼，一般速度越高后掠角越大。与平直翼飞机不同，后掠翼飞机具有大约 30°～70°的前缘后掠角，因而其空气动力特性也与平直翼不同。

(1) 空气流过后掠翼的流动特点

通过风洞实验发现，空气流过后掠翼，流线将左右偏斜，呈S形。气流流过后掠翼，其流速 V 同机翼前缘不垂直，可以分解成两个分速：一个是垂直分速 V_n，与前缘垂直；另一个是平行分速 V_t，与前缘平行。如图 3－72 所示，垂直分速和平行分速同前缘后掠角 Λ_W 的关系是

$$V_n = V\cos\Lambda_W,\quad V_t = V\sin\Lambda_W \tag{3-40}$$

因为机翼表面沿平行于前缘方向基本没有弯曲，所以，在气流流过机翼表面的过程中，平行分速基本不发生变化，而垂直分速 V_n 则沿途不断改变，同气流以流速 V_n 流过平直翼一样，在气流从前缘流至后缘的过程中，机翼沿翼弦方向压力分布发生明显变化。可见，只有气流的垂直分速 V_n 才对机翼压力分布起决定性的影响，所以，垂直分速 V_n 又称为有效分速。机翼后掠角越小，有效分速越大，机翼上下表面的有效分速也相应越大。

如图 3－73 所示，空气从远前方流向机翼前缘，因受阻滞有效分速越来越小($V_{nA} < V_n$)，平行分速则保持不变($V_{tA} = V_t$)。这样一来，越接近前缘，气流速度越慢，方向越来越偏向翼尖。过前缘后，在从前缘流向最低压力点(图中 C 点)的途中，有效分速又逐渐加快($V_{nC} > V_{nB}$)，平行分速仍保持不变($V_{tC} = V_{tB}$)，气流方向又从翼尖转向翼根。随后，又因有效分速逐渐减慢，气流方向转向原来方向。于是，整个流线呈S形弯曲。

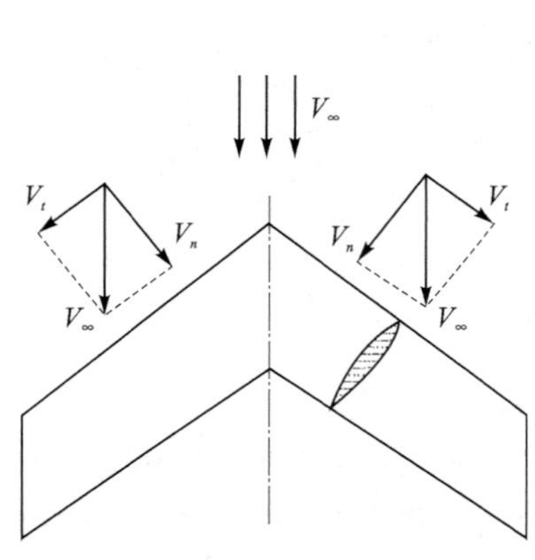

图 3－72　后掠翼的速度分解

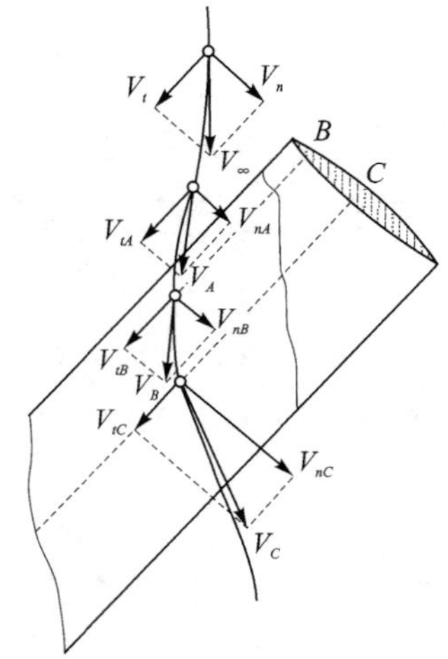

图 3－73　流线左右偏斜的分析

(2) 后掠翼的翼根效应和翼尖效应

空气流过后掠翼过程中流线的左右偏斜会影响机翼的压力分布，从而导致后掠翼的翼根

效应和翼尖效应。

如图 3－74 所示，在后掠翼翼根部分的上表面前段，流线向外偏斜，尽管与远前方相比流管变细，但与机翼中部相比流管扩张变粗，流速略有减小，压力略有增大，即吸力减小；而在后段，流线向内偏斜，流管收缩变细，流速加快，压力减小，吸力增大。与此同时，因流管最细的位置后移，使最低压力点位置向后移动，如图 3－75 所示，这种现象称为翼根效应。

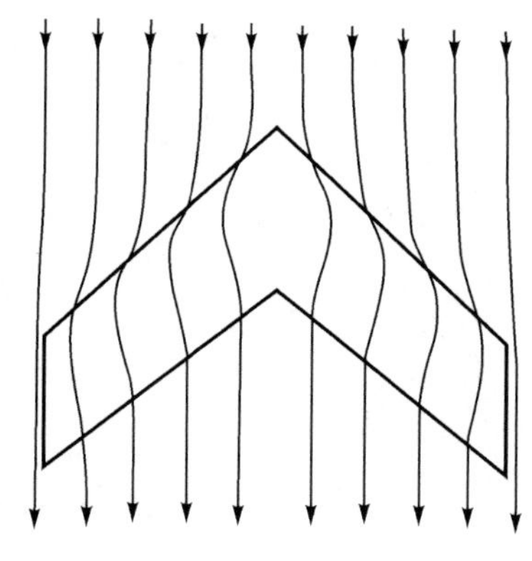

图 3－74　空气在后掠翼的流动情形

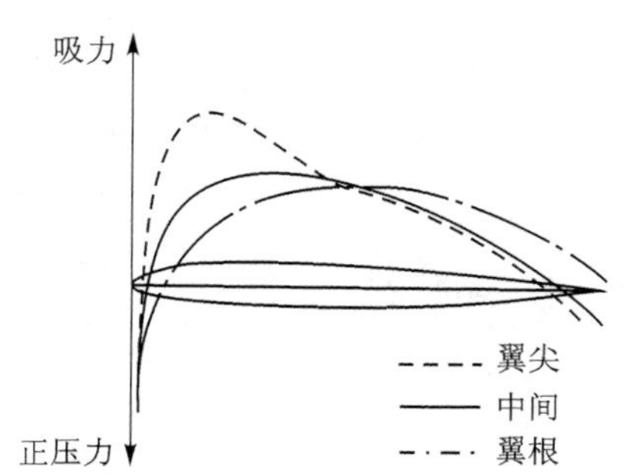

图 3－75　不同位置压力沿弦向的分布

至于翼尖部分，情况与翼根部分相反。因翼尖外侧的气流径直地向后流去，而翼尖部分上表面前段流线向外偏斜，故流管收缩变细，流速增加得多，压力减小得多，即吸力增大；在后段因流线向内偏斜，故流管扩张变粗，流速减慢，吸力减小。与此同时，因流管最细的位置前移，故最低压力点向前移动，如图 3－75 所示。这种现象称为翼尖效应。

翼根效应和翼尖效应引起沿翼弦方向的压力分布发生变化，但上表面前段的变化比较多。所以，翼根效应使翼根部分的平均吸力减小，升力系数减小。翼尖效应使翼尖部分的平均吸力增大，升力系数增大。后掠翼沿展向各剖面的升力系数分布如图 3－76 所示。

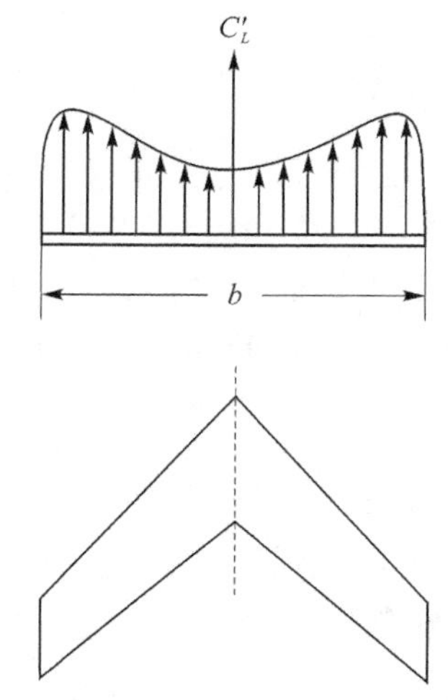

图 3－76　升力系数沿展向的分布

通过以上分析可以看出，造成后掠翼低速空气动力特性不同于一般平直翼的基本原因有两条：一是由于后掠翼的空气动力主要取决于有效分速，而有效分速是小于来流速度的；二是由于空气流过后掠翼，流线左右偏斜，形成翼根效应和翼尖效应，影响后掠翼的压力分布。这两点是分析后掠翼空气动力特性的基本依据。

(3) 后掠翼的低速升阻力特性

设有一无限长的平直翼，空气以速度 V_n 流过机翼，如图 3－77(a)所示，如果此时机翼以 V_t 向右运动，平行于翼展的相对气流不会使机翼的气动特性发生变化。这种情况同空气以流速 $V(V=V_n+V_t)$ 流过无限翼展斜置翼一样，如图 3－77(b)所示。这样，后掠角为 Λ_W 的无限翼展后掠翼的升力和阻力，也就可以利用无限长直机翼的升力和阻力来求得。无限翼展后掠翼的升阻力特性只取决于垂直分速 V_n，而与平行分速 V_t 无关。

空气以速度 V_n 流过平直翼时，设作用在其单位展长上(见图 3－77(a)中阴影部分)的升

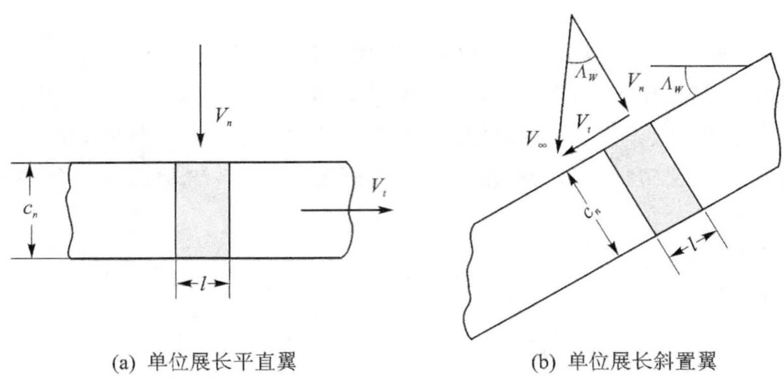

(a) 单位展长平直翼　　(b) 单位展长斜置翼

图 3-77　无限翼展平直翼与斜置翼

力为 L，则升力系数 C_L 为

$$C_L=\frac{L}{\frac{1}{2}\rho V_n^2 c_n \cdot l} \tag{3-41}$$

而将上述平直翼斜置(前缘后掠角为 Λ_W)后，气流以速度 V_∞ 流过，其他条件相同时，作用在后掠翼同一段长度上(见图 3-77(b)中阴影部分)的升力仍为 L，升力系数 $C_{L\Lambda_W}$ 为

$$C_{L\Lambda_W}=\frac{L}{\frac{1}{2}\rho V_\infty^2 c_n \cdot l} \tag{3-42}$$

考虑到 $V_n=V_\infty \cos\Lambda_W$，且两种情况迎角 α_n 相同，则有

$$C_{L\Lambda_W}=\frac{L}{\frac{1}{2}\rho V_n^2 c_n \cdot l}\cos^2\Lambda_W=C_L\cos^2\Lambda_W \tag{3-43}$$

有效分速产生的阻力分解到平行于飞行速度方向的分力才是后掠翼的阻力。参照后掠翼升力系数求解，同理可得出作用在后掠翼同一段长度上的阻力系数为

$$C_{D\Lambda_W}=\frac{D}{\frac{1}{2}\rho V_\infty^2 c_n \cdot l}=\frac{X_n\cos\Lambda_W}{\frac{1}{2}\rho V_n^2 c_n \cdot l}\cos^2\Lambda_W=C_D\cos^3\Lambda_W \tag{3-44}$$

对于后掠翼，通常取来流 V_∞ 与平行来流的剖面弦线的夹角为迎角 α，取法向分速 V_n 与法向剖面弦线的夹角为 α_n。由图 3-78 可见

$$\sin\alpha=h/c,\quad \sin\alpha_n=h/c_n \tag{3-45}$$

式中：h 为前缘比后缘高出量；c 和 c_n 分别为沿来流 V_∞ 方向和沿垂直分速 V_n 方向翼剖面的弦长，$c_n/c=\cos\Lambda_W$。

因而可得

$$\sin\alpha=\sin\alpha_n\cdot\cos\Lambda_W \tag{3-46}$$

当迎角不大时，式(3-46)可改写为

$$\alpha=\alpha_n\cdot\cos\Lambda_W \tag{3-47}$$

根据上述关系，可求得后掠翼升力系数曲线斜率与平直翼升力系数曲线斜率的关系是

$$C_{L\Lambda_W\alpha}=\frac{\mathrm{d}C_{L\Lambda_W}}{\mathrm{d}\alpha}=\frac{\mathrm{d}(C_L\cos^2\Lambda_W)}{\mathrm{d}(\alpha_n\cos\Lambda_W)}=\frac{\mathrm{d}C_L}{\mathrm{d}\alpha_n}\cos\Lambda_W=C_{L\alpha}\cos\Lambda_W \tag{3-48}$$

由此可得，后掠翼的升阻力特性 $C_{L\Lambda_W}$，$C_{D\Lambda_W}$，$C_{L\Lambda_W\alpha}$ 与对应直机翼的升阻力特性 C_L、C_D、$C_{L\alpha}$ 之间的关系为

$$C_{L\Lambda_W}=C_L\cos^2\Lambda_W,\ C_{D\Lambda_W}=C_D\cos^3\Lambda_W,\ C_{L\Lambda_W\alpha}=C_{L\alpha}\cos\Lambda_W \tag{3-49}$$

根据这三个公式，即可根据无限翼展平直翼的升力系数、阻力系数、升力系数曲线斜率求得无限翼展后掠翼的升力系数、阻力系数、升力系数曲线斜率。显然，若无限翼展后掠翼的 α_n，V_n，c_n 与无限翼展平直翼的都相同，则后掠翼的 $C_{L\Lambda_W}$，$C_{D\Lambda_W}$，$C_{L\Lambda_W\alpha}$ 都比平直翼的小。因此，后掠翼的低速空气动力特性不如平直翼的好。对于有限翼展后掠翼，除翼根和翼尖部分与无限翼展有较大差别外，其余部分则是十分接近的。所以，将上述的关系式用来定性地分析后掠角对机翼低速空气动力特性的影响，有一定的实际意义。

图 3－79 所示为各种不同后掠角的机翼升力系数曲线斜率 $C_{L\Lambda_W\alpha}$ 随展弦比 A 的变化曲线。由该图可以看出，当 A 一定，后掠角增大时，$C_{L\Lambda_W\alpha}$ 减小。而当后掠角一定时，A 减小，$C_{L\Lambda_W\alpha}$ 也减小。这是由于展弦比减小时，翼尖涡对机翼上下表面均压作用增强的缘故。

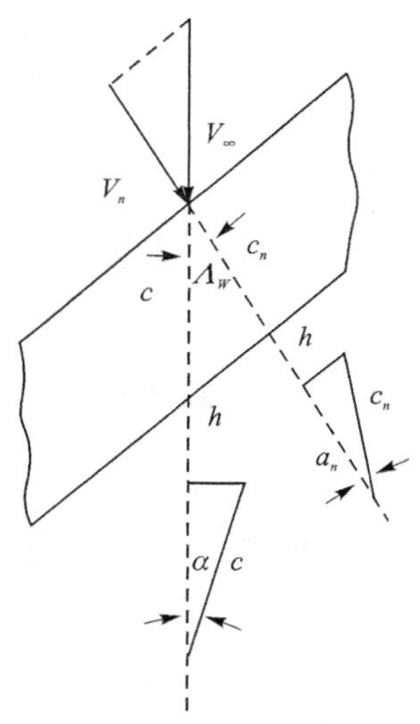

图 3－78　α_n 和 α 的关系

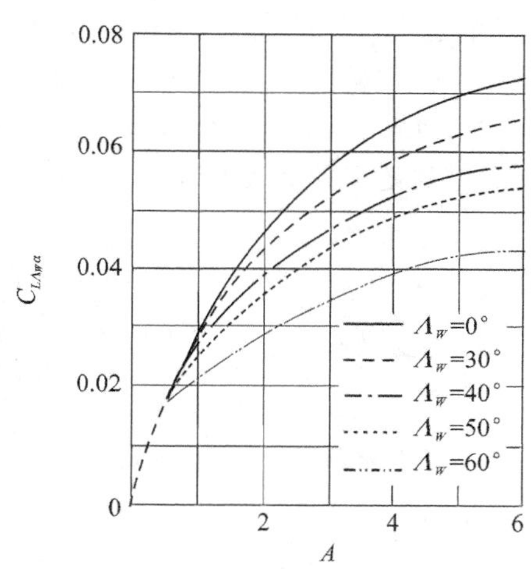

图 3－79　$C_{L\Lambda_W\alpha}$ 随后掠角和展弦比的变化

（4）后掠翼在大迎角的空气动力特性

对于平直翼，翼尖涡的影响使翼尖部分的有效迎角与翼根不同，矩形翼（根尖比为 1）翼尖的有效迎角小于翼根，而梯形翼（根尖比大于 1）翼尖由于翼尖涡相对较弱，有效迎角会增大。因此，在大迎角下，矩形翼首先发生严重气流分离的部分在翼根，而梯形翼首先发生气流分离的部位则随根尖比的增大向翼尖移动。

后掠翼在大迎角下容易形成翼尖气流先分离。其原因有两个方面：一方面，在机翼上表面的翼根部分，因翼根效应，平均吸力减小；在机翼上表面的翼尖部分，因翼尖效应，平均吸力较大。于是沿翼展方向存在压力差，这个压力差促使边界层内的空气向翼尖方向流动，致使翼尖部分的边界层变厚，容易产生气流分离。另一方面，由于翼尖效应，在翼尖部分上表面的最低压力点处，流管更细，吸力增大，而在上表面后缘部分，流管变化不大，吸力变化较小。于是，翼尖上表面的后缘部分与最低压力点之间的逆压梯度增大，增强了边界层内空气向前倒流的趋势，容易形成气流分离。由于这两个原因，当迎角增大到一定程度时，后掠翼的翼尖部分就

会首先产生严重的气流分离。

后掠翼飞机在增大迎角的过程中，由于气流分离是先从翼尖开始，然后逐步向翼根推移的，而翼尖部分面积占整个机翼面积的比例较小，所以，只有在上翼面大部分区域发生了气流分离时，飞机的升力系数才开始降低。与普通平直翼相比，后掠翼飞机在没有达到临界迎角之前，会较早地出现抖动；抖动迎角与临界迎角及其相应的抖动升力系数和最大升力系数之间的差别较大。

需要指出的是，在临界迎角附近，后掠翼的升力系数变化比平直翼缓和。这是因为后掠翼翼尖气流分离后，机翼上其他大部分区域气流尚未分离，所以机翼升力系数仍随迎角的增大而增加，不过升力系数曲线斜率却是下降的。迎角再增大，分离范围扩大，升力系数曲线斜率进一步降低。增至临界迎角时，升力系数达到最大。超过临界迎角，机翼大部分气流已分离，于是升力系数随迎角增大开始降低。但是，由于翼根仍有小部分区域气流尚未分离，所以飞机的升力系数降低并不剧烈。因此，后掠翼与平直翼比较，在临界迎角附近，升力系数变化比较缓和。

后掠翼飞机翼尖气流先分离，对后掠翼飞机大迎角下的稳定性会产生不利的影响。为了延缓后掠翼的翼尖气流分离，在飞机设计时常采用下列措施。

① 采用几何扭转，减小翼尖部分的迎角，以避免翼尖气流过早地分离。

② 采用气动扭转，即在翼尖部分采用延缓翼尖气流分离的翼型。

③ 在后掠翼的上翼面安装翼刀，以阻止边界层内气流的展向流动，达到延缓翼尖气流分离的目的。

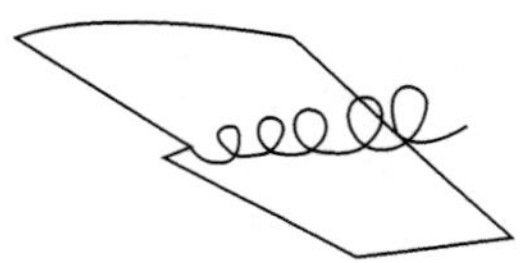

图 3-80　机翼前缘锯齿

④ 减小后掠翼翼尖部分的后掠角，使翼尖部分横向流动减弱，延缓翼尖气流分离。

⑤ 在机翼上采用前缘锯齿或缺口等，如图 3-80 所示。气流流过时从锯齿或缺口处所产生的旋涡，不仅能阻止边界层气流沿展向流动，还能对边界层内空气输入能量，增大其流速，以延缓翼尖气流分离。

⑥ 在翼尖部分设置前缘缝翼。大迎角下，前缘缝翼自动打开，可以利用前缘缝翼的气流增大机翼上翼面边界层内的空气动能，从而延缓翼尖气流分离。

⑦ 在机翼翼尖部分上表面的前部安装涡流发生器，如图 3-81 所示。通过涡流发生器产生旋转速度很高的小旋涡，小旋涡紧贴翼面流过时，与边界层会合，增大了边界层内的能量，导致承受逆压梯度的能力增强，气流分离被推迟。

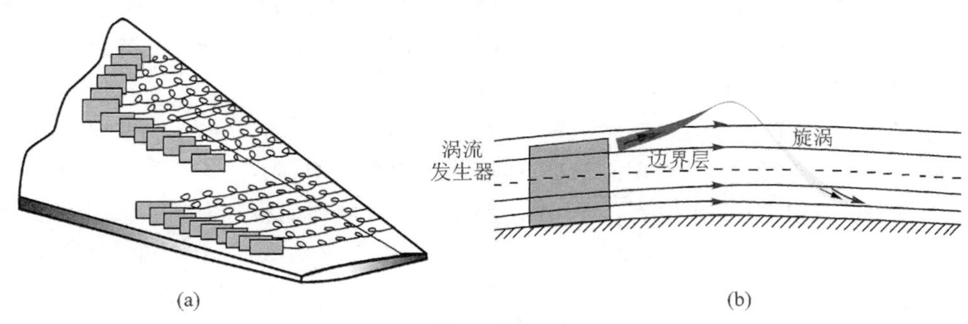

图 3-81　涡流发生器

2. 前掠翼的低速空气动力特性

(1) 气动弹性发散

前掠翼好像“颠倒”的后掠翼，其布局如图 3 - 82 所示。美国的 X - 29 和俄罗斯的苏- 47“金雕”战斗机采用了前掠翼布局。我国的翔龙采用“Φ”形布局，其后翼为前掠式，如图 3 - 83 所示。

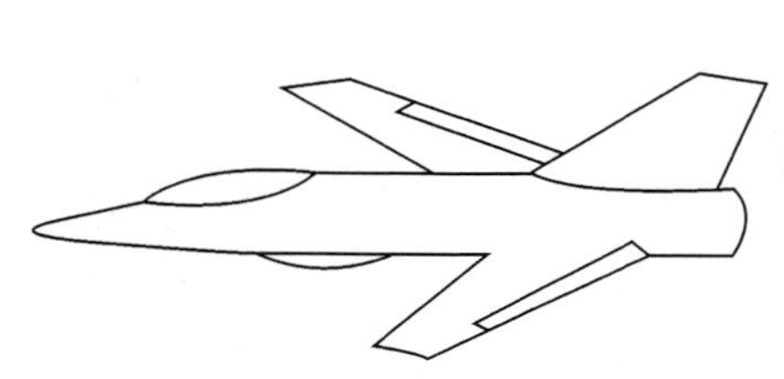

图 3 - 82　前掠翼布局

图 3 - 83　翔龙无人机采用的“Φ”形布局

在相同条件下，前掠翼与后掠翼相比，气流流过机翼产生的翼根效应和翼尖效应相反，气流流过前掠翼，不是向外偏斜而是向内偏斜，如图 3 - 84 所示。因而，前掠翼的载荷展向分布情况和后掠翼不同，翼根部分载荷大，翼尖部分载荷小，如图 3 - 85 所示。

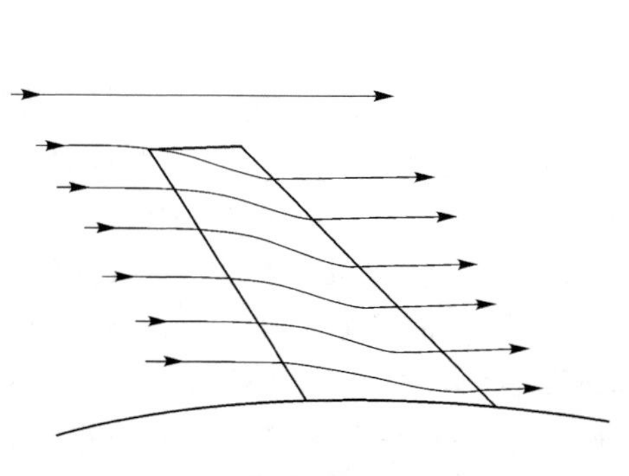

图 3 - 84　前掠翼气流流动情形

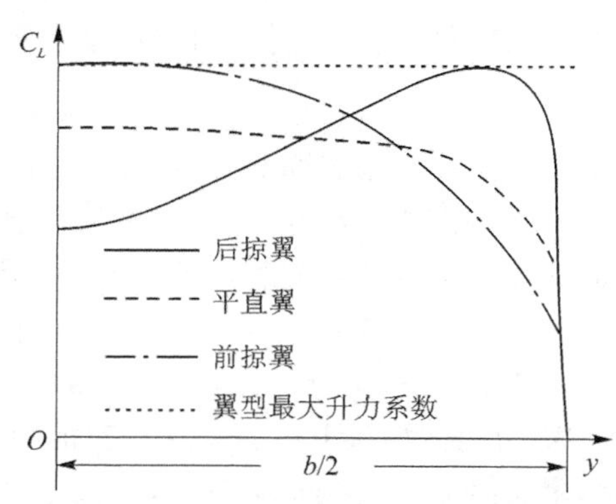

图 3 - 85　前掠翼的载荷分布

前掠机翼存在着气动弹性发散问题。如图 3 - 86 所示，对于后掠机翼，当机翼迎角增大、升力增大时，机翼产生的扭转变形使机翼后缘提高，前缘降低，机翼相对于来流的迎角减小，从而升力减小，即机翼的结构是稳定的。而前掠机翼则相反，当迎角增大，升力增大时，机翼产生的扭转变形使得前缘提高，后缘降低，机翼相对于来流的迎角增大，从而使机翼升力和扭转变形继续增大，这种不稳定性称为气动弹性发散现象。前掠角越大，气动弹性发散现象越严重。为消除气动弹性发散现象，必须增加机翼结构刚度，但加强结构刚度会使飞机质量大大增加，从而抵消了前掠机翼的优越性。这就是前掠机翼技术多年没有得到发展的主要原因。

20 世纪 70 年代以来，复合材料的发展给前掠机翼带来了新的希望。1975 年有人首次提出，用方向性碳纤维叠层复合材料来解决气动弹性发散问题。通过改变机翼结构的碳纤维的方向和厚度，进而控制机翼的刚度和扭转变形。

（2）前掠翼的失速特点

由于前掠翼飞机特殊的压力分布情况，使得首先在翼根部分发生气流分离，翼尖部分气流分离较迟。翼根先失速的特性使得飞机失速时的横向操纵性较好，因为保持了副翼操纵效能；但是航向操纵性会变差，因为垂尾与方向舵此时处于翼根分离的湍流中。前掠翼采用鸭式前翼布局或附加机翼边条，就能利用脱体涡有效地控制翼根气流分离，提高机翼最大可用升力。

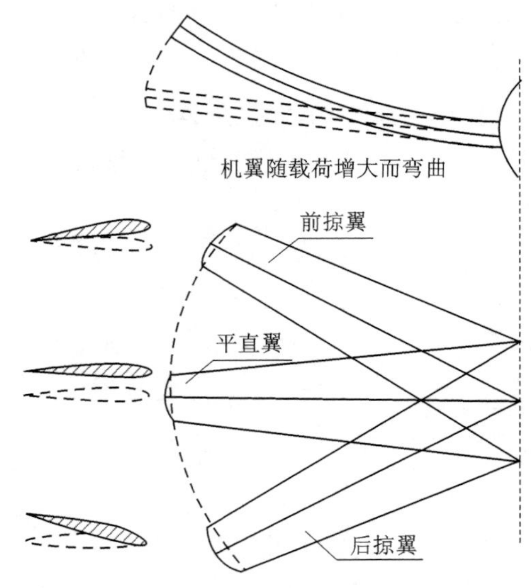

图 3-86 机翼受载时扭转情形

3. 三角翼的低速空气动力特性

三角翼是高速飞机常采用的机翼平面形状。与后掠翼相比，三角翼的后掠角更大，展弦比和相对厚度都较小，因而其空气动力特性又有不同于后掠翼的特点。特别是在低速大迎角飞行中，三角翼上表面会形成脱体涡，产生涡升力。这种不同于前面所介绍的产生升力的方式，是形成三角翼低速气动特点的主要原因，脱体涡的存在可以部分地弥补三角翼低速气动特性的不足，同时使得飞机的抖动迎角和临界迎角也较大。

（1）脱体涡

空气流过三角翼同流过后掠翼一样，翼面的横向压力差促使流线左右偏斜。同时，一部分空气从下表面绕过前缘（对三角翼而言也是侧缘）而迅速分离，脱离翼面向上卷起，随即顺气流方向卷成两个旋转方向相反的稳定的螺旋形涡面，并向后流去，这就是脱体涡如图 3-87(a)所示。脱体涡从前缘发出，所以也称前缘涡。脱体涡位于机翼上表面，距离翼面很近。如图 3-87(b)所示，O 点为涡面从前缘开始分离的点，OA 为脱体涡重新附着于上表面的轨迹线，OB 为脱体涡从上表面重新分离的轨迹线。这样，在上表面同时存在两种气流流型，在脱体涡附着线 OA 内侧是附着流，气流基本上平行于远前方来流方向；在附着线 OA 外侧与 OB 线内侧之间的区域，则包含着脱体涡，气流向外偏斜，强烈旋转加速。脱体涡在接近后缘的地方脱离机翼，形成尾涡，沿下洗流方向流去。

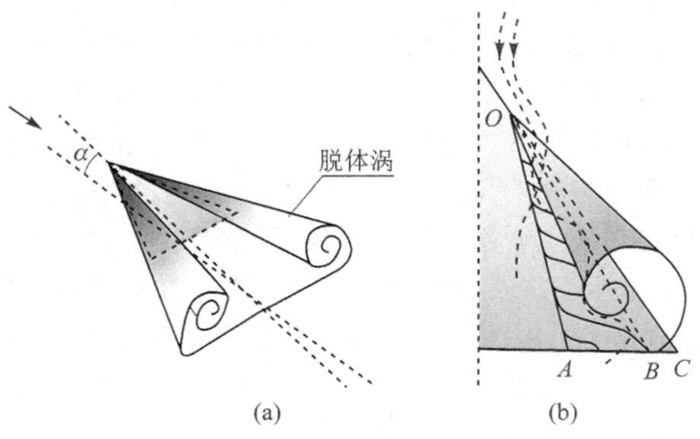

图 3-87 细长三角翼上翼面的脱体涡

脱体涡的产生需要具备以下三个条件。

① 机翼具有较大的前缘后掠角。试验证明，只有当前缘后掠角大于 45°时，从前缘分离的气流才能卷成稳定的脱体涡。

② 机翼前缘比较尖锐，前缘曲率半径较小。

③ 机翼迎角通常在 3°以上。在小迎角情况下，气流仅在翼尖附近部分前缘处产生分离，涡卷较细，强度较弱，范围较小。

在一定迎角范围内，随着迎角增加，涡卷变粗，强度增强，分离点逐渐沿前缘向前移动，涡心也逐渐向翼根移动。待迎角增大到一定程度，整个上翼面基本处于脱体涡控制之下，图 3－88 所示为后掠角为 55°的三角翼(相对厚度为 6%)上表面在不同迎角下的脱体涡范围。

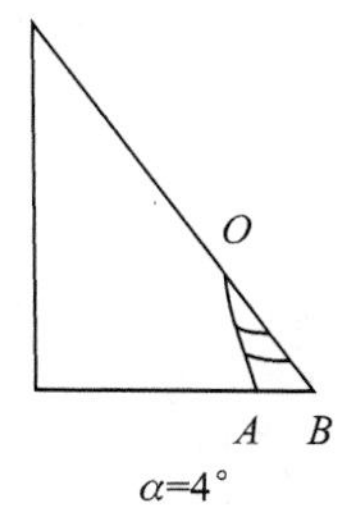

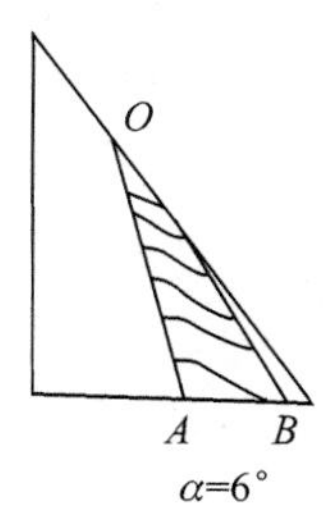

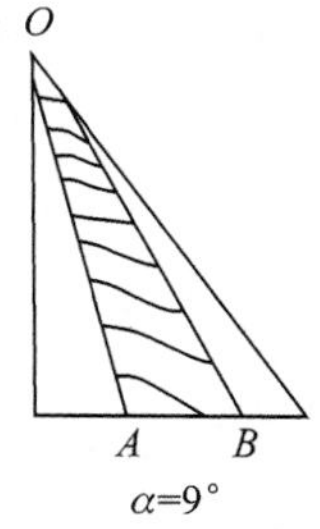

图 3－88　不同迎角下上翼面脱体涡的范围

迎角再增大，左右两个旋转方向相反的涡面互相靠拢干扰，使旋涡的轴向速度减小，以致不能维持涡心的稳定，从而导致脱体涡在机翼上表面后缘发生破碎，变得不规则，不稳定。迎角进一步增大，破碎点向前移动，飞机会出现较严重的抖动。

试验表明，前缘尖锐的薄翼面，脱体涡从一开始就从整个前缘拖出。如果前缘比较圆钝，脱体涡则先从翼尖附近开始，然后随迎角的增大而逐渐内移，如图 3－89 所示。

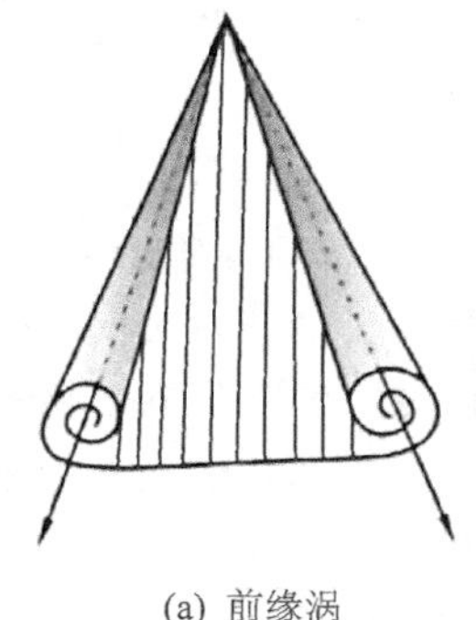

(a) 前缘涡

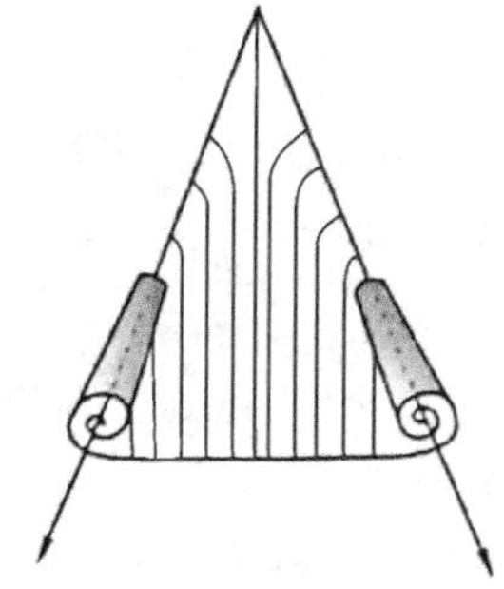

(b) 局部前缘涡

图 3－89　脱体涡内移

目前对于迎角 35°以上的脱体涡研究，特别是对于非对称突变与破裂，仍然没有完善的理论体系，在实际工作中仍主要由风洞吹风试验得出结论。

后掠角较大的后掠翼也会产生脱体涡。在小迎角时，脱体涡先从翼尖拖出，随着迎角增大，分离点逐渐从翼尖向翼根移动，脱体涡区域扩大，强度增强。

(2) 涡升力

机翼前缘气流分离而产生的脱体涡，会使飞机在大迎角下增加一部分升力。这是因为在脱体涡流型中，流动是稳定的。所以在机翼上表面脱体涡所覆盖的区域内，会形成稳定而强烈的低压区，产生很大的吸力，提高了大迎角下机翼的升力，这部分增加的附加升力称为涡升力。图 3-90 所示是一个展弦比为 1、迎角为 20°的三角翼各个横截面上的压力分布图。从图上可以看出，机翼上表面在脱体涡覆盖的区域内，吸力很大。涡升力的存在，使得大后掠角机翼和细长三角翼具有不寻常的升力特性。后掠翼或一般三角翼，在气流尚未分离的迎角范围内，升力系数与迎角呈线性关系，且升力系数曲线斜率比大展弦比机翼小得多。

但是，在大迎角范围内，细长三角翼的升力系数随迎角的变化则成非线性关系，升力系数的增长比迎角的增加快得多，如图 3-91 所示。之所以如此，正是因为细长三角翼的升力是由两部分组成的，一部分是翼面附着流所产生的升力，即假设在前缘处气流不发生分离时的升力，其升力系数与迎角呈线性关系；另一部分是脱体涡所产生的涡升力，涡升力系数与迎角成非线性关系，且随迎角的增加增长得较快(脱体涡破碎之前)。

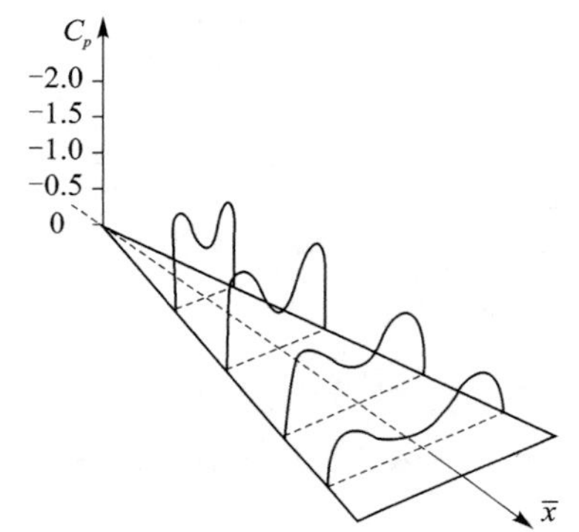

图 3-90 细长三角翼各横截面的展向压力分布

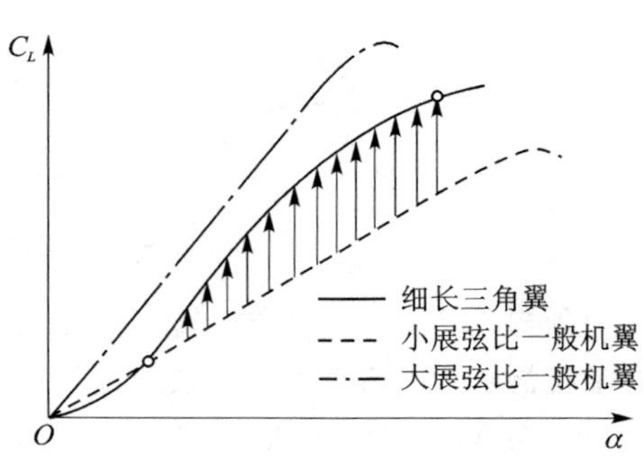

图 3-91 细长三角翼的非线性升力特性

在迎角较小时，细长三角翼的升力系数 C_L 与迎角 α 之间的关系可简化为

$$C_L = k_p\alpha + k_v\alpha^2 \tag{3-50}$$

式(3-50)等号右边的第一项是附着流升力系数，第二项是涡升力系数；k_p 与 k_v 均为常数，其大小取决于翼型和展弦比。可见，细长三角翼的升力系数随迎角的变化成非线性关系。

脱体涡流型的存在一方面能使机翼在大迎角下的升力进一步提高，另一方面还可以大大推迟飞机抖动和失速现象的发生，提高了临界迎角，飞机的临界迎角可高达 35°～40°。

脱体涡从 20 世纪 70 年代开始，广泛用于飞机上产生涡升力，这也成为升力产生的机制之一。对于现代飞机，周围流场中既有附着流型，又有脱体涡流型，属于混合流型，因此总升力中既包括附着流产生的升力，也包括脱体涡产生的涡升力。

3.2 高速空气动力特性

3.2.1 翼型的高速升力特性

由于受空气压缩性的影响，飞机的高速空气动力特性与低速飞行时有所不同。本节在高速气流特性的基础上，从翼型表面压力分布入手，分亚声速、跨声速和超声速三个不同阶段，重点分析空气压缩性对高速飞行中升阻力特性的影响。

1. 空气压缩性对翼型升力特性的影响

在不可压流中，翼型表面的压力系数分布仅取决于迎角和翼型，而与来流马赫数无关，其压力系数分布如图 3-92 中虚线所示。

但在亚声速可压流中，空气流过翼型表面，在负压区（吸力区）流速增加，根据 $d\rho/\rho=-Ma^2dV/V$ 可知，密度减小。再根据高速一维定常流动的能量方程 $V^2/2+3.5p/\rho=C$ 可知，压力会额外降低，即吸力有额外增加。同理，在正压区，流速减慢，密度增大，压力会额外升高。因此，当翼型和迎角一定，来流速度从低速增大到亚声速的过程中，空气压缩性的影响逐渐显著。与低速时相比，在亚声速可压缩气流中，翼型表面“吸处更吸，压处更压”，压力系数分布如图 3-92 中实线所示。飞行 Ma 越大，空气压缩性的影响越明显，正压区压力更大，吸力区吸力更大。理论计算表明，亚声速阶段薄翼型机翼在中小迎角下的压力系数可按下列普朗特-葛劳渥（Prandtl-Glauert）公式作近似计算，即

$$C_{pc}=\frac{C_{pi}}{\sqrt{1-Ma^2}} \tag{3-51}$$

式中，C_{pc} 为可压缩气流中机翼表面的压力系数；C_{pi} 为不可压缩气流中机翼表面的压力系数；$1/\sqrt{1-Ma^2}$ 为亚声速压缩性修正因子，也可记作 $1/\beta$。

根据式(3-51)，流过具有相同厚度和弯度的薄翼型，在相同的迎角下，只要将不可压流中对应点上的压力系数简单地乘以 $1/\beta$ 就可以得到亚声速流的压力系数。

2. 升力系数随飞行 Ma 的变化

在低速飞行中，翼型升力系数的大小只取决于迎角和翼型。但在高速飞行中，升力系数还与飞行 Ma 有关。

仍以接近对称的薄翼型保持在同一小迎角下的试验结果为例来说明升力系数随飞行 Ma 变化的一般趋势，如图 3-93 所示。图中曲线表明：在飞行 Ma 逐渐增大的过程中，在亚声速阶段（到达 Ma_{cr} 之前），升力系数先是基本不变，随后有所提高。在跨声速阶段（超过 Ma_{cr} 直到 Ma 达到 1 附近），升力系数变化剧烈，有时升高，有时降低。在超声速阶段（Ma 大于 1 以后），升力系数则不断下降。

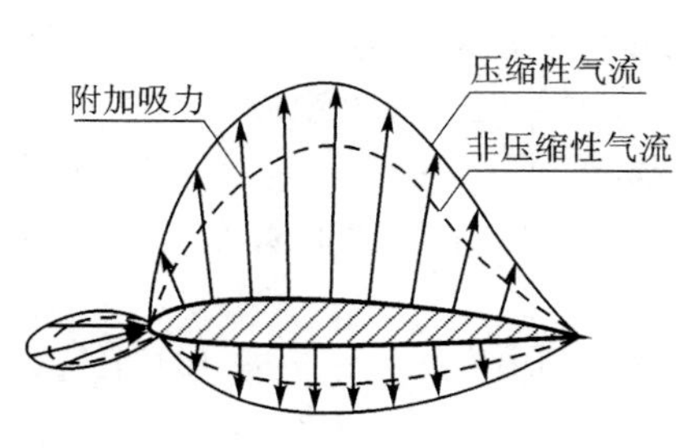

图 3-92　不可压流与可压流翼型表面的压力分布比较

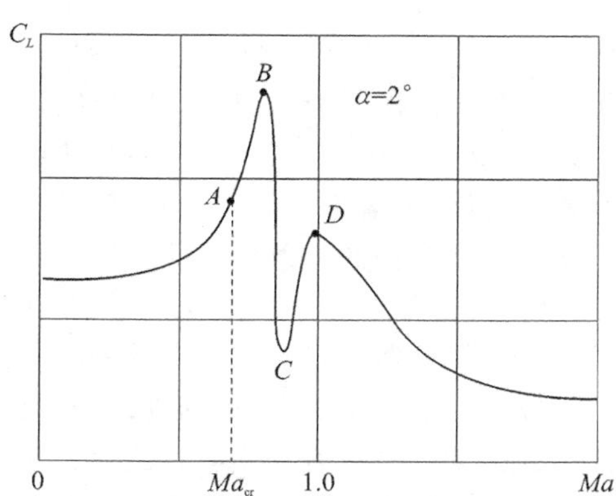

图 3-93　翼型升力系数随 Ma 的变化

(1) 亚声速阶段

升力系数基本不随飞行 Ma 变化的原因是：空气流过机翼上、下表面各点，由于流速加快

或减慢而引起的空气密度变化非常有限，可以认为密度是不变的。于是，流过机翼表面的气流就属于非压缩性气流。只要迎角保持不变，其流谱就不随飞行速度（或飞行 Ma）而改变。这样，机翼上、下表面的压力差就只随飞行速度而变，即升力与飞行速度的平方成正比例地变化。升力系数则与飞行速度无关而保持不变。

但随着飞行 Ma 增大，以至接近 Ma_{cr} 时，空气压缩性的影响越来越明显。在机翼上、下表面流速加快、压力降低的地方，空气密度必然随之降低。空气密度下降又引起气流速度额外增大，压力额外降低。于是，机翼上、下表面不仅具有按飞行速度的平方成比例而变化的压力差，还具有因空气压缩性影响而引起的附加压力差。因此，在压缩性的影响下，升力系数随飞行 Ma 的增大而发生变化。图 3－92 所示的翼型由于接近对称，且处于小迎角下，上、下表面均为吸力。飞行 Ma 增大时，上表面的流速比下表面的流速加快得更多一些，所以空气密度降低得多一些，由此引起的附加吸力也增大得更大一些，特别是翼弦中段靠前的地方更为明显。由于空气压缩性的影响，出现附加压力差，于是，升力系数增大。随飞行 Ma 逐步增大，在空气压缩性的影响下，机翼上、下表面的附加压力差增加更多，升力系数也更大。图 3－93 中升力系数曲线在 Ma_{cr}（图中 A 点）的左边一段就表明了这一变化过程。

(2) 跨声速阶段

在跨声速阶段，随飞行 Ma 增大，升力系数首先增大，随后减小，接着又增大，如图 3－93 中曲线 $ABCD$ 段。出现这种变化的原因是机翼上、下表面出现了局部超声速区和局部激波的结果。

飞行 Ma 超过 Ma_{cr} 以后，机翼上、下表面的压力差一方面随飞行 Ma 增加，并按飞行速度的平方成比例而增加；另一方面，局部超声速区在机翼上表面的出现引起了附加吸力，促使机翼上、下表面压力差增长得更多，而使其增长程度大于飞行速度的平方。这样，机翼上、下表面附加压力差更大，从而引起升力系数增大。

随飞行 Ma 进一步增长，上表面局部超声速区扩大，附加吸力更为增加，所以升力系数继续增大，如图 3－93 中曲线 AB 段。

飞行 Ma 进一步增大，机翼下表面也出现局部超声速区，产生向下的附加吸力，引起机翼上、下表面附加压力差减小，导致升力系数下降。随马赫数进一步增大，上、下表面的局部超声速区都在扩展，由于下表面的局部超声速区比上表面扩展得快，故在马赫数增大的过程中，机翼下表面产生的附加吸力更大，结果使机翼升力系数随飞行 Ma 的增大而减小，如图 3－93 中 BC 段。此外，在 B 点以后，上翼面激波继续后移，且强度增大。在激波作用下，边界层内逆压梯度剧增，导致上表面边界层分离，使升力系数骤然下降，这种现象称为激波失速。

在机翼下表面的局部激波移到后缘而上表面的局部激波尚未移到后缘的情况下，随飞行 Ma 增大，上表面的局部激波继续后移，超声速区向后继续扩大，上翼面的附加吸力不断增大。于是，升力系数又重新增大，如图 3－93 中曲线 CD 段。

从以上分析可以看出，由局部超声速区扩大而引起的附加吸力是导致升力系数发生变化的决定性因素。分析升力系数在跨声速阶段随飞行 Ma 变化时，应当紧紧抓住这一点。

跨声速阶段升力系数的变化不仅影响跨声速飞行时可用升力大小的变化，还会引起飞机俯仰状态的变化。此外，如果局部激波在左右机翼上的发展不同步，引起两翼升力系数的差异，还会影响飞机在高速飞行时的稳定性及操纵性。

(3) 超声速阶段

在超声速阶段，升力系数随飞行 Ma 增大而不断下降，如图 3－93 中 D 点以后的曲线段所示。

如图 3-94 所示，以薄平板机翼处于小迎角的情况为例说明升力系数的变化原因。当超声速气流以正迎角流过平板时，在上表面前缘，超声速气流绕外折角流动，产生膨胀波。气流经过膨胀波后，以较大的速度沿平板上表面等速向后流去。在下表面前缘，气流相当于流过有内折角的壁面，产生斜激波。气流经过斜激波后，以较小的速度沿平板下表面等速向后流去。流至后缘，情况相反，上表面产生后缘斜激波，下表面产生后缘膨胀波。气流流过斜激波和膨胀波后，沿同一方向以同一速度流过平板。

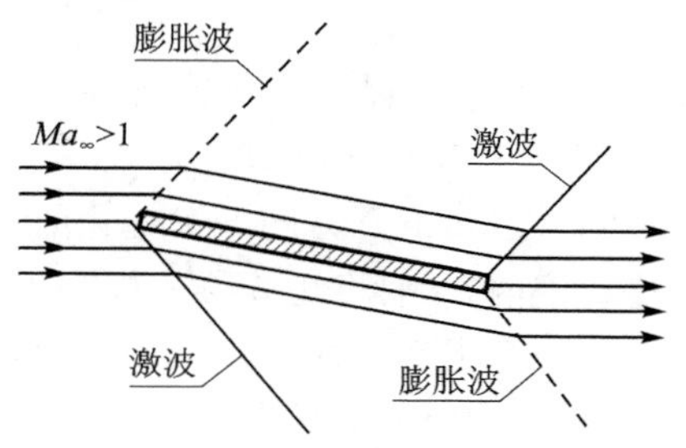

图 3-94　超声速气流流过平板的流谱

从图 3-94 可以看出，在超声速气流中，空气流过上表面膨胀波以后，速度加快，压力降低。空气流过下表面斜激波以后，速度减慢，压力升高。于是，机翼上、下表面产生压力差。这个压力差在垂直于来流方向的分力就是升力，沿平行来流方向的分力为阻力。由于气流等速流过平板上下表面，故吸力和正压力沿平板保持等值，如图 3-95 所示。图 3-96 所示为平板翼型总空气动力系数 C_R 及 C_L、C_D(不计摩擦阻力系数)。

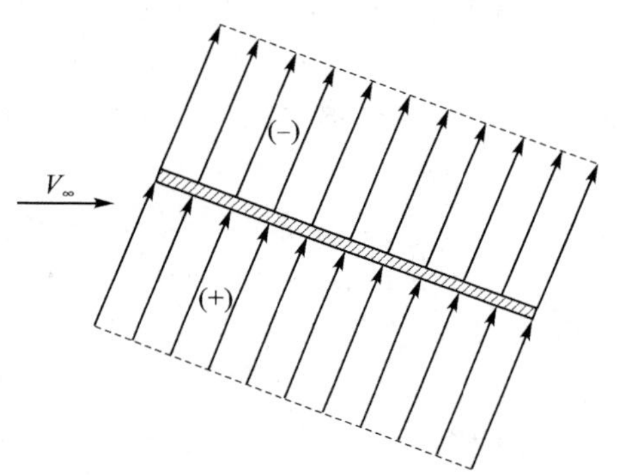

图 3-95　平板上的压力分布

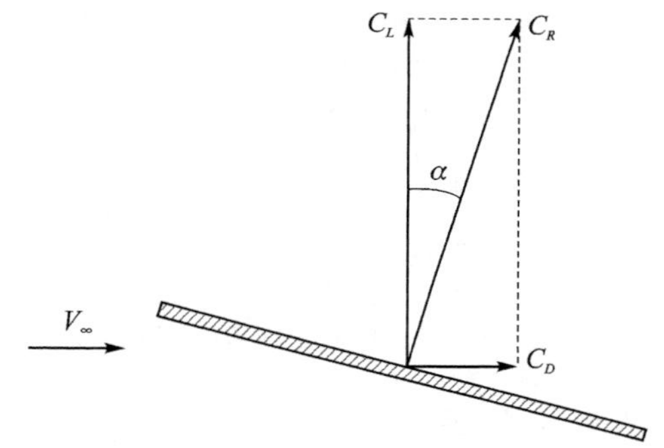

图 3-96　平板上的气动系数

在飞行 Ma 增大的过程中，例如由 Ma_1 增至 Ma_2，机翼上、下表面压力差也相应增加，升力也相应增大。但飞行 Ma 一增大，膨胀波和斜激波都要更向后倾斜(膨胀波由 OB_1 变到 OB_2 位置；斜激波由 OA_1 变到 OA_2 位置)，如图 3-97 所示。其结果是，上表面膨胀波后的压力降低得少一些(同膨胀波位置没变的情况相比)，下表面斜激波后的压力升高得少一些(同激波角不变的情况相比)。或者说，机翼上、下表面压力差增加的程度小于飞行速度(即飞行 Ma)的平方，导致升力系数下降。

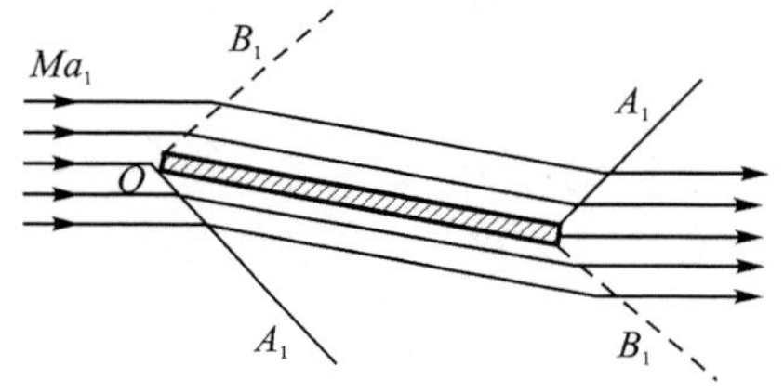

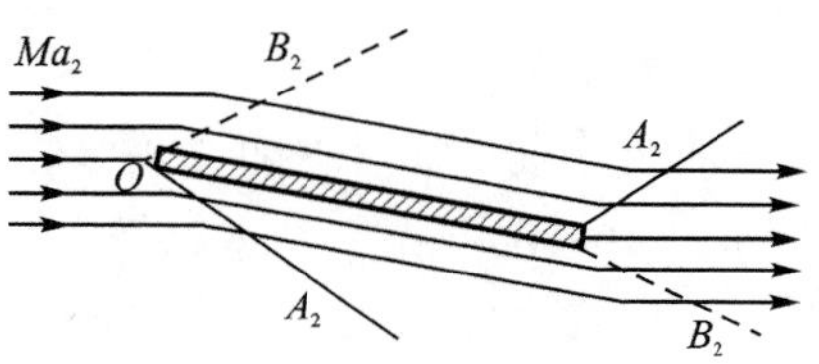

图 3-97　不同 Ma 下的超声速气流流过薄平板机翼的情况

理论和试验都证明，在超声速范围内，薄平板翼型在小迎角下的升力系数随 Ma 的变化关系可用下式作近似计算

$$C_L = \frac{4\alpha}{\sqrt{Ma^2 - 1}} \tag{3-52}$$

该式表明：在迎角保持一定的条件下，升力系数随飞行 Ma 增大而减小。

3. 升力随飞行 *Ma* 的变化

在同一迎角下升力随 Ma 变化的一般趋势与升力系数的变化趋势并不完全一致。例如在超声速范围内，尽管升力系数不断降低，但升力却仍然不断增大。因为根据升力公式，升力的大小不仅与升力系数成正比，还与飞行速度的平方成正比。

在声速不变的条件下，飞行速度与飞行 Ma 成正比，即 $V = Ma \cdot c$。代入升力公式得

$$L = C_L \frac{1}{2}\rho Ma^2 c^2 S \tag{3-53}$$

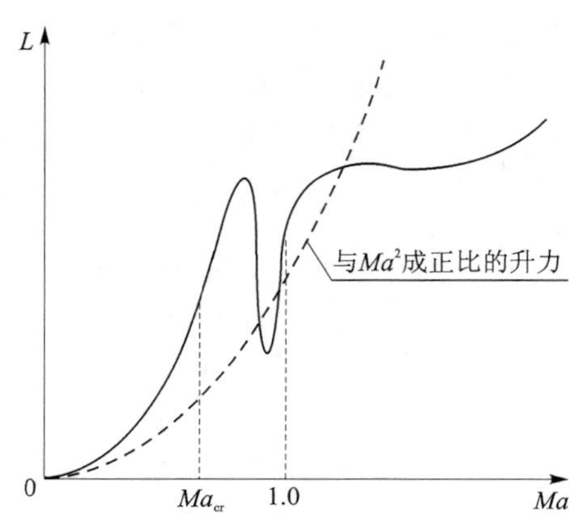

图 3-98　同一迎角下升力随 *Ma* 的变化

可见，对同一飞机而言，在升力系数不随飞行 Ma 变化的条件下，如果飞行高度和迎角不变，则升力与飞行 Ma 的平方成正比例变化，这一变化趋势如图 3-98 中虚线所示的抛物线。事实上，令迎角不变，升力系数也会随飞行 Ma 而变化，这使得升力随飞行 Ma 变化的情形变得复杂起来，其一般趋势如图 3-98 中实线所示。

在亚声速飞行中，飞行 Ma 增大到接近 Ma_{cr} 时，由于升力系数增加，故升力迅速增长。飞行 Ma 超过 Ma_{cr} 以后，由于升力系数显著增加，故升力增长更为迅速。当飞行 Ma 增大到一定程度，以至升力系数开始下降时，升力可能降低，也可能不降低，这要视升力系数下降与速度增长的程度孰大孰小而定。如果升力系数的下降取得支配地位，则升力将随飞行 Ma 的增大而减小（图中曲线的下降段就表明了这一情形）。反之，如果升力系数下降不多，而速度的增长居于矛盾的主要方面，则升力仍随飞行 Ma 的增大而上升，只是不像原先增大得那样快而已。当飞行 Ma 继续增大，升力系数再次增大时，升力又迅速增长起来。飞行 Ma 大于 1 以后，随飞行 Ma 逐步增大，升力系数不断下降，这使得升力的增长变得缓慢下来。

4. 翼型的压力中心位置随飞行 *Ma* 的变化

在低速飞行中，翼形的压力中心位置只与迎角和翼型有关。而在高速飞行中，即使迎角和翼型不变，压力中心位置也会随飞行 Ma 而变化。现仍以接近对称的翼型处于小迎角的情况为例，按亚声速、跨声速和超声速三个阶段来说明压力中心位置随 Ma 变化的一般趋势。

（1）亚声速阶段

在亚声速流中，压力中心随飞行 Ma 略有变化，但变化不大，在弦长 1/4 左右。随飞行 Ma 增大，压力中心位置先是基本保持不变，只在接近临界马赫数时，才稍向前移。

压力中心位置之所以先基本保持不变，是因为飞行 Ma 很小，机翼的压力分布可以认为不受空气压缩性的影响。根据普朗特-葛劳渥公式，亚声速飞行时，在空气压缩性的影响下，整个翼型表面各点的压力系数都增大为原来的 $1/\sqrt{1-Ma^2}$ 倍，各点的压力也都为原来的

$1/\sqrt{1-Ma^2}$ 倍，翼型表面的压力分布图形状没有改变，所以，翼型压力中心位置基本不变。

随飞行 Ma 增大，到接近临界马赫数时，由于空气压缩性的影响，机翼表面的压力分布发生了变化，在机翼上表面前段（最低压力点附近），局部流速较快，Ma 增大，附加吸力增加较多，导致前段的升力增加多，所以压力中心位置前移。Ma 越靠近 Ma_{cr}，空气压缩性的影响越明显，前段的升力增加越多，压力中心位置也相应越向前移。

可压缩气流的压力系数 C_{pc} 与不可压缩气流的压力系数 C_{pi} 之间的精确关系可由我国著名科学家钱学森和他的导师冯·卡门提出的卡门-钱学森公式进行计算

$$C_{pc}=\frac{C_{pi}}{\sqrt{1-Ma^2}+\frac{1-\sqrt{1-Ma^2}}{2}C_{pi}} \tag{3-54}$$

(2) 跨声速阶段

进入跨声速飞行阶段，随飞行 Ma 增大，压力中心先后移，接着前移，而后又后移。

飞行 Ma 超过临界马赫数后，机翼上表面首先出现了局部超声速区和局部激波。随 Ma 增大，激波后移，局部超声速区范围扩大。局部超声速区位于机翼中后段，且流速最快点位于激波前，这就引起机翼上表面中段和后段的吸力增大，产生正的附加升力 $\Delta L'$，如图 3-99(b) 所示。将原来的升力记为 L（作用点如图 3-99(a) 中所示），Ma 增大后的升力记为 L'。根据平行力合成法则，$\Delta L'+L=L'$，其压力中心（图 3-99(b) 中 L' 的作用点）向后移动，这会导致跨声速飞行中低头力矩增大。

飞行 Ma 再增大，机翼下表面也出现了局部超声速区和局部激波。由于下表面的局部激波靠后，并随马赫数增大迅速移至后缘，这就引起机翼下表面后半段吸力增大，产生附加升力 $\Delta L''$，Ma 增大后的升力记为 L''，如图 3-99(c) 所示。由于附加升力指向下，致使压力中心前移，引起抬头力矩。

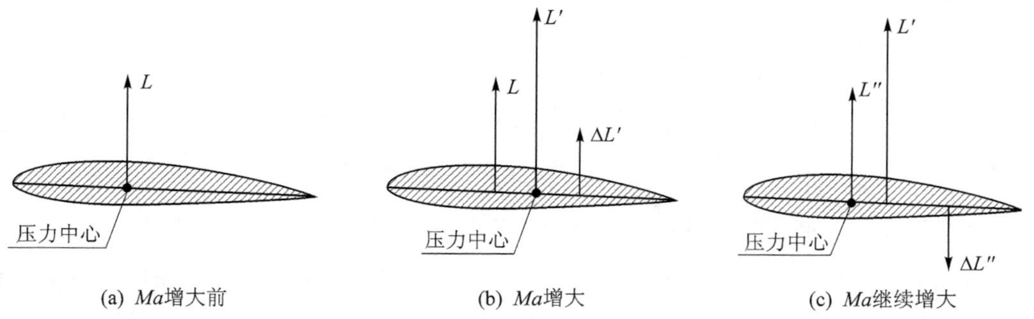

图 3-99　跨声速阶段压力中心位置的变化

Ma 增大到一定程度，机翼下表面的局部激波首先移到后缘，不再移动，局部超声速区也不再扩大，而机翼上表面的局部激波尚未到达后缘，仍然随 Ma 增大而继续后移，局部超声速区不断扩大。这导致机翼上表面后段的吸力不断增大，压力中心位置又重新后移，直至机翼上表面的局部激波移到后缘，局部超声速区不再扩大为止。

由此可见，在跨声速范围内，由于局部激波的发展和变化，使得翼型的压力中心位置前后移动。而飞机的压力中心在跨声速阶段随 Ma 增大是一直后移的，所以俯仰力矩特性也将随来流马赫数发生很大变化，引起“自动俯冲”现象，给飞机平衡和操纵方面带来问题，在由亚声速飞行增速至跨声速飞行或由超声速飞行减速至跨声速飞行时都应注意压力中心的变化给飞机带来的影响。

(3) 超声速阶段

在超声速阶段,压力中心位置基本上不随 Ma 变化。如图 3-95 所示,超声速气流流过薄平板时产生的总空气动力 R 作用在平板弦线的中点,并与平板垂直。因为在超声速阶段,机翼上下表面的局部激波均已移至后缘,局部超声速区已无法扩大,在飞行 Ma 增大的过程中,机翼上下表面各点的压力均大致按同一比例变化,所以,压力中心位置也基本上不随飞行 Ma 而变。

3.2.2 翼型的高速阻力特性

飞行 Ma 超过临界马赫数以后,阻力急剧增大。其原因是在机翼上、下表面出现了局部超声速区和局部激波;而在飞行速度超过声速以后,机翼前缘又产生了头部激波。这种由于出现激波而产生的额外阻力,称为波阻,其对应的阻力系数,称为波阻系数。以下着重分析波阻产生的原因,以及阻力系数和阻力随飞行 Ma 变化的一般趋势。

1. 波阻产生的原因

(1) 跨声速飞行中的波阻

超过临界马赫数以后,机翼表面出现局部超声速区和局部激波,局部超声速区内吸力增大。吸力增大的地方大部分位于机翼中、后段,所以吸力的方向向后倾斜,如图 3-100 所示,图中实线代表压缩性气流中的压力分布,虚线代表非压缩性气流中的压力分布。吸力向后倾斜,使得机翼前后的压力差额外增加,这是波阻产生的原因之一。

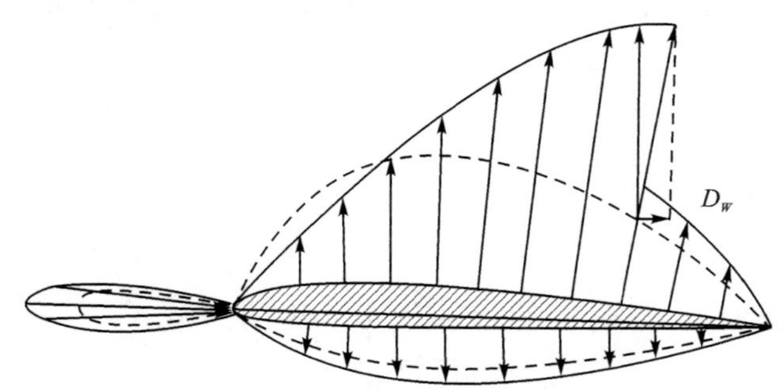

图 3-100 机翼上表面出现局部超声速区后的压力分布图(图中实线所示)

机翼局部激波发展到一定程度时,由于激波对边界层气流的影响会引起气流分离。在分离点后面的涡流区内,吸力增大。这又使得机翼前后的压力差增加,导致波阻增大。

在空气以超声速流过机翼表面的情况下,边界层气流按其速度大小又可以分为两层:最贴近机翼表面的为亚声速底层,稍靠外的为超声速外层。在这两层的分界线上,空气以声速流动,如图 3-101 所示。

机翼表面的局部激波只能达到边界层的超声速外层,而达不到边界层的亚声速底层。因为在亚声速气流中激波是不可能稳定下来的。可见激波实际上并不与机翼表面直接接触,它只能存在于边界层的超声速外层及其外的主流之中。但是,边界层一般很薄,机翼表面各点的空气压力和其上面边界层外主流中的空气压力大致相等。随着飞行 Ma 增大,局部激波增强到一定程度之后,激波前后的压力差增大,迫使边界层底层的空气向前倒流,而形成在激波处的气流分离。飞行 Ma 继续增大,激波处的气流分离更为剧烈。

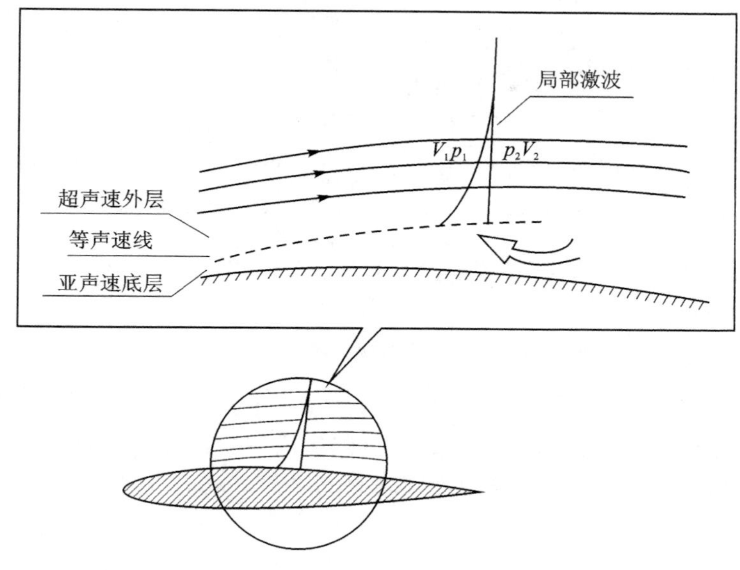

图 3 - 101　边界层和激波

这种激波所引起的气流分离与低速飞行中由于迎角过大所引起的气流分离既有相同之处，也有区别。相同之处在于：它们都是边界层内气流倒流的结果，而且都会引起飞机抖动。

(2) 超声速飞行中的波阻

在超声速飞行中，空气首先在机翼前缘处产生前缘激波，使得压力升高；然后在机翼上、下表面速度加快而使压力降低；最后通过尾部激波，离开机翼后缘，如图 3 - 102 所示。

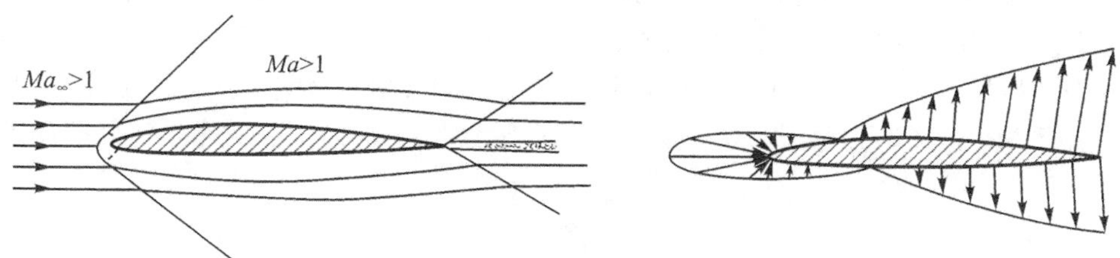

图 3 - 102　超声速飞行时空气流过机翼的流动情况及压力分布

在这种情况下，机翼前段上、下表面的压力都较高；而机翼中段、后段的上、下表面压力都较低；越接近机翼后缘，压力也越低。于是机翼前后之间形成了很大的压力差，这就是超声速飞行中的波阻。

(3) 影响波阻的因素

1) 表面不光洁引起 Ma_{cr} 降低，波阻增大

因为表面不光洁，导致边界层变厚。而边界层内的气流速度较慢，为保持在同一时间内流过同样多的空气量，就迫使边界层外的气流加快速度，所以 Ma_{cr} 降低，阻力系数提前增大，如图 3 - 103 所示。表面粗糙程度增大，还会促使层流边界层转捩为湍流边界层，使局部激波的强度增强，导致波阻增大。

2) 表面变形引起 Ma_{cr} 降低，波阻增大

因表面变形而凹凸不平，其凸起部分引起气流速度加快，以致 Ma_{cr} 降低。超声速气流通

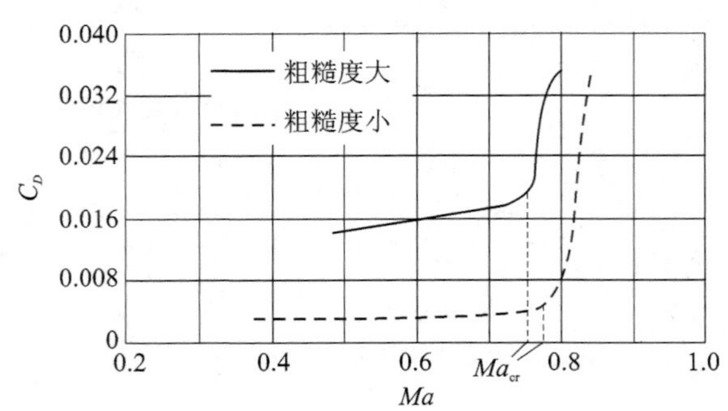

图 3-103　表面粗糙度对阻力系数的影响

过表面凹凸不平的地方还会引起一些激波产生。如图 3-104 所示，在每一个凸起部分的前段与其前面的激波之间，压力升高，而在凸起部分的后段，相当于外凸曲面，空气流过后压力降低，这样就形成额外的前后压力差，导致波阻增大。

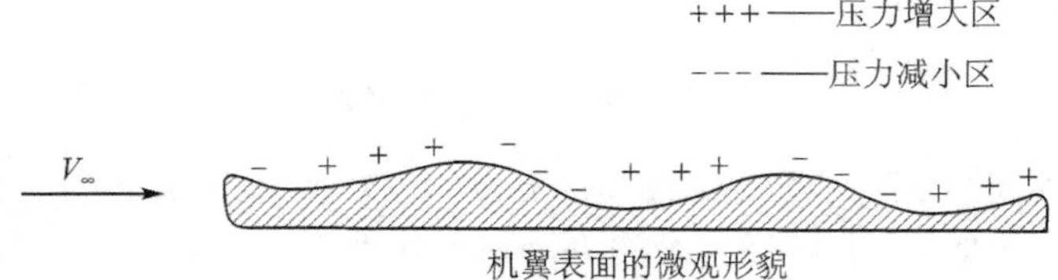

图 3-104　机翼表面局部变形所引起的压力变化

2. 阻力系数随飞行 *Ma* 的变化

实验和理论表明，在翼型和迎角一定的条件下，阻力系数随飞行 Ma 变化的大致趋势是：在 Ma_{cr} 以前，阻力系数基本上不随飞行 Ma 变化；及至接近 Ma_{cr} 时，阻力系数才稍有增加，如图 3-105 中曲线 AB 段；超过 Ma_{cr} 以后，阻力系数起初缓慢增大，随后则急剧增大（图中曲线 BC 段）；飞行 Ma 大于 1 以后，阻力系数逐渐下降（图中曲线 CD 段）。现分别说明如下。

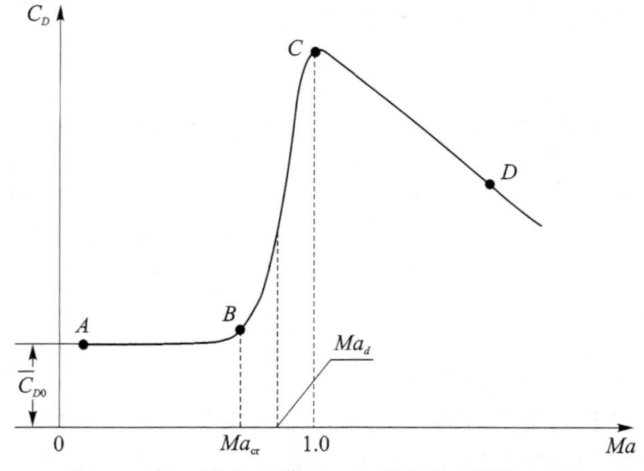

图 3-105　阻力系数随 *Ma* 的变化（迎角一定）

（1）亚声速阶段

阻力系数基本上不随飞行 Ma 变化，只在快接近 Ma_{cr} 时才稍有增加。这是因为在流过机翼的空气中，由于飞行 Ma 增大，空气密度基本保持不变，所以机翼压力分布不因飞行 Ma 增大而有显著影响，机翼前后压力差只按飞行速度的平方成比例而变，即阻力系数也基本上不随飞行马赫数而变化。随着 Ma 增大，快接近 Ma_{cr} 时，空气压缩性的影响开始明显表现出来。在机翼前缘部分，即驻点附近，空气受到压缩，压力升高较多，因而机翼前后压力差的增长程度稍大于速度的平方增加比例，导致阻力系数稍有增大。

(2) 跨声速阶段

超过 Ma_{cr} 以后，阻力系数随飞行 Ma 增大一直增大，飞行 Ma 增至1附近，阻力系数达到最大。

在跨声速阶段，随飞行 Ma 增大，一方面，机翼前后压力差按飞行速度的平方成比例增大；另一方面，由于出现了局部超声速区和局部激波，机翼表面中、后段的吸力显著增大，而这些吸力是向后倾斜的，使得机翼前后压力差有额外增大。这样，机翼前后压力差随飞行速度增长的比例就大于飞行速度平方的增长比例，所以阻力系数增大。当飞行 Ma 超过 Ma_{cr} 不多时，机翼上表面的局部超声速区范围很小，附加吸力还不很大，其方向向后倾斜也并不厉害，所以前后压力差额外增加不多，阻力系数开始增长得比较缓慢。

随飞行 Ma 进一步增大，阻力系数之所以急剧增长，主要是因为：第一，机翼上表面的局部激波逐渐后移，局部超声速区不断扩大，附加吸力越到后面越大，并且越向后倾斜，所以机翼前后压力差有了明显的额外增加，阻力系数急剧增大。第二，在机翼后缘由于激波而出现了气流分离，机翼前后压力差又有额外增大，导致阻力系数增大，特别是当机翼下表面也出现局部超声速区和局部激波时，因其通常都处于下表面后段，引起机翼前后压力差更加额外增大，导致阻力系数增加更快。

如 Ma 再继续增大，一方面上、下表面的局部激波继续向后移动，局部超声速区继续扩大；另一方面，由于出现激波，引起气流分离的影响更为显著，故阻力系数的增加就更为急剧。直至 Ma 增大到1附近，机翼上、下表面的激波都移至后缘，阻力系数达最大。

跨声速阶段，阻力系数随 Ma 的变化不仅影响飞行速度，还会引起两翼阻力系数的差异，导致“自动偏头”等问题。

(3) 超声速阶段

飞行 Ma 大于1以后，阻力系数开始随飞行 Ma 增大而逐渐下降。当飞行 Ma 增大以后，一方面机翼前后压力差按飞行速度的平方成比例增大；另一方面，机翼前缘的斜激波和膨胀波都要更加向后倾斜，机翼前后压力差随飞行速度增长的程度小于飞行速度平方的增长比例，因而阻力系数反而下降。

以上只是对翼型阻力变化的一般趋势进行了分析，并未考虑机翼形状的影响。机翼形状对阻力的影响将在后面讨论。

对于平板翼型，$C_D = C_R \sin\alpha$。而迎角 α 很小，$\sin\alpha \approx \alpha$，所以

$$C_D = C_R \cdot \alpha = \frac{4\alpha^2}{\sqrt{Ma^2 - 1}} \tag{3-55}$$

对于对称薄翼型，在小迎角条件下的阻力系数可按下式做理论计算，即

$$C_D = \frac{4\alpha^2}{\sqrt{Ma^2 - 1}} + \frac{k\bar{t}^2}{\sqrt{Ma^2 - 1}} \tag{3-56}$$

式中：k 为形状修正系数，k 值与翼型形状有关。

由式(3-56)可推导出

$$C_D = C_{D0} + C_{Di} = \frac{k\bar{t}^2}{\sqrt{Ma^2-1}} + \frac{\sqrt{Ma^2-1}\cdot C_L^2}{4} \tag{3-57}$$

式中：C_{D0} 为零升波阻系数，$C_{D0}=k\bar{t}^2/\sqrt{Ma^2-1}$，它与翼型的形状和相对厚度有关，而与升力无关，所以又称为翼型波阻系数，零升波阻也是废阻力的一部分；C_{Di} 为升致波阻系数，$C_{Di}=\sqrt{Ma^2-1}\cdot C_L^2/4$，其大小与升力系数有关。由于升力而产生的阻力称为升致阻力，它包括诱导阻力和升致波阻。

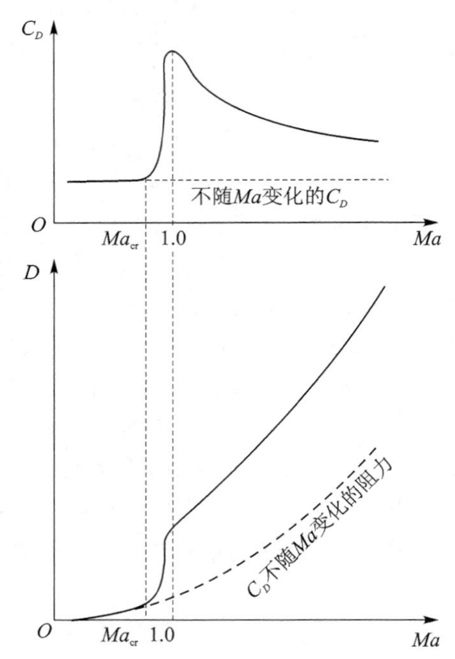

图 3-106　阻力系数及阻力随 Ma 的变化

3. 阻力随飞行 Ma 的变化

根据阻力公式，在飞行中，阻力的大小不仅与阻力系数成正比，还与飞行速度平方成正比。根据飞行 Ma 的定义，声速一定时，飞行 Ma 与飞行速度具有同一意义。

如果阻力系数在同一迎角下，不随飞行 Ma 而变化，则阻力与 Ma 的平方成正比，其变化关系如图 3-106 中虚线表示的抛物线所示。这是阻力在亚声速范围内的变化规律。

在跨声速和超声速阶段，阻力系数在同一迎角下随飞行 Ma 的改变而变化，所以阻力随 Ma 而变化的关系也就变得复杂起来。其大体趋势如图 3-106 中实线所示。

从 Ma_{cr} 到 Ma 等于 1 的阶段，由于出现了局部超声速区和局部激波，机翼上、下表面后段吸力增大，阻力系数迅速增长，因此，阻力随 Ma 的增大而增长得更为迅速，大致与 Ma 的 5 次方成正比例。图 3-106 中由 Ma_{cr} 到 Ma 等于 1 的一段曲线表明了这一变化趋势。

3.2.3　高速飞行的升阻比和极曲线

以上分别分析了升力系数和阻力系数随飞行 Ma 的变化。综合起来，还可以分析升阻比和极曲线随飞行 Ma 的变化，以便进一步说明飞机在高速飞行中的气动特性。

1. 升阻比随飞行 Ma 的变化

现以某型飞机为例，按亚声速、跨声速、超声速三个阶段分别说明升阻比随飞行 Ma 的变化趋势，如图 3-107 所示。

(1) 亚声速阶段

飞行 Ma 较小时，由于空气压缩性对机翼表面压力分布的影响可以忽略不计，故升力系数和阻力系数均不随飞行 Ma 而变化，升阻比也不随飞行 Ma 而变化。某型飞机在飞行 $Ma<0.8$ 时，升阻比基本上不随飞行 Ma 变化。

对于迎角较大或者某些比较厚的翼型，在临界马赫数前，机翼上表面最大厚度附近的局部流速加快很多，压力很低，升力系数增加较多，而此处的低压区对阻力系数的影响很小。因此升力系数可能会比阻力系数增加得快些，升阻比可能会略有增加。

(2) 跨声速阶段

在跨声速阶段，由于空气压缩性的影响逐渐明显，特别是超过临界马赫数以后，随着局部超声速区和局部激波的出现，波阻产生并随 Ma 增大而增大，使得升阻比随 Ma 的增大而逐步下降。某型飞机在 $Ma>0.8$ 后，升阻比随 Ma 增大而减小。

(3) 超声速阶段

整个机翼表面的气流都超过声速以后，如飞行 Ma 再增大，升力系数和阻力系数都减小，但减小的程度可能会有差别。如某型飞机在 $Ma>1.1$ 后，因为头部激波变倾斜，机身波阻系数有所减小，使得最大升阻比随飞行 Ma 减小的趋势逐渐变缓。

2. 不同飞行 *Ma* 下的极曲线

现按亚声速、跨声速、超声速三个速度阶段分别说明极曲线随飞行 Ma 的变化情况。

(1) 亚声速阶段

飞行 Ma 很小(见图 3-108 中 $Ma<0.2$)时，升力系数和阻力系数基本不随飞行 Ma 变化，各 Ma 下的极曲线是重合的。

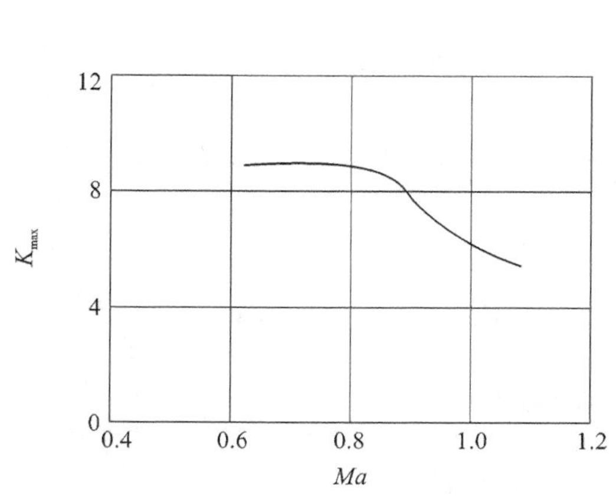

图 3-107　某型飞机最大升阻比随飞行 *Ma* 的变化

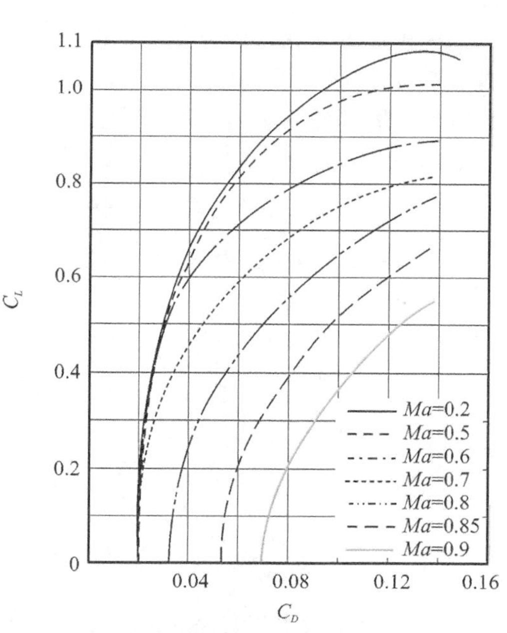

图 3-108　不同 *Ma* 下机翼的极曲线

(2) 跨声速阶段

随 Ma 增大，图 3-107 中 Ma 由 0.2 增至 0.5，从曲线上看，在小迎角范围内，各 Ma 下的极曲线仍然重合，但在大迎角下则逐渐分开。因为在小迎角下，由于机翼上下表面的气流速度都增加不多，故空气压缩性的影响还不明显，同一迎角下的升力系数和阻力系数基本上不随 Ma 改变而变化。因此，各 Ma 下的极曲线仍然重合。

但是，在大迎角下，由于机翼上表面的气流速度已增加较多，空气压缩性的影响开始显著起来，使得阻力系数稍有增大，最大升力系数降低。因此，极曲线逐渐分开并变平。

根据迎角与 Ma_{cr} 之间的关系，已知迎角增大，Ma_{cr} 要相应降低。因此，随飞行 Ma 逐渐增长，机翼将首先在大迎角下到达并超过 Ma_{cr}。而超过 Ma_{cr} 以后，阻力系数增大，最大升力系数降低，极曲线向右分开并变平。而在较小的迎角下，机翼还没有到达 Ma_{cr}，因而升力系数和阻力系数随 Ma 的变化不大，极曲线在小迎角范围内仍然是重合的。随飞行 Ma 增大，达到 Ma_{cr} 的迎角越来越小，极曲线在各 Ma 下重合的部分也越来越少。如图 3－108 中 $Ma=0.5\sim0.7$ 范围内的曲线所示。

飞行 Ma 如进一步增大，以至超过了无升力迎角下的 Ma_{cr}，则不论在哪个迎角下，都存在波阻。因此，各迎角下的阻力系数普遍增大。从图上看，Ma 增大后，整个极曲线向右移，而在大迎角下，由于最大升力系数降低，曲线还同时向下移。这种变化可从图 3－108 中 Ma 大于 0.7 以后的各曲线看出。

(3) 超声速阶段

在超声速阶段，随飞行 Ma 增大，在同一迎角下的升力系数和阻力系数都要降低，所以零升迎角下的阻力系数(见图 3－109 中的 α_0 点)随 Ma 增大而沿横坐标轴向左移动。同一迎角下的阻力系数随 Ma 增大而减小，故各 Ma 的极曲线上各对应点的位置在 Ma 比较大的极曲线上要靠左一些。如图 3－109 所示，迎角为 α_1 的点，其在 Ma 等于 3.0 的极曲线上的位置，比其在 Ma 等于 2.0 的极曲线上的位置靠左一些。又因为同一迎角下的升力系数随 Ma 增大而下降，所以极曲线图中大迎角下的升力系数都随 Ma 增大而减小。综上所述，由于升力系数和阻力系数都随 Ma 增大而减小，所以极曲线上迎角相同的各点都向左下方移动。

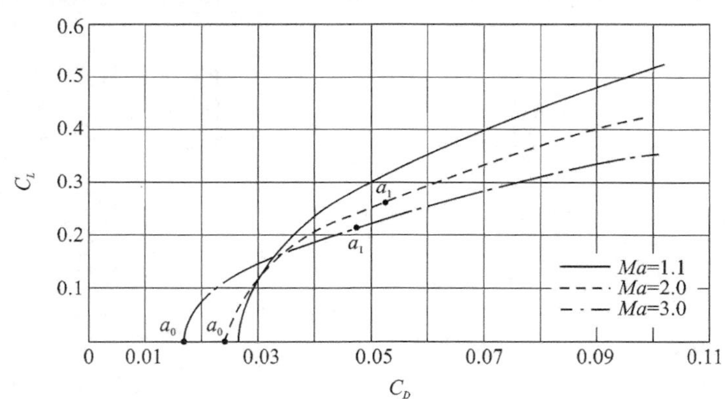

图 3－109　机翼在超声速阶段的极曲线

3.2.4　机翼形状对高速空气动力特性的影响

飞机的空气动力特性在很大程度上取决于机翼的空气动力特性。而机翼的空气动力特性不仅与其剖面形状有关，而且与其平面形状密切相关。前面从翼型着手，分析了在高速飞行中机翼升力和阻力变化的一般趋势。本节进一步介绍高速飞机采用的典型翼型，就后掠翼和三角翼等不同平面形状来分析高速飞机机翼的空气动力特性。

1. 高速飞机的典型翼型

现代高速飞机的翼型具有不同于低速飞机的一些特点，主要是为了提高 Ma_{cr}，延缓局部激波的产生，并在 Ma 超过 Ma_{cr} 以后，减小波阻。

(1) 亚声速翼型

亚声速翼型与低速翼型没有质的差别，只是由于速度提高，更突出地要求降低最小阻力系数，并提高临界马赫数。层流翼型能满足这些要求，是比较理想的亚声速翼型。最著名的层流翼型是 NACA6 系列翼型。在 6 族翼型(翼型代号中第一位数字为 6)基础上，NACA6 和 NACA6A 族翼型的外形特点是前缘半径较小，最大厚度靠后。

NACA6 族翼型在跨声速翼型未出现之前，主要用于提高临界马赫数。这是因为它的最大厚度位置靠后，前缘半径较小，这表明其最小压力位置靠后，造成一个较大区域的负压力梯度，没有负的压力峰值，整个压力分布是较为平坦的形状，从而保持低局部速度，这对提高临界马赫数有利，并能保持较大范围的层流区域。图 3－110 给出了 NACA6 族翼型的压力分布特点。

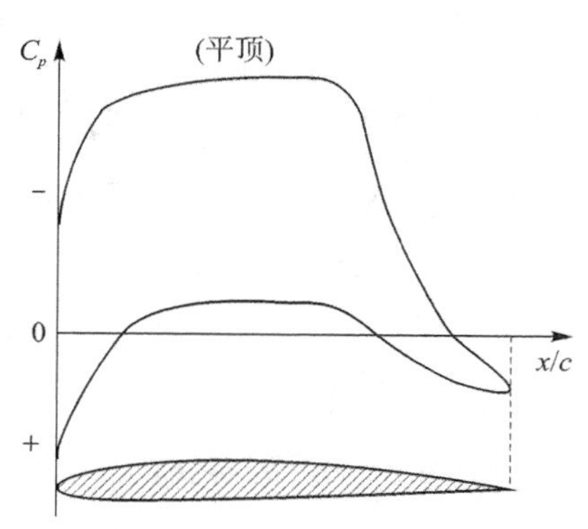

图 3－110　NACA6 族翼型压力分布特点

由于 NACA6A 族翼型前缘半径较小，故它的最大升力系数一般不如四、五位数字翼型(均为低速翼型，如 NACA2412、NACA23015)，但对于较厚的带弯度的翼型，它们之间的差别很小，6 族翼型失速特性也较和缓。

(2) 跨声速翼型

跨声速翼型要求在超临界流动状态下能减弱甚至消除上翼面的激波。尖峰翼型和超临界翼型都是跨声速翼型。

1) 尖峰翼型

普通翼型在高亚声速飞行时碰到的一个突出问题是临界马赫数。当来流马赫数小于临界马赫数时，翼型绕流全部是亚声速的。当来流马赫数超过临界马赫数后，翼型表面就要形成局部超声速区，该区域以激波告终而转为亚声速流动。这样，由声速线和激波包围的超声速区与外部的亚声速流形成两部分不同的流动，如图 3－111 所示。

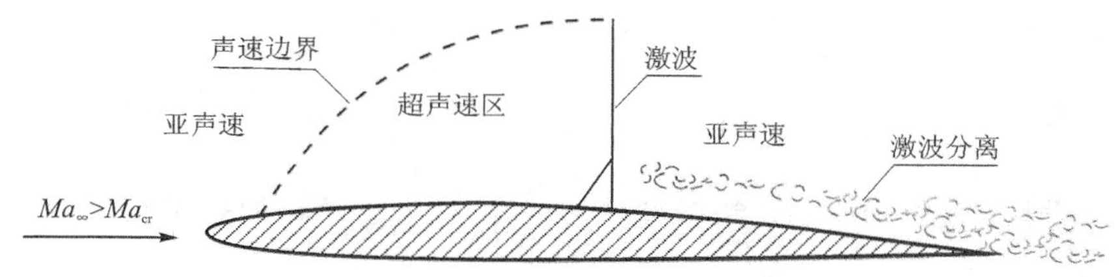

图 3－111　普通翼型的跨声速流动

当 Ma 增大到阻力发散马赫数时，激波的尺寸和强度猛增，使机翼阻力剧增，升力骤降，力矩猛烈变化，并发生抖振。

尖峰翼型的特点是力图使翼型上表面的前部具有明显的负压峰，故名尖峰翼型，如图 3－112 所示。这样可以使气流经过前缘附近急剧膨胀加速到超声速，从而出现局部超声速区，关键是翼型表面要设计得当，使翼面上发生的膨胀波经声速线反射而形成的压缩波(压缩波回到翼面上再反射仍为压缩波)并不聚焦而形成激波，气流在超声速区内能接近等熵地减速扩压，最后经过一道很弱的激波变成亚声速流，从而避免激波所引起的严重损失及其他不利现象。

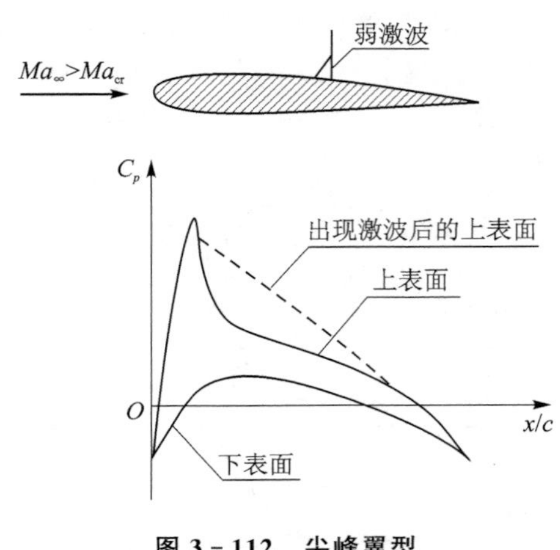

图 3-112　尖峰翼型

尖峰翼型的临界马赫数并不高，其突出优点在于提高了阻力发散马赫数，扩大了临界马赫数与阻力发散马赫数之间的区域，使翼型在这个超临界状态区域内可以很好地使用。

2）超临界翼型

在出现超临界翼型之前，为提高临界马赫数，需要让翼型的最大厚度位置后移，使得上表面压力分布趋于平坦，尽量避免出现负压峰，使得气流均匀加速，这样的翼型称为平顶翼型。它可以推迟局部超声速的出现，从而提高临界马赫数，例如层流翼型就是这种翼型。但是，一方面，平顶翼型对提高临界马赫数很有限；另一方面，当超过临界马赫数后会很快形成强激波，不利的影响迅速增强。

超临界翼型头部较丰满，目的是消除前缘的负压峰，使气流不至于过早达到声速。翼型上表面中部较平坦，因此压力分布也较平坦，这对提高临界马赫数有利，也有利于减小激波强度。后部向下弯曲，有利于缓和激波诱导边界层分离，为了弥补上表面平坦而引起的升力不足，下表面后部有一个向里凹进去的反曲段，使后部升力增加，称为后加载。超临界翼型的典型外形和压力分布如图 3-113 和图 3-114 所示。

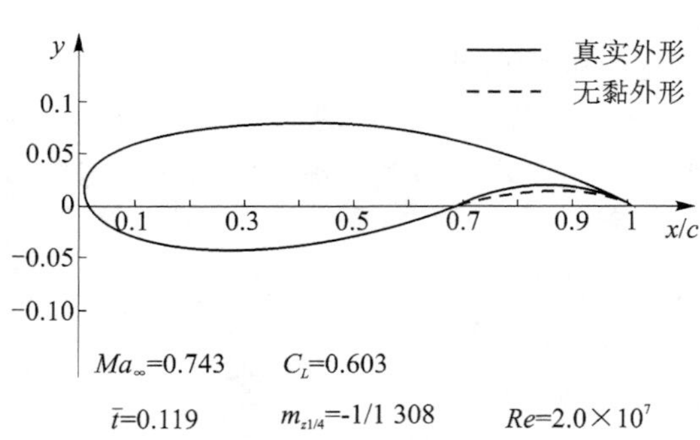

图 3-113　超临界翼型的无黏外形和真实外形

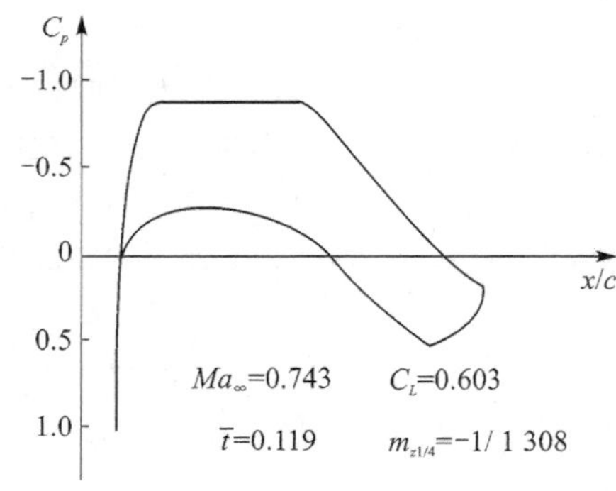

图 3-114　超临界翼型的压力分布

跨声速飞行时，这种翼型上即使有激波也是弱激波，设计得好，能达到无激波状态，如图 3-115 所示。超临界翼型比尖峰翼型有更高的临界马赫数和更大的超临界马赫数使用范围。

(3) 超声速翼型

超声速翼型的形状通常有双弧形、菱形和六面形三种剖面。双弧形剖面是由两段曲率相同的圆弧构成的，气动效果和刚度较好，所以在个别飞机上已有应用。对于超声速飞机，最主要的是通过减小翼型相对厚度来减小波阻，因为波阻正比于相对厚度的平方，但是翼型在小展弦比机翼上的作用并不突出。另外，飞机在低速飞行时仍要使用超声速尖前缘翼型，造成前缘分离，低速性能不好。所以，多采用小钝头的亚声速翼型。

(4) 高速飞机的翼型特点

现代高速飞机在翼型方面具有不同于低速飞机的一些特点。其目的主要是为了提高临界马赫数,延缓局部激波的产生;并在超过临界马赫数之后,减小波阻,使阻力系数的急剧增长得以缓和。现就其主要特点分述如下:

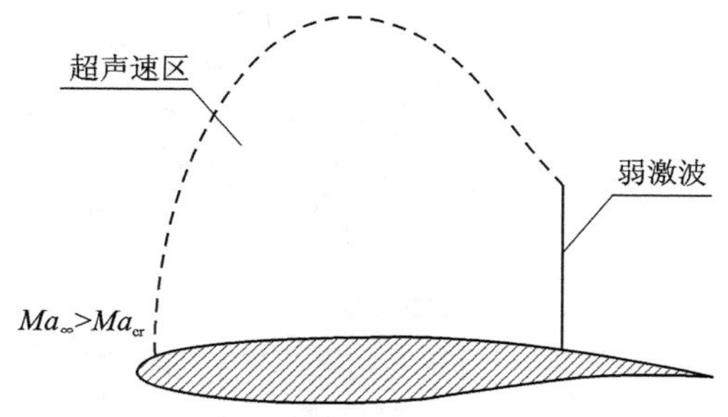

图 3-115　超临界翼型的超声速区与激波

1) 相对厚度小

相对厚度 $\bar{t}$ 减小,翼型上下表面的曲率也随之减小。空气流过翼型表面,流速增加比较缓慢,在同样的飞行速度下,最低压力点处的流速小,临界马赫数得以提高。超过临界马赫数以后,由于翼型表面的曲率减小,局部超声速区的吸力向后倾斜的角度也小,波阻减小,同一 Ma 下阻力系数小。图 3-116 表明:相对厚度为 4%和 6%的高速翼型,其临界马赫数显然比相对厚度为 12%和 18%的低速翼型的临界马赫数高,阻力系数也小。

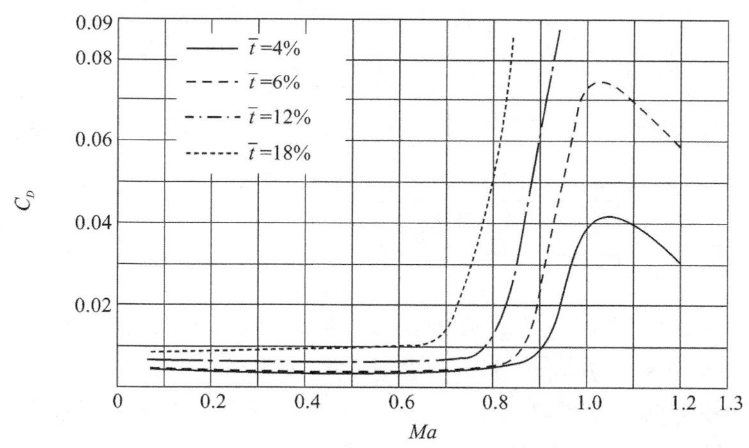

图 3-116　不同 $\bar{t}$ 的翼型在零升迎角下的 C_D 随 Ma 的变化

2) 相对弯度小

相对厚度相同的翼型,若相对弯度 $\bar{f}$ 小,则接近对称形,其作用和相对厚度小是一样的。图 3-117 画出了三种相对弯度不同的翼型阻力系数随飞行 Ma 变化的曲线。从曲线对比中可以看出,相对弯度为零时,翼型临界马赫数最高,即阻力系数要在较大的 Ma 下才开始急剧增大。

3) 最大厚度位置靠近翼弦中间

低速翼型最大厚度位置 $\bar{x}_t$ 一般位于翼弦 30%处。高速翼型最大厚度位置则比较靠后,位于翼弦的 35%~50%处。最大厚度位置后移,使得翼型前段的曲率减小,最低压力点的局部流速减慢,临界马赫数提高,波阻减小,如图 3-118 所示。但最大厚度位置不应过于靠后,否则,将导致阻力系数在超过临界马赫数后急剧增大。

4) 前缘曲率半径较小

前缘的曲率半径小,即尖前缘,可以减小对迎面气流的阻滞,在超声速飞行中,可减弱前缘激波的强度,降低波阻。试验结果表明,超声速飞行中波阻较小的翼型有圆弧形、菱形和楔形。

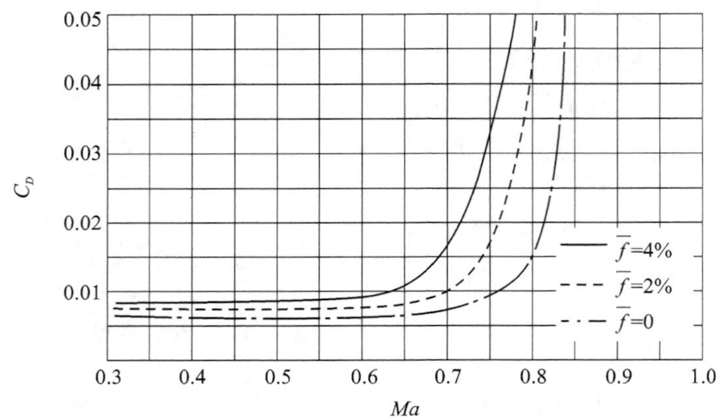

图 3-117　不同 $\bar{f}$ 的翼型在零升迎角下的 C_D 随 Ma 的变化

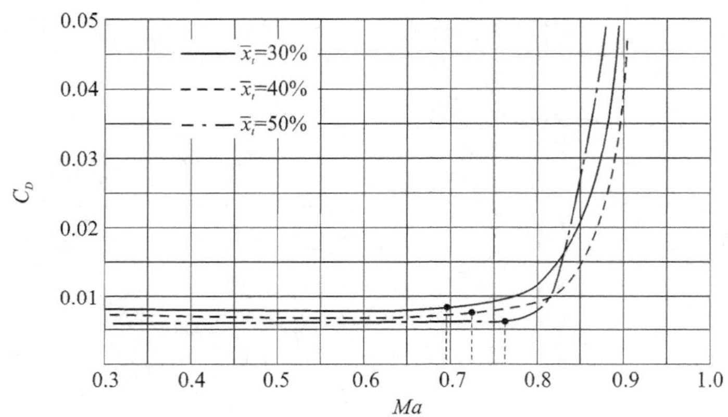

图 3-118　不同 $\bar{x}_t$ 的翼型在零升迎角下的 C_D 随 Ma 的变化

但这类翼型由于前缘尖锐，迎角稍大就可能发生气流分离，在使用上受到很大限制。

总之，具有这些特点的翼型，在提高 Ma_{cr}、减小波阻和缓解阻力急剧变化趋势等方面具有重要作用，适用于高速飞机。但是这类翼型也具有不足之处，翼型表面曲率小，气流增速慢，在同一迎角下所能获得的升力系数也就比较小。这是高速飞机起飞离地速度和着陆接地速度比较大的原因之一。

2. 后掠翼的高速空气动力特性

(1) 后掠翼的 Ma_{cr}

空气流过后掠翼，其流速和压力的变化主要取决于有效分速。而有效分速总是小于飞行速度(即机翼远前方的相对气流速度)，所以尽管飞行速度增大到平直翼的临界速度，在后掠翼上还不致出现垂直分速等于局部声速的等声速点。只有当飞行速度增至更大的时候，才会出现最大局部垂直分速等于局部声速的情况，即后掠翼的 Ma_{cr} 总是比同样翼型的平直翼的 Ma_{cr} 大。机翼的后掠角越大，其有效分速越小，Ma_{cr} 也相应越大。

在后掠翼的翼根和翼尖部分，其 Ma_{cr} 并不完全一致。因为空气在流过翼根部分靠近前缘的地方，由于有翼根效应，流速增加不多，只有在更大的飞行 Ma 下，才会到达局部声速，所以 Ma_{cr} 较高。在翼尖部分靠近前缘的地方，由于有翼尖效应，流速迅速加快，有可能在较小的飞行 Ma 下就达到局部声速，所以 Ma_{cr} 较低。即翼根效应引起翼根部分的 Ma_{cr} 提高，而翼尖效应引起翼尖部分的 Ma_{cr} 降低。

但就飞机整体而言，机翼的 Ma_{cr} 还要受机身的影响。因为机翼和机身结合的地方，流管更加收缩，流速迅速加快，导致翼根部分的 Ma_{cr} 减小，因为这个缘故，后掠翼飞机翼根部分的 Ma_{cr} 甚至可能小于翼尖部分的 Ma_{cr}。对于整个机翼来说，翼面开始出现等声速点的 Ma_{cr} 提高了，阻力发散马赫数也就随之提高。

后掠翼的 Ma_{cr} 可按下列经验公式估算：

$$Ma_{cr\Lambda_W} = \frac{2Ma_{cr}}{1+\cos\Lambda_W} \tag{3-58}$$

式中：Λ_W 为前缘后掠角，单位为°。

例如 $\Lambda_W=50°$，若平直翼的临界马赫数为 0.75，则对应后掠翼的临界马赫数为

$$Ma_{cr\Lambda_W} = 2Ma_{cr}/(1+\cos\Lambda_W) = 2\times 0.75/(1+\cos 50°) = 0.91$$

计算结果表明，后掠翼的 Ma_{cr} 比平直翼的 Ma_{cr} 大得多。

(2) 后掠翼的升力特性

与平直翼相比，后掠翼的升力系数 C_L 随飞行 Ma 的变化比较缓和，如图 3-119 所示。其具体特点是：

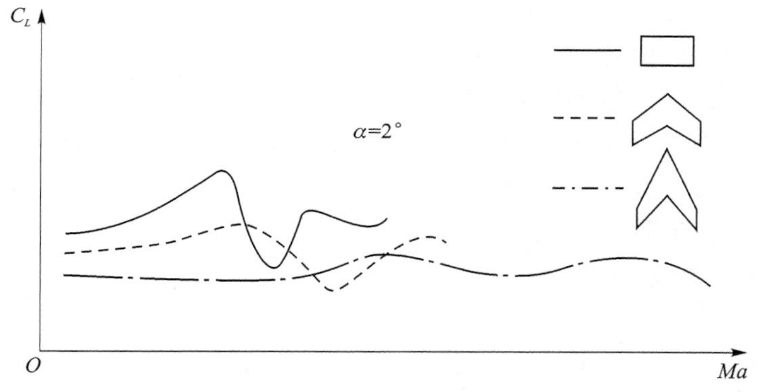

图 3-119　后掠翼的 C_L 随 Ma 的变化

第一，升力系数在比较大的飞行 Ma 下才开始增大。这主要是后掠翼的 Ma_{cr} 比较大的缘故。

第二，随飞行 Ma 增大，升力系数增减得比较缓慢。因为平直翼的升力特性取决于飞行 Ma 的大小，而后掠翼的升力特性主要取决于有效分速所对应的 Ma_n 的大小。既然有效分速小于飞行速度，并在飞行 Ma 增大的过程中，两者相差越来越大，两者对应的 Ma 也相差越来越大，所以后掠翼的升力系数要在更大的飞行 Ma 下才会发生起伏变化。因此，随飞行 Ma 增大，升力系数的增、减也就比较缓慢。

第三，升力系数在跨声速阶段的增减幅度比较小。因为后掠翼的空气动力特性主要是由有效分速 Ma_n 决定的，只有当对应有效分速的 Ma_n 同平直翼取得最大升力系数的 Ma 相等时，后掠翼的升力系数才达到最大。这时，后掠翼的升力与平直翼处于最大升力系数情况下的升力相等，但飞行速度却比平直翼的大，因此，折算出后掠翼的升力系数最大值要比平直翼的小，即后掠翼升力系数的增加幅度比较小。也正因为这一点，待 Ma 再增大，其升力系数的减小幅度也比较小。

此外，由于翼根效应和翼尖效应，后掠翼沿翼展各处的局部超声速区和局部激波的产生时机不同，升力系数增减的时机也因此各有不同。比如随飞行 Ma 增大，翼根部分的升力系数正

处于上升的过程中，但翼尖部分的升力系数却已经开始下降。随后，在翼根部分的升力系数正处于下降的过程中，但翼尖部分的升力系数又开始上升。这也是造成整个后掠翼升力系数随 Ma 变化缓和的原因。后掠翼的后掠角越大，其升力系数随 Ma 的变化就越缓和。

(3) 后掠翼的阻力特性

后掠翼的阻力系数随 Ma 的变化如图 3－120 所示。由图可以看出，其变化同平直翼相比存在以下几点不同：

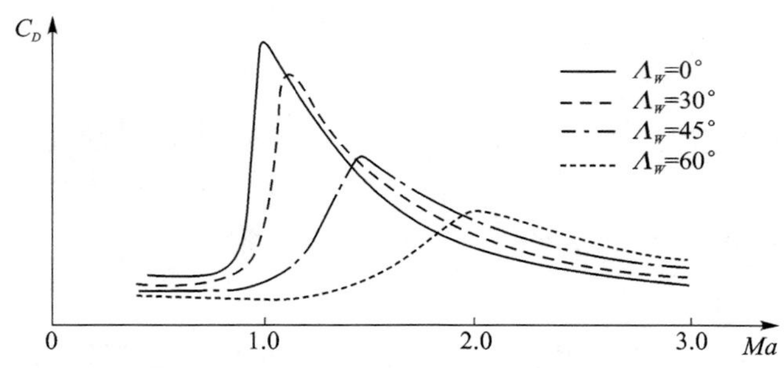

图 3－120　后掠翼的阻力系数随 Ma 的变化

① 阻力系数在比较大的 Ma 下才开始增大。这是因为后掠翼的局部超声速区和局部激波在比较大的 Ma 下才开始出现的缘故。

② 阻力系数在跨声速阶段随 Ma 增大而增大的趋势比较缓和。后掠翼的空气动力是由有效分速的大小决定的。而有效分速所引起的阻力的方向和有效分速的方向一致，即垂直于机翼前缘，如图 3－121 所示。而真正阻碍飞机前进的阻力的方向则与飞行速度方向平行。所以由有效分速所引起的阻力 D_n 分解到平行于飞行速度方向的分力 D，才是后掠翼的阻力。由此可见，在同一飞行速度下，后掠翼的阻力比平直翼的阻力小。

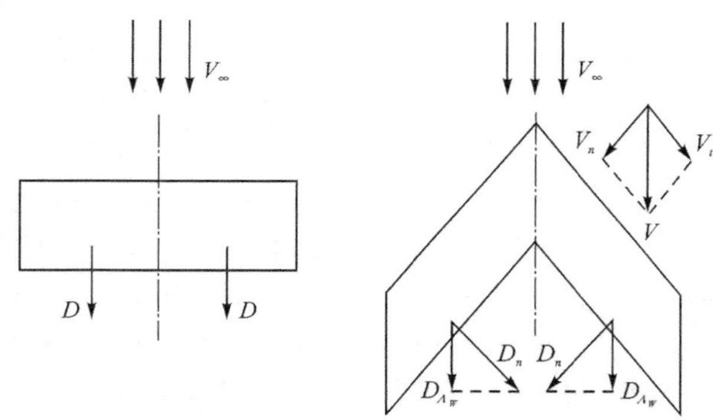

图 3－121　后掠翼的阻力与平直翼的比较

随飞行速度增大，有效分速与飞行速度之间的差别越来越大。两者相对应的 Ma 的差别自然也越来越大。这样，同平直翼比较起来，后掠翼由于有效分速所对应的 Ma 比较小，所以阻力在更大的飞行 Ma 下才会急剧增大，即阻力系数的增长趋势比较缓和。

③ 后掠翼的最大阻力系数只有在超过声速更多的飞行速度下才会出现，而且数值也比较小。对平直翼而言，当飞行 Ma 在 1 附近时，其阻力系数达到最大。但对后掠翼而言，在飞行速度超过声速不多时，有效分速仍然小于声速，阻力系数尚未达到最大。只有在更大的飞行速度下，有效分速达到声速左右，阻力系数才达到最大。此时，由有效分速所确定的阻力 D_n 相

当于平直翼在声速附近时的阻力，它在平行于飞行速度方向上的分力，即后掠翼的阻力 D，则比平直翼在声速附近时的阻力小。由于后掠翼的阻力比较小，而飞行速度又比较大，故折算出的最大阻力系数比平直翼的最大阻力系数小得多。

此外，后掠翼的翼根效应及翼尖效应会引起翼根、翼尖部分产生局部超声速区和局部激波的时机有先有后，发展也有快有慢。这也使得后掠翼的阻力系数随 Ma 的变化趋于缓和，最大阻力系数有所降低。

后掠翼的后掠角增大后，上述三个特点更为突出，阻力系数随 Ma 的变化更加缓和，最大阻力系数出现得更晚，而且数值也更小，如图 3-122 所示。

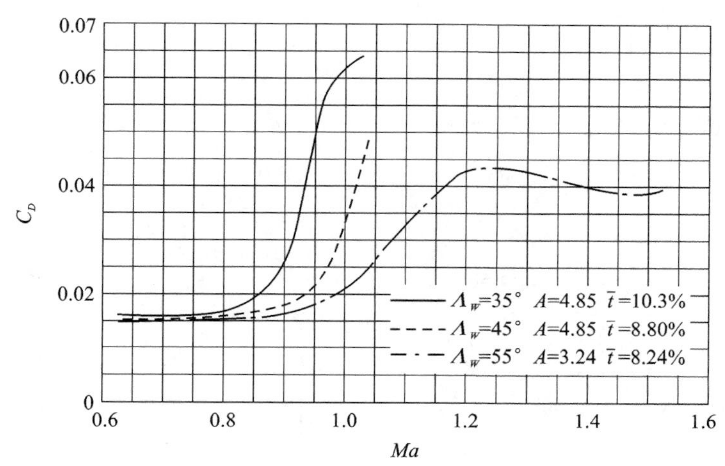

图 3-122　后掠角不同的后掠翼阻力系数随 *Ma* 的变化

(4) 后掠翼在跨声速流中的激波系

飞行 Ma 大于临界马赫数后，由于后掠翼的翼尖效应，有可能首先在翼尖附近出现局部超声速区，并产生局部激波，称为翼尖激波。

图 3-123 所示是前缘后掠角为 50°的后掠翼在迎角为 4°、飞行 Ma 为 0.95 时形成的翼尖激波。其方向几乎与远前方来流方向垂直，但激波强度还比较弱，并随飞行 Ma 增大而向后缘方向移动。

由于空气流过后掠翼，流线将左右偏斜，故在翼根部分，从上翼面最低压力点往后，流线将偏向机身。当超声速气流流过机翼与机身结合部附近时，将受到机身的阻滞，会产生一系列弱扰动波(压缩波)，如图 3-124(a)所示。由于越往后流，速度越小，所以马赫角逐渐增大。这些弱压缩波在机翼某处汇合，就形成了具有一定强度的强压缩波，称为后激波。图 3-124(b)是后掠角为 53.3°的后掠翼在迎角为 2°、飞行 Ma 为 1.05 时所形成的后激波，开始形成的后激波一般位于翼尖激波之前。试验表明，随飞行 Ma 增大，后激波向后缘移动比翼尖激波来得快，会赶上翼尖激波并与之汇合。同时，后激波还向翼根方向发展，强度不断增加。

飞行 Ma 进一步增大，机翼上表面从翼尖到翼根相继出现局部超声速区，产生局部激波，称为前激波，如图 3-125 所示。飞行 Ma 再增大，前激波逐渐向机翼内侧和后缘移动并与后激波相交，在交点外侧形成较强的激波，称为外激波，如图 3-126 所示。外激波所在翼面将发生较严重的气流分离。

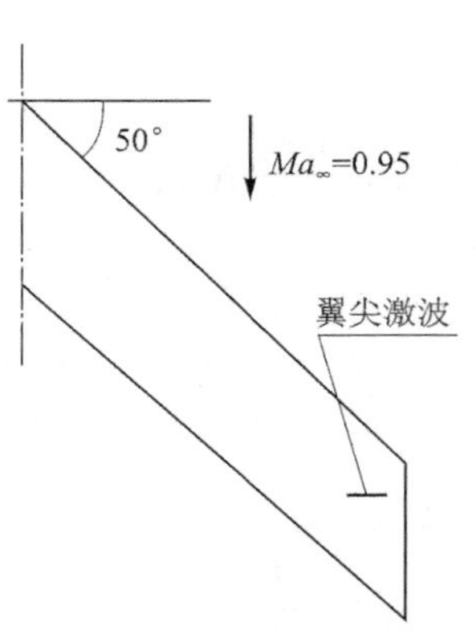

图 3-123　后掠翼的翼尖激波

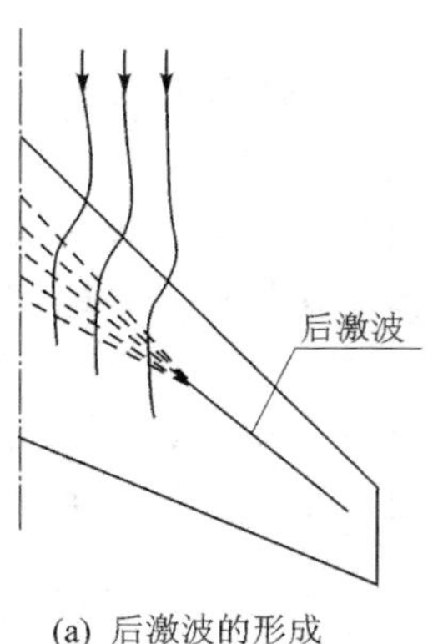

(a) 后激波的形成

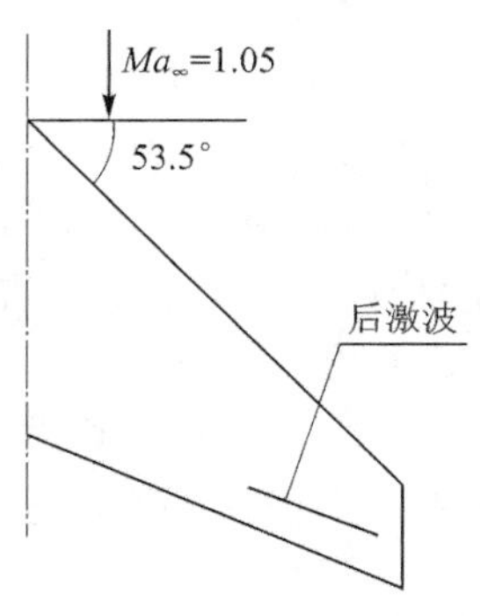

(b) $Ma_\infty=1.05, \alpha=2°, \Lambda_W=53.5°$ 时形成的后激波

图 3-124　后掠翼的后激波

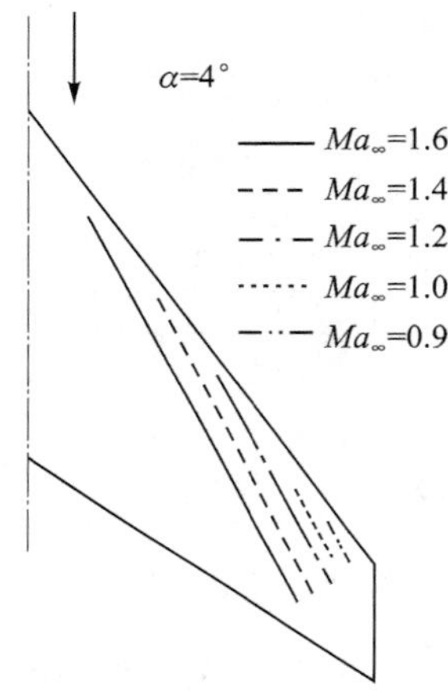

图 3-125　前激波的发展

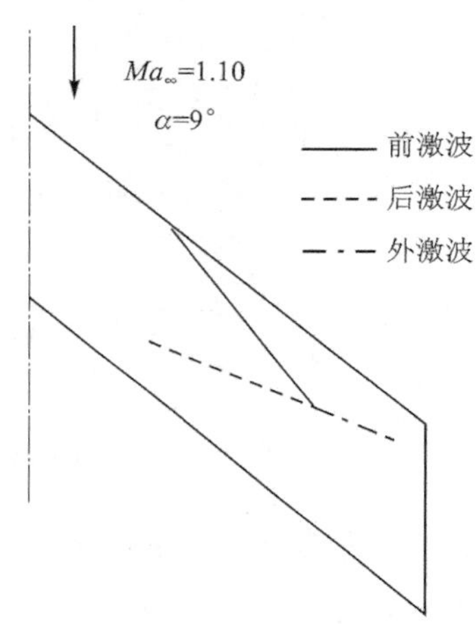

图 3-126　外激波的形成

3. 三角翼的高速空气动力特性

分析空气以超声速流过三角翼的问题要用到声速前缘和超声速前缘这两个概念。

(1) 亚声速前缘和超声速前缘

超声速机翼本身的不同边界对机翼的绕流性质有很大影响，从而影响机翼的气动特性。因此将机翼的边界划分为前缘、后缘和侧缘，如图 3-127 所示。

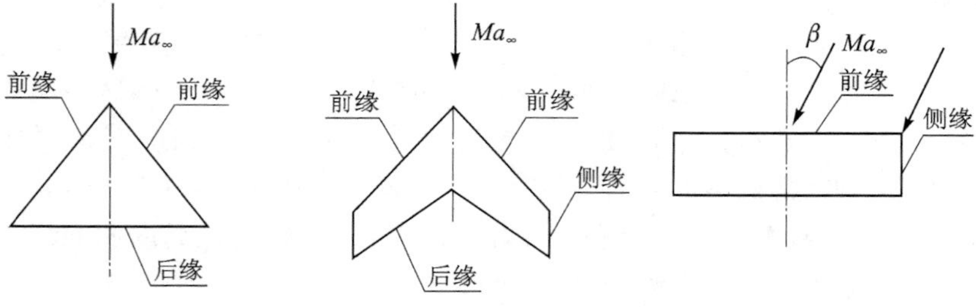

图 3-127　机翼边缘的名称

当空气以超声速流向前缘具有后掠角的机翼时，如果前方来流垂直于机翼前缘的垂直分速小于声速，即 $Ma_n<1$，机翼前缘处于自翼根前缘开始的扰动锥之内，这时的机翼前缘称为亚声速前缘，如图 3-128 所示。

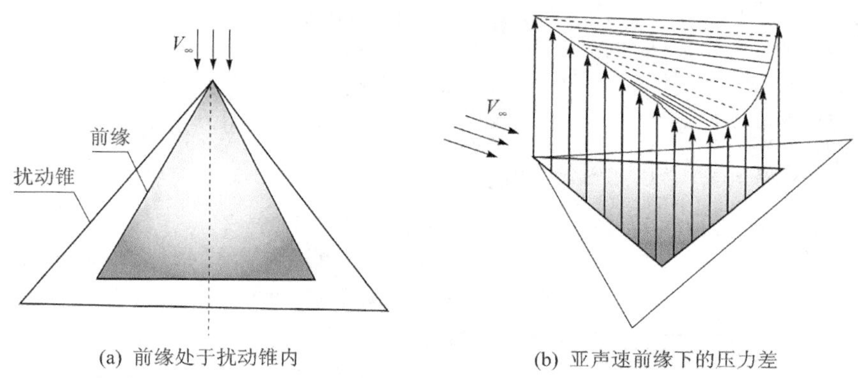

(a) 前缘处于扰动锥内　(b) 亚声速前缘下的压力差

图 3-128　三角翼在亚声速前缘情况下的压力差

反之，当来流相对于机翼前缘的垂直分速 V_n 大于来流的声速，即 $Ma_n>1$，机翼前缘处于自翼根前缘开始的扰动锥之外，则该前缘称为超声速前缘，如图 3-129 所示；当前方来流相对于机翼前(后)缘的垂直分速等于声速，即 $Ma_n=1$，称为等声速前缘。

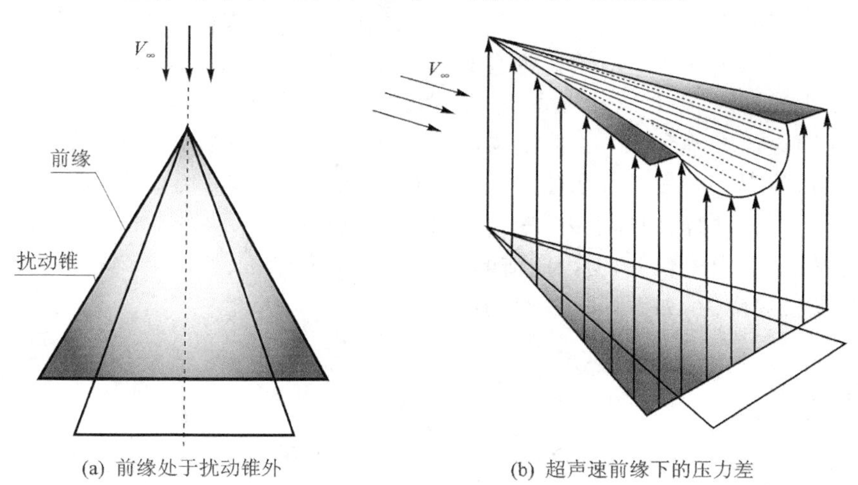

(a) 前缘处于扰动锥外　(b) 超声速前缘下的压力差

图 3-129　三角翼在超声速前缘情况下的压力差

对于后掠翼和三角翼飞机，是超声速前缘还是亚声速前缘，取决于来流马赫数和后掠角 Λ_W 的大小。例如，某战斗机后掠角为 60°，当飞行 Ma 等于 2 时，$Ma_n=Ma\cos\Lambda_W=1$，为等声速前缘；$Ma<2$ 时，$Ma_n<1$，为亚声速前缘；只有当 $Ma>2$ 时，$Ma_n>1$，才为超声速前缘。

(2) 三角翼的临界马赫数

三角翼由于展弦比小，空气绕前缘外侧的流动，使得上表面的吸力减小，这说明上表面的流速增加比较少。所以与普通展弦比平直翼相比，三角翼的临界马赫数比较高。

(3) 空气以超声速流过三角翼的流动情形和压力分布

空气以超声速流过三角翼的流动情形及翼面的压力分布取决于超声速气流垂直于机翼前缘的分速是大于还是小于声速，即要区分是属于超声速前缘还是属于亚声速前缘。

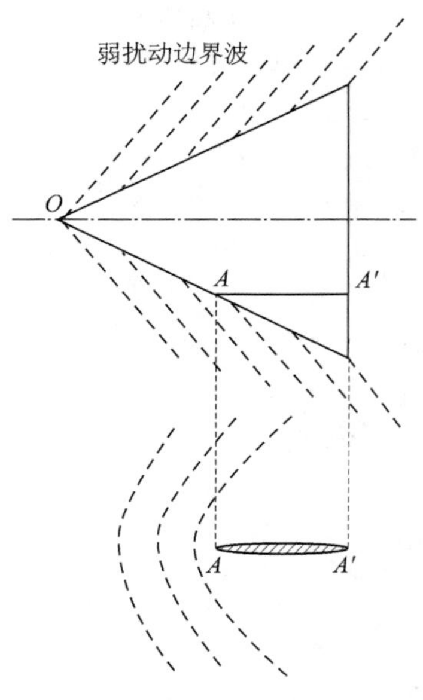

图 3-130　亚声速前缘情况下的流动情形

1）三角翼在亚声速前缘情况下的压力分布

在亚声速前缘的情况下，三角翼的前缘处于自翼根前缘开始的扰动锥之内，如图 3-130 所示。流向截面 AA'的空气还未接触前缘就已受到机翼中段前缘 OA 段各点的扰动，因而沿途压力是渐变的，不致产生激波。试验结果也表明，在亚声速前缘的情况下，机翼前缘并无激波产生，只在机身前端、机身和机翼结合的转角处才产生激波，如图 3-131(a)所示。

弱扰动边界波三角翼在亚声速前缘情况下的压力分布与来流为亚声速气流时相似，也是上表面前缘附近吸力很高，吸力沿翼弦往后逐渐降低。在这种亚声速前缘情况下，薄平板三角翼的压力分布如图 3-129(b)所示，图中各处高度表示上下表面的压力差。该图表明：在机翼前缘附近，上下表面的压力差远较中部后缘的大。因为在这种情况下，气流仍是从前缘下边的驻点开始分为两股，分别流经上、下表面，如图 3-132 所示。当气流绕过前缘流向上表面时，流速增大，吸力增大，而流经下表面驻点附近时，压力增大。因此，在机翼前缘附近，上下表面的压力差很大。

对于飞行速度超过声速不多的某些超声速飞机来说，尽管飞行速度已经是超声速，但机翼前缘仍属于亚声速前缘。因此，这类飞机的机翼通常仍采用圆钝前缘，而不采用尖锐前缘。这不但是因为亚声速前缘不会产生头部激波，不需要利用尖锐前缘去减小波阻，而且采用圆钝前缘反而可以降低阻力。因为气流绕过尖锐前缘时，虽然流速快，吸力也高，但向前的吸力所占据的面积并不大，所以向前的总吸力并不大，如图 3-132(a)所示。但如果气流是绕过圆钝前缘，虽然流速稍慢，吸力也较低，但因向前的吸力所占据的面积比较大，形成向前的总吸力也比较大，可以降低机翼阻力，如图 3-132(b)所示。

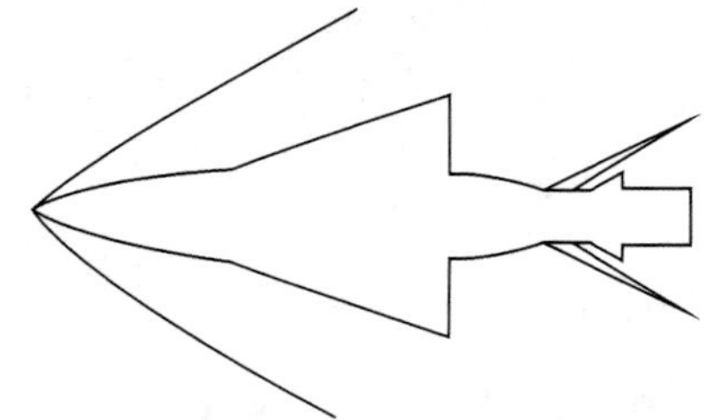

(a) 前缘后掠角为70°的机翼，当Ma=2时为亚声速前缘，在前缘不会产生激波

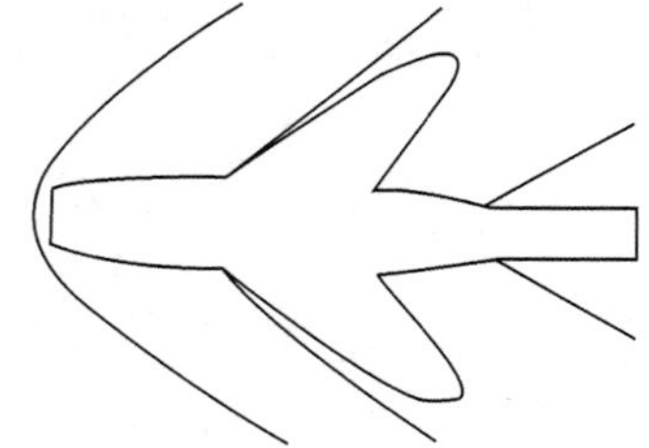

(b) 前缘后掠角为55°的机翼，当Ma=2时为超声速前缘，在前缘处产生激波

图 3-131　在超声速前缘及亚声速前缘情况下激波示意图

2）三角翼在超声速前缘情况下的压力分布

在超声速前缘的情况下，三角翼的前缘处于自翼根前缘开始的扰动锥之外，如图 3-129(a)所示。这说明空气流经机翼前缘时，并未受到翼根部分前缘对气流扰动的任何影响，而能一直平顺地流到机翼前缘，随即分成两股，分别沿上、下表面往后流去。这就不会像在亚声速前缘情况下那样，有空气从下表面绕前缘流向上表面，而在上表面前端形成很大的吸力。在此

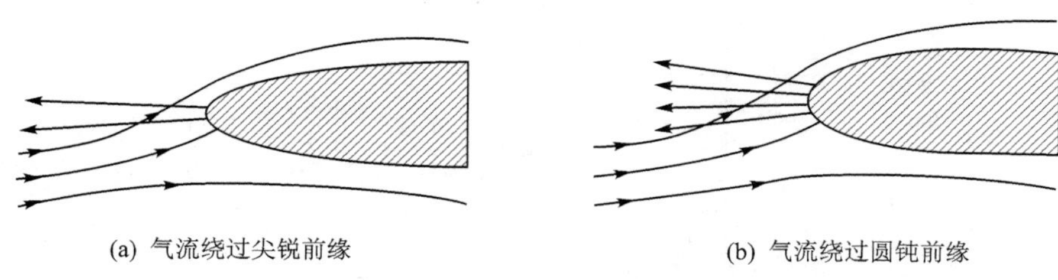

(a) 气流绕过尖锐前缘
(b) 气流绕过圆钝前缘

图 3-132　机翼前缘处的吸力

种超声速前缘情况下，机翼表面靠近前缘部分的压力分布与在超声速气流中翼型的压力分布类似。不论是上表面前缘附近或下表面前缘附近，压力分布都是均匀的，因而机翼前缘附近上下表面的压力差也是均匀分布的，如图 3-129(b)所示。

在超声速前缘情况下，机翼前缘有头部激波产生，图 3-131(b)为超声速前缘情况下产生头部激波的示意图。因此，机翼要采用尖锐前缘，以减小在超声速飞行中的波阻。

(4) 升力系数随飞行 Ma 的变化

三角翼的升力系数随 Ma 变化的情形与小展弦比平直翼非常类似，升力系数在跨声速阶段变化比较缓和，如图 3-133 所示。

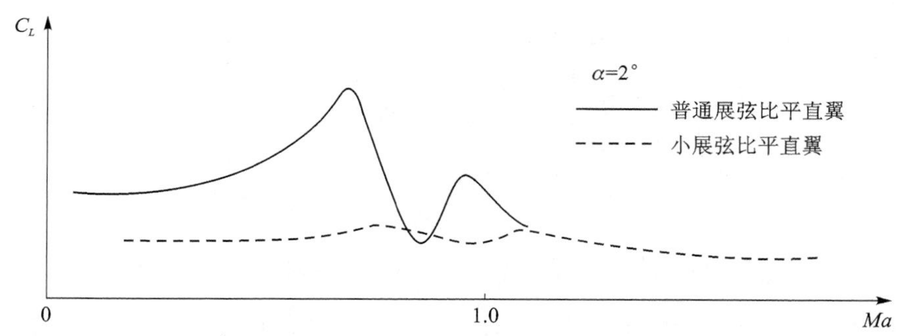

图 3-133　不同展弦比平直翼的升力系数随 Ma 的变化

其原因同样是因为展弦比很小，机翼表面的超声速区与前缘外侧之间的空气均压作用更为显著。另外，三角翼常具有较小的相对厚度，导致升力系数的变化更趋缓和。

(5) 阻力系数随飞行 Ma 的变化

图 3-134 所示为前缘后掠角和展弦比都不同的三角翼的阻力系数随飞行 Ma 的变化曲线。可以看出：对于后掠角大，而展弦比小的三角翼，因为临界马赫数比较大，所以阻力系数在更大的 Ma 下才开始增长。又因为机翼表面的超声速区与前缘外侧之间空气相互均压，所以阻力系数增长的趋势比较缓和，最大阻力系数也比较小。

现有资料表明，具有大后掠角和小展弦比的三角翼，其最大阻力系数是在飞行 Ma 大于 1 而又属于亚声速前缘的情况下才会出现。

如果三角翼的前缘后掠角减小，则展弦比增大，其阻力系数随 Ma 变化的情形也就和普通展弦比平直翼的情形逐渐接近。

根据试验结果，可以绘出展弦比相同的三角翼和后掠翼的阻力系数随 Ma 变化的曲线，如图 3-135 所示。对比两曲线可以看出：三角翼的临界马赫数比较低，阻力系数不仅开始增长得比较早，并且增长得也比较迅速。至于后掠翼，阻力系数开始增长比较晚，增长也比较缓和。

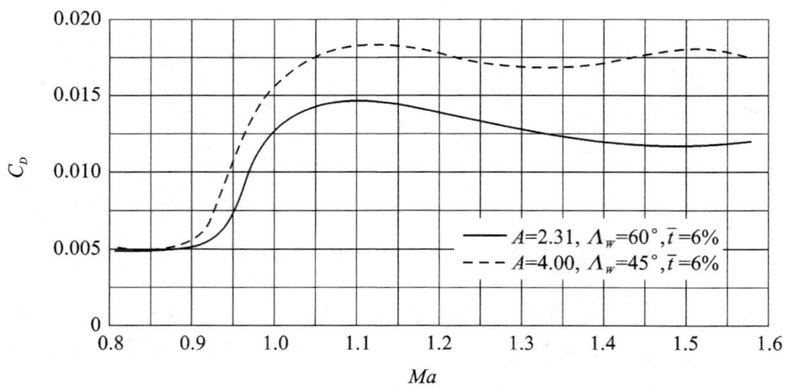

图 3-134　不同展弦比和后掠角的三角翼的阻力系数随 Ma 的变化

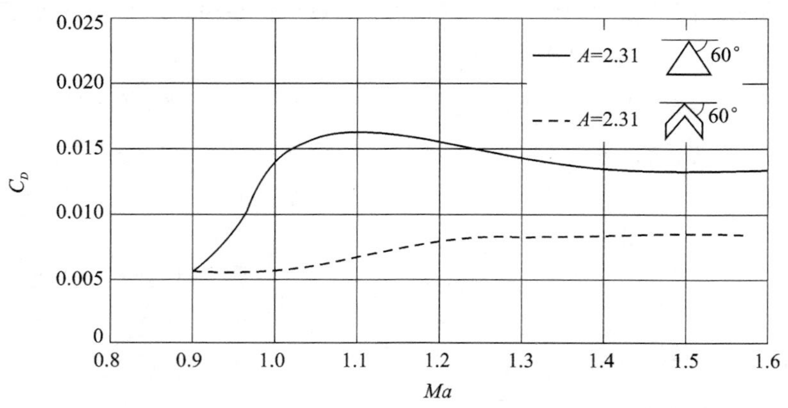

图 3-135　三角翼和后掠翼的阻力系数随 Ma 的变化(相对厚度均为 6%)

为了比较三角翼和后掠翼、平直翼在超声速气流中的阻力系数,图 3-136 绘出了这三种机翼在无升力迎角下的零升阻力系数随 Ma 的变化曲线。图中各翼型均为菱形,相对厚度均为 5%,最大厚度位置均在翼弦中央。

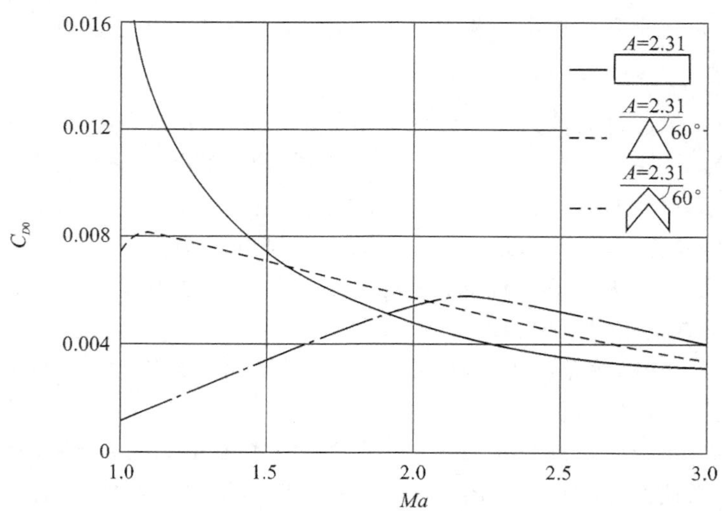

图 3-136　平直翼、三角翼和后掠翼的阻力系数曲线

图中后掠翼因为大致是在等声速前缘的情况下，阻力系数达到最大值，所以对应于最大阻力系数的飞行 Ma 最大。而三角翼是在亚声速前缘的情况下，阻力系数达到最大值，所以对应的飞行 Ma 比较小。由此可见，在飞行 Ma 增大的过程中，三角翼的阻力系数开始下降比较早，而后掠翼开始下降最晚。因此进入更大的飞行 Ma 阶段，三角翼的阻力系数反而比后掠翼的小。至于平直翼，其最大阻力系数是在飞行 Ma 等于 1 附近时出现的。随飞行 Ma 增大，阻力系数开始下降最早，因此在进入更大的飞行 Ma 阶段，平直翼的阻力系数最小。

可见，三角翼的阻力系数随 Ma 变化的大致情形介于平直翼与后掠翼两者之间。比较来说，三角翼既适于跨声速阶段飞行，也适于 Ma 更大的超声速阶段飞行。

以上是在同样相对厚度的条件下进行分析比较的，实际上，后掠角为 60°的后掠翼的相对厚度通常大于 5%。相对厚度增大，必将引起阻力系数在各飞行 Ma 下普遍增大。可见，在大 Ma 的超声速飞行中，三角翼或小展弦比平直翼比后掠翼更优越些。

本章小结

在第 2 章空气流动特性学习的基础上，本章首先分析了低速流动下升力和阻力产生的机理，对影响升力、阻力的因素进行了详细分析，给出升阻比定义和极曲线的画法，分析了从曲线中可得出的结论。简单介绍了增升装置，给出后掠翼、前掠翼和三角翼的空气动力特性分析方法。之后对比介绍了亚声速、跨声速、超声速的空气动力特性及物理意义。学习本章要注意对比低速到高速空气动力特性的异同及物理意义，认知不同机翼形状空气动力特性的分析思路，学会利用公式和曲线分析影响空气动力特性的因素及机理。图 3 - 137 为本章思维导图，供学习参考。

思考题

1. “观察升力系数曲线可知，临界迎角时对应的升力系数最大，且临界迎角附近的升力系数都较大，所以，飞行中为了获得大的升力，迎角通常应约等于临界迎角。”这种说法对吗？为什么？

2. 同一架飞机以同一迎角和表速在不同的高度上做高速飞行，升力是否相同？为什么？以同一表速在不同高度上做水平飞行，迎角是否相同？为什么？

3. 影响升力大小的因素有哪些？各因素又是怎样影响升力的？

4. 某飞机质量为 3 800 kg，机翼面积为 17 m^2，零升迎角为－2.1°，升力系数曲线斜率为 0.077 3/(°)，求飞机以 360 km/h 的表速做水平飞行时的迎角。

5. 某飞机以 540 km/h 的真速水平飞行，若增大迎角，将升力系数增加为原来的两倍后，仍在原高度上平飞，求此时飞机的平飞速度。

6. 写出阻力公式，说明阻力系数的物理意义，分析影响阻力大小的因素及机理。

7. 某飞机质量为 4 000 kg，机翼面积为 17 m^2，诱导阻力因子为 5.4，零升阻力系数为 0.024，求飞机以 540 km/h 的表速做水平飞行时的阻力。

8. 分析翼根效应和翼尖效应产生原因及对机翼表面压力分布的影响。

9. 后掠翼在大迎角下，为什么翼尖先失速？临界迎角附近升力系数变化为什么比平直翼缓和？

10. 已知某飞机的机翼面积为 17 m^2,零升阻力系数为 0.024,用有利迎角平飞时的表速为 270 km/h,升阻比为 12.38,求飞机的质量。

11. 已知某飞机的机翼面积为 17 m^2,飞机质量为 4 200 kg,零升迎角为－2.1°,升力系数曲线斜率为 0.077 3/(°),求该型飞机在 3 km 高度上以 450 km/h 的速度做水平飞行时的迎角是多少？飞机阻力是多少？

12. 放襟翼后,飞机空气动力特性有什么变化？为什么？

13. 无人机起降贴近地面飞行时,空气动力特性有什么变化？为什么？

14. 画出翼型升力系数随 *Ma* 数变化的曲线示意图,说明跨声速时的变化规律,并解释原因。

15. 跨声速飞行时,翼型压力中心随飞行 *Ma* 数是怎样变化的？为什么？

16. 比较后掠翼与平直翼的跨声速升、阻力特性,并解释原因。

17. 阅读后面的拓展阅读,总结飞机飞行速度是如何随着作战需求和空气动力学理论发展变化的,畅想未来无人机在速度和作战运用上的发展趋势。

拓展阅读

突破声障

大展弦比的直机翼飞机,在飞行速度接近声速时,会出现阻力剧增、操纵性能变坏和自发栽头的现象,飞行速度也不能再提高,因此人们曾以为声速是飞机速度不可逾越的障碍,故称之为声障。

1. 遇到声障

1740 年,罗宾斯进行实验时,炮弹的时速超过 820 英里①,即大于空气中的声波传播速度(约每小时 760 英里)。实验中他发现牛顿的平方阻力公式只适用于运动速度较低的情况,当运动速度比较高时,阻力的增加远较此公式所给出的快,有时甚至高达 3～4 倍,特别是在运动速度到达声速之前,阻力出现一个非常突然的增加,过了声速以后,阻力又开始下降,逐渐趋向正常值,这种阻力在声速附近突然上升的现象就是所谓的声障现象。

声障一词最早出现于 20 世纪 40 年代初期。第二次世界大战中,战斗机的设计已经相当成熟,虽然还沿用直机翼,但暴露在机外的零件已经很少,飞机外形十分“干净”。当时单台发动机的动力已超过 1 000 马力(1 马力≈735.499 瓦),飞机的平飞速度已达声速的一半;俯冲时,可以超过声速的 0.7 倍。正是在后一情况下,发现飞机有自发栽头和尾翼强烈抖振的现象,使整个飞机有破碎的危险。后来发现,自发栽头是由于翼面附近出现相当大的超声速区,翼面上吸力区(气压低于大气压的区域,也称负压区)大大地向后扩展,压力中心显著后移,从而产生很大的低头力矩造成的。翼面上的局部超声速区是以激波为后界的,而激波又引起翼面上的边界层分离,分离流很不稳定,打到尾翼处就会引起尾翼抖振。同时这还使飞机的阻力随马赫数的微小上升而急剧增大,因而人们认为声速是飞行速度进一步提高的不可逾越的障碍。

① 1 英里＝1 609.344 米。

2. 接近声障

第二次世界大战后期，英国的喷火式战斗机和美国的“雷电”式战斗机在接近声速的高速飞行时，最早感觉到空气的压缩性效应。也就是说，在高速飞行的飞机前部，由于局部激波的产生，空气受到压缩，阻力急剧增加。更严重的是，激波能使流经机翼和机身表面的气流变得非常紊乱，从而使飞机剧烈抖动，操纵十分困难。同时，机翼会下沉、机头往下栽，如果这时飞机正在爬升，机身会突然自动上仰。这些讨厌的“症状”都可能导致飞机坠毁。这一时期的战斗机已经接近活塞式飞机飞行速度的极限，例如美国的 P-51D“野马”式战斗机，最大速度每小时 765 km，大概是用螺旋桨推进的活塞式战斗机中飞得最快的了。若要进一步提高飞行速度，必须增加发动机推力，但是活塞式发动机已经无能为力。航空科学家们认识到，要向声速冲击，必须使用全新的航空发动机，也就是喷气式发动机。

二战末期，德国研制成功 Me-163 和 Me-262 新型战斗机，投入了苏德前线作战。这两种都是当时一般人从未见过的喷气式战斗机，具有后掠形机翼。前者装有 1 台液体燃料火箭发动机，速度为 933 km/h；后者装有 2 台涡轮喷气发动机，最大速度为 870 km/h，是世界上第一种实战喷气式战斗机。它们的速度虽然显著超过对手的活塞式战斗机，但是由于数量稀少，又不够灵活，它们的参战对挽救德国法西斯失败的命运没起到什么实际作用。

德国喷气式飞机的出现，促使反法西斯各国加快了研制本国喷气式战斗机的步伐。英国的“流星”式战斗机很快也飞上蓝天，苏联的著名飞机设计局，例如米高扬、拉沃奇金、苏霍伊和雅科夫列夫等，都相继着手研制能与德国新式战斗机相匹敌的飞机。

米高扬设计局研制出了伊－250 试验型高速战斗机（米格－13），它采用复合动力装置，由一台活塞式发动机和一台冲压喷气发动机组成。在高度 7 000 m 时，这种发动机产生的总功率为 2 800 马力，可使飞行速度达到 825 km/h。1945 年 3 月 3 日，试飞员杰耶夫驾驶伊－250 完成了首飞。伊－250 是苏联战斗机中飞行速度率先达到 825 km/h 的第一种飞机，它进行了小批量生产。

苏霍伊设计局研制出苏－5 试验型截击机，也采用了复合动力装置。1945 年 4 月，苏－5 速度达到 800 km/h。另一种型号苏－7，除活塞式发动机外，还加装了液体火箭加速器（推力 300 kg），可短时间提高飞行速度。拉沃奇金和雅科夫列夫设计的战斗机也安装了液体火箭加速器。但是，用液体火箭加速器来提高飞行速度的办法并不可靠，其燃料和氧化剂仅够使用几分钟，而且具有腐蚀性的硝酸氧化剂使用起来也十分麻烦，甚至会发生发动机爆炸事故。试飞员拉斯托尔古耶夫就在一次火箭助推加速器爆炸事故中以身殉职。在这种情况下，苏联航空界中止了液体火箭加速器在飞机上的使用，全力发展涡轮喷气发动机。

涡轮喷气发动机的研制成功冲破了活塞式发动机和螺旋桨给飞机速度带来的限制。不过，尽管有了新型的动力装置，在向声速迈进的道路上也是障碍重重。

空气动力学家和飞机设计师们密切合作，进行了一系列飞行试验，结果表明：要进一步提高飞行速度，飞机必须采用新的空气动力外形，例如后掠形机翼要设法减薄。苏联中央茹科夫斯基流体动力研究所的专家们曾对后掠翼和后掠翼飞机的配置形式进行了大量的理论研究和风洞试验。由奥斯托斯拉夫斯基领导的试验中，曾用飞机在高空投放装有固体火箭加速器的模型小飞机。模型从飞机上投下后，在滑翔下落过程中，火箭加速器点火，使模型飞机的速度超过声速，专家们据此探索超声速飞行的规律性。苏联飞行研究所还进行了一系列研究，了解在空气可压缩性和气动弹性作用增大的情况下，高速飞机所具有的空气动力特性。这些基础研究对超声速飞机的诞生起到了重要作用。

3. 突破声障

美国对超声速飞机的研究主要集中在贝尔 X-1 型“空中火箭”式超声速火箭动力研究机上。研制 X-1 最初的意图是想制造出一架飞行速度略微超过声速的飞机。X-1 飞机的翼型很薄，没有后掠角，它采用液体火箭发动机作动力。由于飞机上所能携带的火箭燃料数量有限，火箭发动机工作的时间很短，因此不能用 X-1 自己的动力从跑道上起飞，而需要把它挂在一架 B-29 型“超级堡垒”重型轰炸机的机身下升入天空。

飞行员在升空之前，已经在 X-1 的座舱内坐好。轰炸机飞到高空后，像投炸弹那样把 X-1 投放出去。X-1 离开轰炸机后，在滑翔飞行中再开动自己的火箭发动机加速飞行。X-1 第一次空中投放试验是在 1946 年 1 月 19 日；而首次在空中开动其火箭动力试飞则是等到当年 12 月 9 日才进行，使用的是 X-1 的 2 号原型机。1947 年 10 月 14 日，美国空军试飞员查克·耶格尔上尉驾驶 X-1 在 12 800 m 的高空，使飞行速度达到 1 078 km/h，相当于 1.015 *Ma*，完成了 X-1 的首次超声速飞行，查克·耶格尔上尉也成为世界上第一个飞得比声音更快的人。

在人类首次突破声障之后，研制超声速飞机的进展就加快了。美国空军和海军在竞创速度记录方面展开了竞争。1951 年 8 月 7 日，美国海军的道格拉斯 D.558-Ⅱ型“空中火箭”式研究机的速度达到 1.88 *Ma*。8 天之后，试飞员布里奇曼驾驶这架研究机飞达 22 721 m 的高度，使他成为当时不但飞得最快，而且飞得最高的人。接着在 1953 年，“空中火箭”的飞行速度又超过了 2 *Ma*，约为 2 172 km/h。人们通过理论研究和一系列研究机的飞行实践，以及血的代价，终于掌握了超声速飞行的规律。高速飞行研究的成果首先被用于军事上，各国竞相研制超声速战斗机。1954 年，苏联的米格-19 和美国的 F-100“超佩刀”问世，这是两架最先服役的仅依靠本身喷气发动机即可在平飞中超过声速的战斗机；很快，1958 年 F-104 和米格-21 又将这一记录提高到了 2 *Ma*。尽管这些数据都是飞机在高空中短时间内加力全开才能达到的，但人们对追求这一瞬间的辉煌还是乐此不疲。将“高空高速”这一情结发挥到极致的是两种“双三”飞机，米格-25 和 SR-71，它们的升限高达 30 000 m，最大速度则达到了惊人的 3 *Ma*，已经接近了喷气式发动机的极限。随着近年来实战得到的经验——“高空高速”并不实用，这股热潮才逐渐冷却。

第4章　螺旋桨与旋翼空气动力特性

螺旋桨和旋翼一样，都是靠桨叶的旋转产生空气动力。旋翼和螺旋桨主要由桨叶、桨毂和变距机构等组成，多数性能指标的定义，如桨叶直径、桨叶角、桨叶迎角等相同，空气动力特性基本分析方法也类似。由于螺旋桨的功能是产生拉力或推力，运动相对旋翼来说要简单一些，而旋翼不光要提供克服阻力运动的动力，还要提供平衡重力的升力，其运动耦合紧密，空气动力特性相对复杂，对无人直升机的飞行影响与固定翼无人机相差较大。本章主要对比介绍螺旋桨和旋翼的空气动力特性，并单独阐述不同部分。

4.1　基本结构与性能指标

4.1.1　基本结构

旋翼和螺旋桨均由桨叶和桨毂组成，图4－1所示为螺旋桨的基本组成，多数螺旋桨还带有变距机构。旋翼是直升机最关键的核心部件，既可以产生升力，又是直升机运动的动力来源，旋翼旋转的平面既是升力面又是操纵面。从原理上讲，旋翼和螺旋桨没有区别，但相对于螺旋桨，旋翼结构要复杂得多。

直升机上有各种形式的旋翼，旋翼的形式由桨毂形式决定，它随着材料、工艺和旋翼理论的发展而变化。旋翼桨毂用于向旋翼桨叶传递主减速器的旋转力矩，同时承受旋翼桨叶产生的空气动力，并将旋翼的气动合力传给机身。最早的旋翼桨毂根据它的结构设计主要分为全铰式、半刚性跷跷板式和刚性旋翼桨毂3类。现在见到最多的旋翼是全铰式旋翼和半刚性跷跷板式旋翼。到目前为止，已在实践中应用的旋翼形式大致分为全铰式、半铰式、无铰式和无轴承式4种，如图4－2所示。

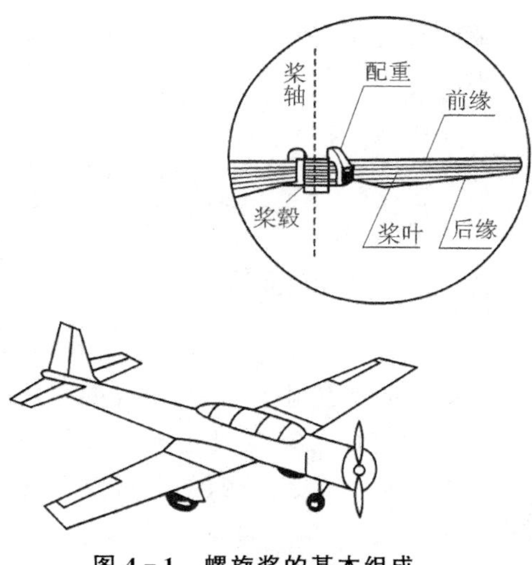

图4－1　螺旋桨的基本组成

全铰式旋翼是目前普遍应用在中型和重型直升机上，如图4－2(a)所示，全铰式旋翼桨毂包含有轴向铰、垂直铰和水平铰。轴向铰的作用是当操纵旋翼桨叶绕轴向铰转动时，旋翼的桨距发生变化，从而改变旋翼的拉力，因此轴向铰又称变距铰。垂直铰的功用是消除桨叶在旋转面内的摆动(摆振)引起的旋翼桨叶根部弯曲，垂直铰又称摆振铰。为了防止旋翼桨叶摆振，一般在垂直铰处设置减摆器。减摆器起阻尼作用，因此垂直铰又称阻尼铰。设置垂直铰的另外一个作用就是减小旋翼结构尺寸。水平铰的作用是让旋翼桨叶上下挥舞，消除或减小飞行中在旋翼上出现的左右倾覆力矩，因此水平铰又称挥舞铰。

半刚性跷跷板式旋翼和万向接头式旋翼都属于半铰式旋翼，其中最普遍的是跷跷板式，其特点是没有摆振铰。与全铰式旋翼相比，其优点是桨毂结构简单，去掉了垂直铰和减摆器，两

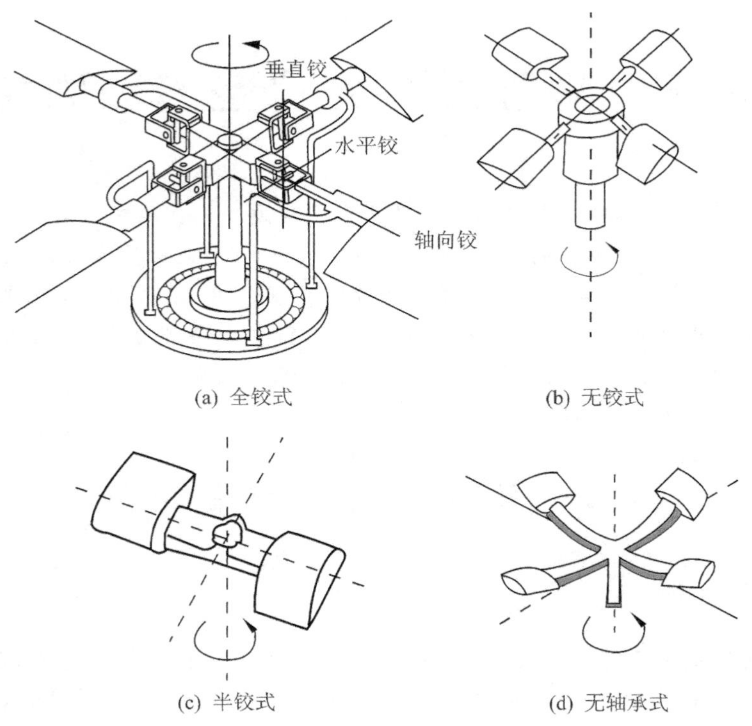

(a) 全铰式 (b) 无铰式

(c) 半铰式 (d) 无轴承式

图 4-2 旋翼的形式

片桨叶相连共用一个挥舞铰,此挥舞铰不承受离心力而只传递拉力及旋翼力矩,轴承负荷较小。

无铰式旋翼的桨叶与桨毂连接,取消了水平铰及垂直铰而只保留轴向铰。

无轴承式旋翼又称为刚性旋翼,取消了轴向铰、水平铰以及垂直铰,除了周期变距,这种桨毂不提供旋翼任何的活动。

4.1.2 性能指标

螺旋桨和旋翼主要由一个桨毂和数片桨叶组成。螺旋桨和旋翼的空气动力建立在每片桨叶的空气动力基础上,每片桨叶的空气动力可以近似看成各小段叶素的空气动力总和。桨叶与空气做相对运动,产生螺旋桨飞机或直升机飞行所需要的空气动力。螺旋桨和旋翼的大部分性能指标定义是一致的,桨叶形状参数与机翼形状参数定义一致,只是称呼上略有不同,如桨弦对翼弦,这里不再重复,直接使用。

1. 桨叶直径 D 和半径 R

桨叶旋转时,桨尖所画圆的直径叫作桨叶直径,用 D 表示,它是影响桨叶拉力大小的一个很重要的因素,也可以分别称为旋翼直径或螺旋桨直径。大型直升机的旋翼直径可达 30 多米,相比之下,无人直升机的旋翼直径要小得多,如美国的“火力侦察兵”无人机旋翼直径为 8.36 m,奥地利的 S100 无人机旋翼直径为 3.39 m。桨叶半径 $R=D/2$,任一桨叶剖面离桨毂中心的半径为 r,铰外伸量为 e,如图 4-3 所示。

2. 桨盘面积

旋翼旋转时忽略挥舞桨尖划过的圆面称为桨尖轨迹平面(Tip Pach Plane,TPP),也称为

桨盘，桨叶所画圆的面积称为桨盘面积，如图 4－4 所示，用 A 来表示，即

$$A=\pi R^2$$

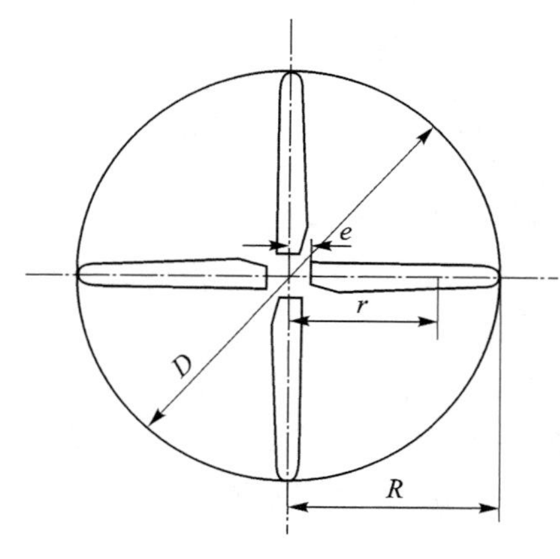

图 4－3　桨叶直径和半径

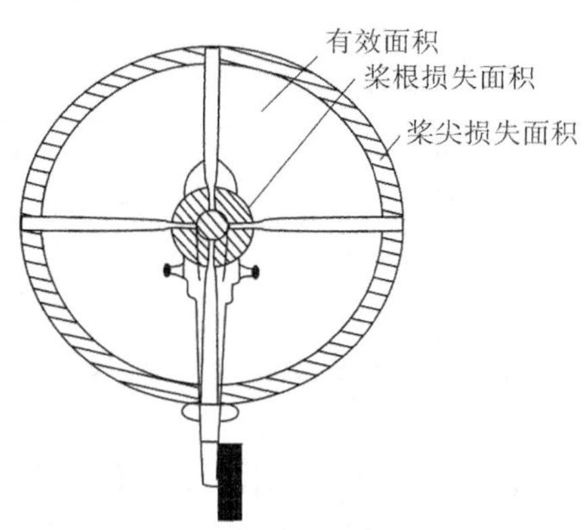

图 4－4　桨盘面积

桨盘面积的大小关系到产生旋翼拉力的大小，旋翼拉力的大小与桨盘面积成正比。旋翼工作时，整个桨盘面积并不都能有效地产生拉力，因为空气从高压区自下而上绕过桨尖流向低压区，桨叶尖部的压差减小，旋翼桨盘外部一个狭窄的圆环处可以认为不产生拉力，在计算旋翼有效面积时，应减去这一部分。

旋翼桨毂不产生拉力。在前飞中，由于气流斜吹旋翼，桨盘中心部分不产生拉力。在 180°～360°方位的桨叶靠近根部的某些部分，气流是从桨叶后缘吹来的，也不产生拉力。所以旋翼桨盘面积的中心部分在计算有效面积时也应减去。

对旋翼产生拉力起作用的面积叫有效面积，它比整个桨盘面积稍小。有效面积一般约为整个旋翼桨盘面积的 92%～96%。

3. 桨叶安装角和桨距

桨叶某一剖面（翼型）的翼弦与桨毂旋转平面之间的夹角叫该切面的桨叶安装角，用 φ 表示，如图 4－5 所示。相对于桨毂旋转平面，桨叶前缘高于后缘，φ 为正。

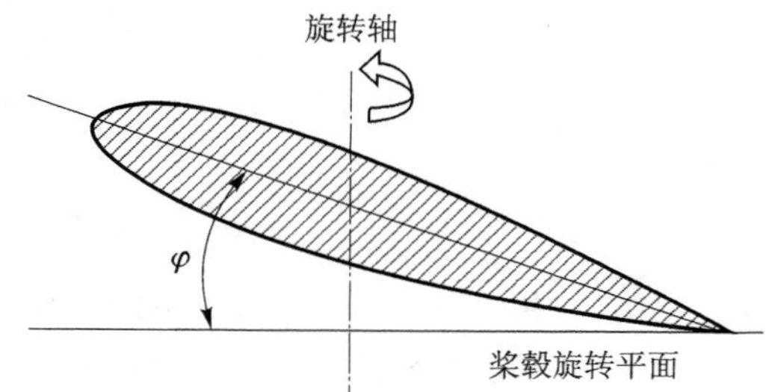

图 4－5　桨叶安装角

桨叶旋转时，桨叶的不同部位切向速度不同，桨根处最小，桨尖处最大，从而引起空气动力沿着整个桨叶分布不均。为了使桨叶具有良好的空气动力性能，一般桨叶沿展向是分段变化的，尽量做到空气动力沿整个桨叶的分布均匀，减少由于诱导速度分布不均而引起的附加功率损失。通常都把桨叶做成具有负的几何扭转，如图 4－6 所示。对于扭转的桨叶，为方便计算，一般取 70%R 处的剖面（该剖面称特性切面）安装角为桨叶安装角，并称该安装角为桨距 φ_7。桨叶安装角的大小一般按线性规律，即从桨根到桨尖，安装角逐渐减小，随距离旋转轴越近而逐渐增大。对旋翼来说，各片桨叶桨距的平均值称为旋翼的总距。

扭转角沿半径的分布与桨叶平面形状（即宽度分布）相组合，可使桨叶气动环量分布趋于

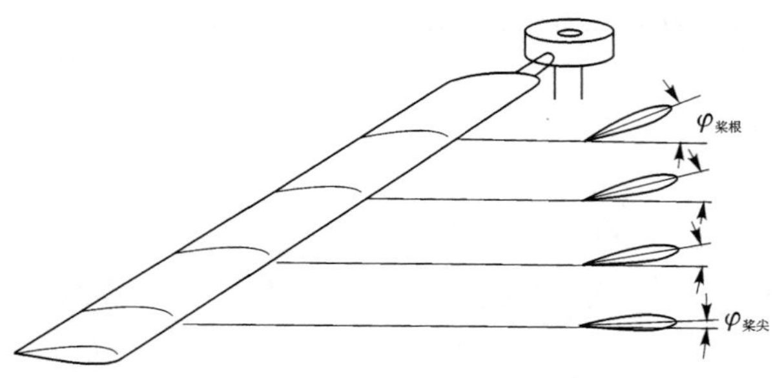

图 4-6　桨叶的几何扭转

均匀，提高桨叶效能，改善桨叶失速特性。对于某种典型矩形桨叶，若采用最佳线性扭转，悬停诱导功率损失可比无扭转时减小 8%。为使旋翼或螺旋桨获得最佳性能，往往要把桨叶翼型设计成沿桨叶展向变化，采用成套的翼型族分别满足桨叶不同半径处在不同方位角的不同要求，使桨叶在不同气动环境中发挥不同翼型的性能。

无人直升机可以通过改变旋翼的总距，从而改变旋翼拉力的大小。根据不同的飞行状态，总距的变化范围为 2°～14°。在同一飞行状态下，改变总距会相应地改变旋翼转速。桨叶安装角过大，容易发生气流分离；桨叶安装角过小，桨叶容易发生超速，惯性离心力增大，使结构载荷过大，而且会降低旋翼的效能。

4. 桨叶迎角

桨叶旋转时，桨叶剖面的相对气流合速度 w 与其桨弦之间的夹角称为桨叶迎角，用 α 表示，如图 4-7 所示，当螺旋桨飞机或旋翼飞机运动时，相对气流合速度 w 是桨叶旋转速度和飞机运动速度及诱导速度的合成。通常将特性切面的迎角称为桨叶迎角，用 α_7 表示。相对气流从翼弦线的下方吹来，迎角为正。

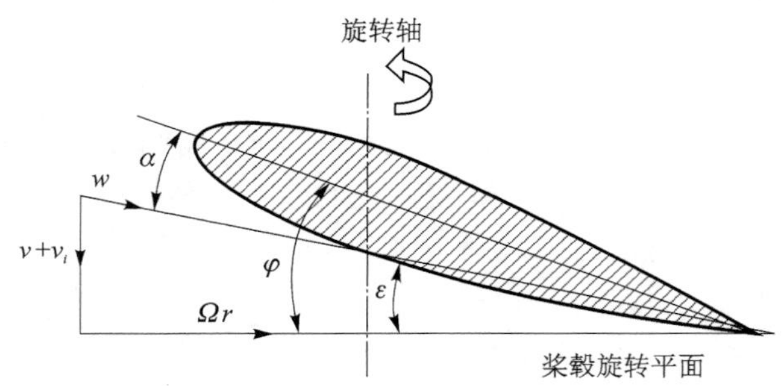

图 4-7　桨叶安装角、迎角和入流角

桨叶剖面的相对气流合速度 w 由旋转相对气流速度 Ωr 和桨毂旋转平面的相对气流速度 $v+v_i$ 来确定。利用速度合成的方法可以确定出相对气流合速度 w 的大小和方向。

5. 入流角

相对气流合速度 w 与桨毂旋转平面一般是不平行的，它与桨毂旋转平面的夹角称为入流角，或称为来流角，用 ε 表示。合速度 w 从上方吹向桨毂旋转平面时，ε 为正；从下方吹向桨毂旋转平面时，ε 为负。

安装角 φ、桨叶迎角 α、入流角 ε 三者之间的关系为

$$\alpha=\varphi-\varepsilon \tag{4-1}$$

当安装角一定时，入流角的大小和方向直接影响桨叶迎角的大小，因此它是影响桨叶空气

动力的一个重要参数。对于旋翼飞机来说，即使在悬停状态，由于诱导速度 v_i 的存在，α 也不等于 φ。

6. 桨盘载荷

桨盘载荷 P_d 就是直升机起飞总重 G 与桨盘面积之比，即

$$P_d = \frac{G}{\pi R^2} \tag{4-2}$$

桨盘载荷是直升机飞行性能的一个重要参数。在选择直升机桨盘载荷时，一般要符合最大速度状态、悬停状态和旋翼自转飞行状态的要求。由于无人直升机不用考虑载人因素，内部装载密度较大，和载人直升机相比，桨盘载荷也相对较大，如美国的“火力侦察兵”无人机桨盘面积为 54.89 m^2，桨盘载荷为 256 N/m^2，奥地利的 S100 无人机桨盘面积为 9.03 m^2，桨盘载荷为 217 N/m^2。

很显然，相同起飞重量下，旋翼直径越小，意味着直升机桨盘载荷越大。但是，桨盘载荷越大，需要的诱导功率也就增大，这对于直升机的悬停工作状态是十分不利的。特别是在沙尘、雪或松软的地面上空悬停时，由于大的诱导速度将掀起地面上的沙尘和雪，使之穿过旋翼和进入发动机进气道，给直升机使用带来严重的问题。因此，若直升机的工作方式是以悬停或贴近地面为主，选择旋翼直径小、桨盘载荷大的直升机就很不适合了。

7. 旋翼实度

所有桨叶面积之和同桨盘面积的比值称为旋翼实度，也称为桨盘固态性或填充系数，用 σ 表示，是总桨叶面积 A_b 与桨盘面积 A 的比值。对矩形桨叶而言，旋翼实度公式为

$$\sigma = \frac{A_b}{A} = \frac{k \cdot cR}{\pi R^2} = \frac{kc}{\pi R} \tag{4-3}$$

其中，k 为桨叶片数；c 为桨叶弦长。旋翼实度的大小取决于桨叶的片数和每片桨叶的面积。直升机的旋翼实度一般为 0.03～0.09，尾桨的桨盘固态性一般要比旋翼的大。

旋翼实度过小，表明每片桨叶面积小或桨叶片数少，为了产生所需的足够的空气动力，必须增大桨叶的安装角和桨叶迎角，但在大速度飞行时会发生气流分离，使最大飞行速度受到限制。旋翼实度过大，表明每片桨叶面积大或桨叶片数多，必然使桨叶间距过小，造成后桨叶经常处于前桨叶的涡流之中，使空气动力性能变差。同时也会因桨叶面积大和片数多造成旋翼笨重、型阻大，旋翼旋转会消耗更多的发动机功率，使旋翼的效率降低，这将降低直升机的航程和续航时间。

在重量不变的条件下，如果实度越大，意味着单位面积桨叶上的载荷变小了，从而桨叶迎角变小了。这将推迟旋翼的气流分离失速，提高直升机的机动性、悬停升限、动升限、最大平飞速度。

对于螺旋桨来说，设计使用时同样需要权衡这一问题。

8. 桨叶转速和角速度

桨叶转动的快慢可用角速度 Ω 表示。桨叶每秒旋转的圈数叫作桨叶转速，用 n 表示。角速度与转速的关系为

$$\Omega = 2\pi n \tag{4-4}$$

桨尖速度为 ΩR，桨叶各切面的切向速度为 Ωr。

从性能角度考虑，在前飞时，桨尖速度越大，前行桨叶越容易产生局部激波，从而产生激波阻力，引起需用功率的迅速增加，这便限制了桨尖速度的加大。所以，桨叶转速的增加要受到

桨尖速度的限制，以避免桨尖出现大的空气压缩效应，从而产生激波。目前旋翼飞机的桨尖速度 $\Omega R=180\sim220$ m/s，大致相当于桨尖马赫数为 0.55～0.6。

9．旋翼迎角

桨毂旋转时与桨轴垂直的旋转平面叫桨毂旋转平面。桨毂旋转平面是研究旋翼和桨叶的重要基准面。

由于无人直升机是通过改变桨毂旋转平面角度来改变空气动力方向的，故需要研究相对气流与桨毂旋转平面的夹角。直升机的相对气流同桨毂旋转平面之间的夹角称为旋翼迎角，用 α_R 表示，如图 4-8 所示。飞行状态不同，旋翼迎角的正负和大小也不同，旋翼迎角范围为 $-180°\sim+180°$。如果气流自下而上吹向桨毂旋转平面，旋翼迎角为正；如果气流自上而下吹向桨毂旋转平面，则旋翼迎角为负。

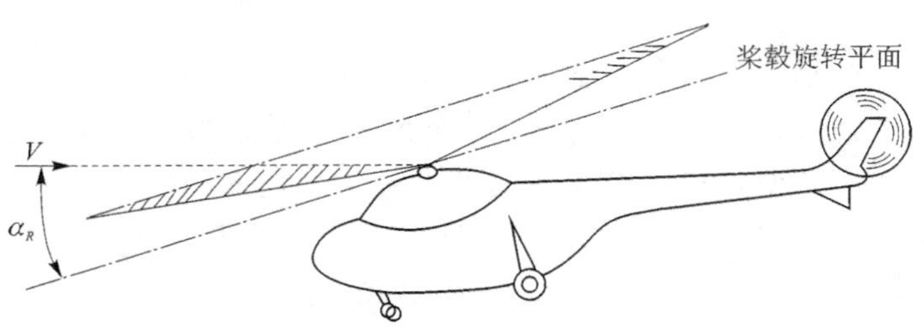

图 4-8　旋翼迎角

10．旋翼锥角

旋翼锥角是桨叶与桨尖轨迹平面之间的夹角，用 α_0 来表示。锥角的产生是由于桨叶承受大载荷而引起的，实际上锥角并不大，仅有 3°～5°。旋翼锥角对桨盘面积有影响，旋翼锥角小，桨盘面积大；反之，旋翼锥角大，桨盘面积小。大型直升机起飞时旋翼锥角最为显著，如图 4-9(a) 所示。

旋翼不旋转时，桨叶受到自身重力的作用而下垂。旋翼旋转时，每片桨叶上的作用力除自身重力外，还受到空气动力和惯性离心力的综合作用，使得桨叶保持在与桨毂旋转平面成某一角度的位置上，旋翼形成一个倒立的锥体，如图 4-9(b)所示。直升机悬停状态时，桨叶从桨毂旋转平面扬起的角度也是旋翼锥角。在计算桨盘面积时需要考虑旋翼锥角因素。

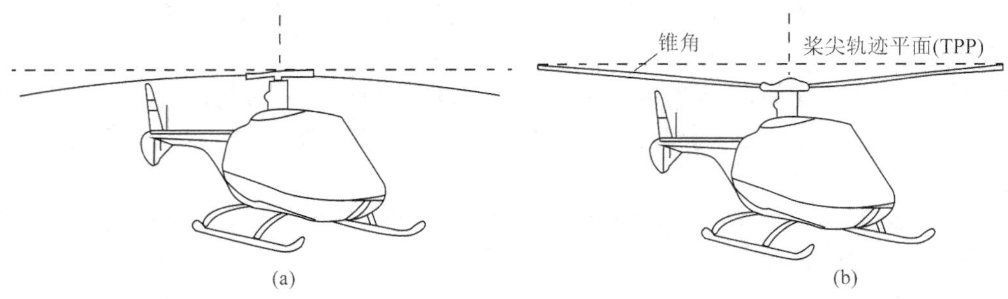

图 4-9　旋翼的锥角

11．前进比

沿桨毂旋转平面的气流分速同桨尖切向速度之比叫作前进比，也称旋翼工作状态特性系数，用 μ 表示，即

$$\mu = \frac{V\cos\alpha_R}{\Omega R} \tag{4-5}$$

水平飞行中，旋翼迎角较小，其余弦值接近于1，可近似地把飞行速度同桨尖切向速度的比值当作μ，即

$$\mu = \frac{V}{\Omega R} \tag{4-6}$$

前进比μ表示流过旋翼的气流不对称的程度，所以是确定旋翼工作条件的一个重要的特征参数，也是空气动力计算的一个基本参数。

前进比μ的大小随飞行速度大小的改变而改变。在垂直飞行或悬停状态中，$\mu=0$。以最大速度平飞时，μ可达0.35～0.4。μ值增大，就意味着飞行速度增大，或者旋翼转速减小。μ值过大会引起旋翼拉力降低，这对旋翼的工作是不利的。

螺旋桨的前进比是无人机飞行速度同桨尖切向速度的比值，直接影响桨距、入流角和桨叶迎角之间的关系，从而影响作用在螺旋桨上的空气动力的大小。

最后要说明的是，螺旋桨和旋翼的旋转方向不会影响无人机本身的性能，但不同的旋转方向会影响无人机操纵和副作用的分析。若伸出右手，大拇指指向旋翼升力方向或螺旋桨拉力方向，四指握拳方向与桨叶旋转方向一致，则该旋翼或螺旋桨为右旋，即螺旋桨飞机从后向前看，旋翼飞机从下向上看，桨叶顺时针旋转为右旋；若伸出左手，大拇指指向旋翼升力方向或螺旋桨拉力方向，四指握拳方向与桨叶旋转方向一致，则该旋翼或螺旋桨为左旋，即螺旋桨飞机从后向前看，旋翼飞机从下向上看，桨叶逆时针旋转为左旋。

1939年，美国研制出了全球第一架真正实用的VS-300直升机，旋翼采用逆时针旋转方向，1948年，苏联推出了自己的米-1直升机，为了显示区别，旋翼采用顺时针旋转方向，我国在引进苏联直升机后沿用了这一设计习惯。目前中、俄、法、印等国采用顺时针旋翼，美、德、英、日等国采用逆时针旋翼。

4.2　桨叶空气动力特性

4.2.1　螺旋桨空气动力特性

1. 螺旋桨运动规律

飞行中，螺旋桨的运动是一面绕转轴旋转，一面随飞机前进。桨叶上每一点的运动轨迹都是一条螺旋线，如图4-10所示。因此，桨叶各剖面都具有两种速度：一种是前进速度v，即飞机的飞行速度；另一种是因旋转而产生的圆周速度，或叫切向速度u，其大小取决于螺旋桨转速和各剖面半径的大小，即$u=2\pi rn$，式中n为螺旋桨的转速(r/s)，如图4-11所示。

当飞行速度v和切向速度u一定，即入流角ε一定，来流方向不变时，桨叶迎角随桨叶角的增大而增大，随桨叶角的减小而减小。

在桨叶角φ和切向速度u一定的情况下，当$v=0$时，$\varepsilon=0$，桨叶迎角等于桨叶角，即$\alpha=\varphi$，如图4-12(a)所示；随着飞行速度的增大，ε增大，桨叶迎角小于桨叶角，即$\alpha<\varphi$，如图4-12(b)所示；当飞行速度增大到一定值时，$\varepsilon=\varphi$，桨叶迎角变为零，即$\alpha=0$，如图4-12(c)所示；飞行速度继续增大，$\varepsilon>\varphi$，桨叶迎角将变为负值，即$\alpha<0$，如图4-12(d)所示。由此可得，在桨叶角和切向速度不变的情况下，桨叶迎角随飞行速度的增大而减小。

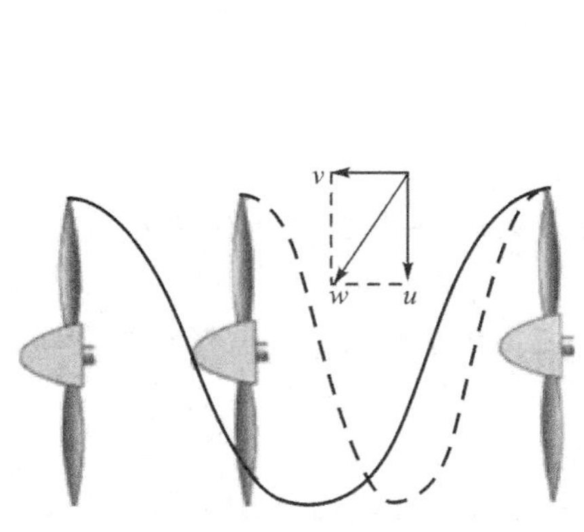

图 4-10　螺旋桨某点的运动轨迹与速度

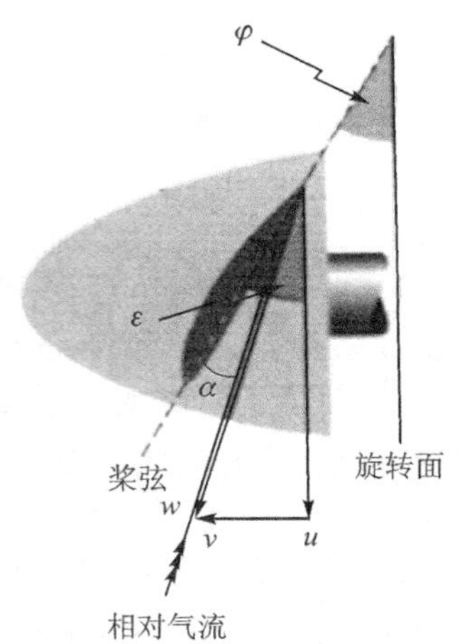

图 4-11　桨叶剖面的速度与气流

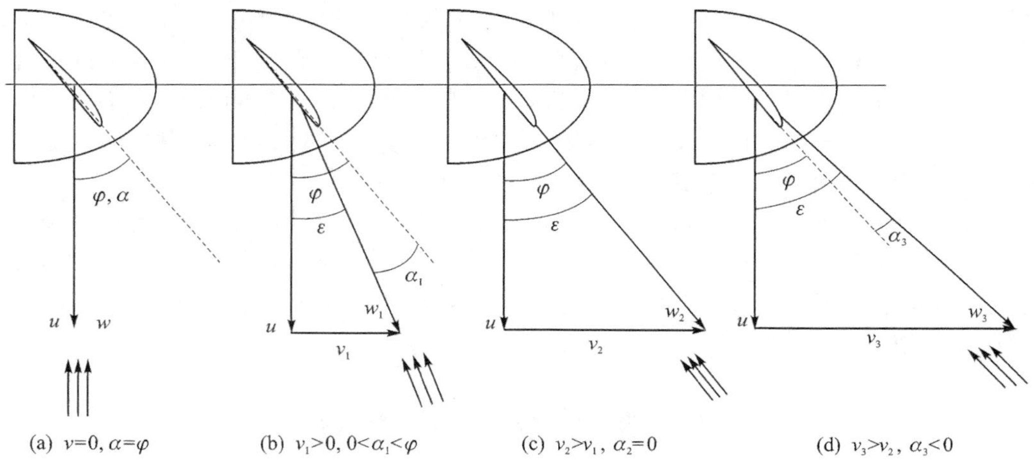

图 4-12　桨叶迎角随飞行速度的变化

如图 4-13 所示，在桨叶角 φ 和飞行速度 v 一定的情况下，螺旋桨转速 n 增加或桨叶剖面的半径 r 增大，则切向速度 u 增加，合速度的方向靠近旋转面，即 ε 减小，桨叶迎角将增大。同理，转速减小或剖面半径减小，则桨叶迎角将减小。

2. 螺旋桨拉力和旋转阻力(矩)

螺旋桨的拉力和旋转阻力都是由螺旋桨空气动力产生的，由于桨叶的剖面形状与翼型相似，所以螺旋桨拉力和旋转阻力的产生和变化与机翼升力和阻力的产生与变化的机理基本相同。

螺旋桨桨叶的总空气动力为 R，类似于机翼的升阻力方向，可将 R 沿垂直于合速度和平行于合速度的方向分解为 L 和 D，同时也可以将其分解为与桨轴平行、驱使飞机前进的拉力 T 和与桨轴垂直、与螺旋桨旋转方向相反、阻碍螺旋桨旋转的旋转阻力 Q，如图 4-14 所示。

螺旋桨空气动力可用叶素法计算。在桨叶半径 r 处，取一宽度为 $\mathrm{d}r$ 的微元桨叶，该微元桨叶称为叶素，如图 4-15 所示。

在叶素上产生的空气动力 $\mathrm{d}R$ 的大小为

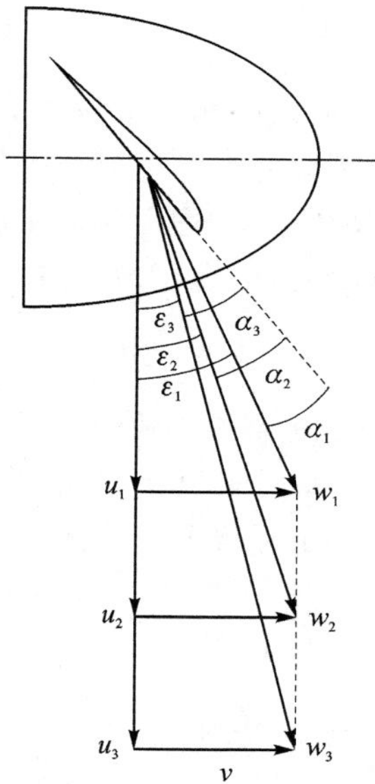

图 4－13　桨叶迎角随切向速度变化

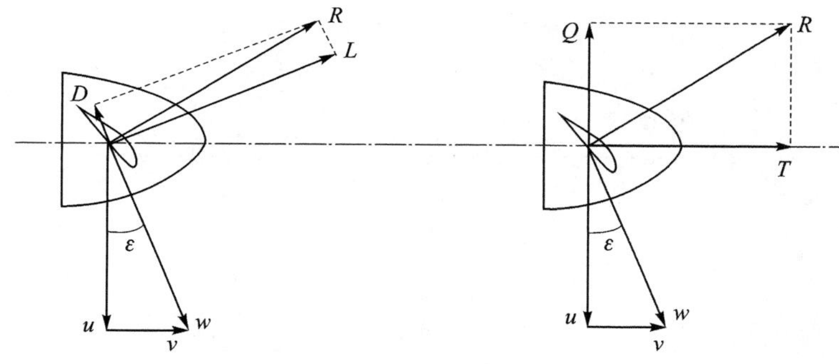

图 4－14　桨叶的空气动力及其分力

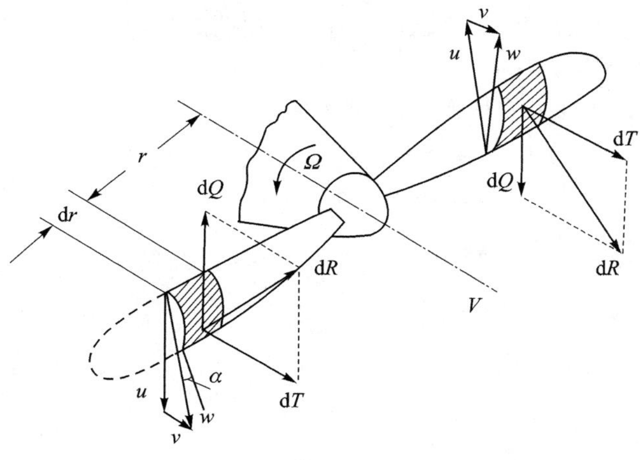

图 4－15　叶素上的空气动力

$$dR = C_R \frac{1}{2}\rho w^2 dS \tag{4-7}$$

式中，C_R 为桨叶空气动力系数；dS 为叶素面积，$dS = c\,dr$，c 为桨弦长度。

根据对桨叶运动所起的作用，可把桨叶空气动力分解为两个分力：一是与桨轴平行，拉着螺旋桨前进的拉力 dT；另一个是与桨轴垂直，阻碍螺旋桨旋转的旋转阻力 dQ。

各叶素上拉力的总和就形成了螺旋桨的总拉力，可写为

$$T = k\int_{r_0}^{R} dT \tag{4-8}$$

式中，k 为桨叶数目；R 为螺旋桨的半径；r_0 为桨毂的半径。

如图 4-16 所示，空气动力 dR 分解为垂直于合速度方向和平行于合速度方向的两个分力 dL 和 dD，由机翼升阻力公式，其大小可按下式计算：

$$dL = C_{Le} \frac{1}{2}\rho w^2 c\,dr \tag{4-9}$$

$$dD = C_{De} \frac{1}{2}\rho w^2 c\,dr \tag{4-10}$$

式中，C_{Le} 为桨叶叶素垂直于合速度方向的空气动力系数；C_{De} 为桨叶叶素平行于合速度方向的空气动力系数。

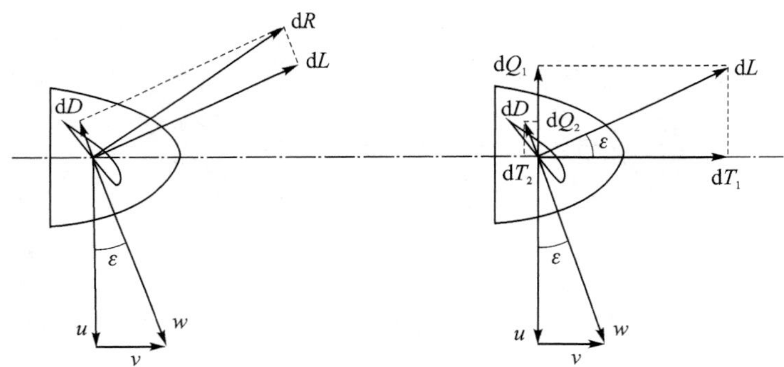

图 4-16　叶素的空气动力及其分力

空气动力系数 C_{Le} 和 C_{De} 由实验确定。这里要说明的是，和机翼一样，螺旋桨桨叶旋转时会产生桨尖涡，同样会产生诱导阻力。

根据几何关系可求得该叶素所产生的拉力为

$$\begin{aligned} dT &= dT_1 - dT_2 \\ &= dL\cos\varepsilon - dD\sin\varepsilon \\ &= (C_{Le}\cos\varepsilon - C_{De}\sin\varepsilon)\frac{1}{2}\rho w^2 c\,dr \end{aligned} \tag{4-11}$$

桨叶剖面的合速度 w 可表示为

$$w = \frac{u}{\cos\varepsilon} = \frac{2\pi r n}{\cos\varepsilon} \tag{4-12}$$

所以，整个螺旋桨的拉力为

$$T = k\int_{r_0}^{R} dP$$

$$
\begin{aligned}
&= k\int_{r_0}^{R} (C_{Le}\cos\varepsilon - C_{De}\sin\varepsilon)\,\frac{1}{2}\rho\left(\frac{2\pi rn}{\cos\varepsilon}\right)^2 c\,\mathrm{d}r \\
&= \frac{k}{4}\pi^2\rho n^2 D^4\int_{\bar{r}_0}^{1}\frac{C_{Le}\cos\varepsilon - C_{De}\sin\varepsilon}{\cos^2\varepsilon}\bar{c}\bar{r}^2\,\mathrm{d}\bar{r}
\end{aligned}
\tag{4-13}
$$

为了简便，令

$$
C_T = \frac{k}{4}\pi^2\int_{\bar{r}_0}^{1}\frac{C_{Le}\cos\varepsilon - C_{De}\sin\varepsilon}{\cos^2\varepsilon}\bar{c}\bar{r}^2\,\mathrm{d}\bar{r}
\tag{4-14}
$$

式中，C_T 为螺旋桨的拉力系数；$\bar{r}_0$ 为桨毂半径与螺旋桨半径之比，即 $\bar{r}_0 = r_0/R$；$\bar{c}$ 为桨叶相对宽度，其大小为 $\bar{c} = c/D$；$\bar{r}$ 为桨叶剖面的相对半径，其大小为 $\bar{r} = r/R$；ε 为桨叶旋转面与合速度间的夹角。

最终可得整个螺旋桨拉力为

$$
T = C_T\rho n^2 D^4 \tag{4-15}
$$

同理，根据几何关系可求得该叶素所产生的阻力 $\mathrm{d}Q$ 为

$$
\begin{aligned}
\mathrm{d}Q &= \mathrm{d}Q_1 + \mathrm{d}Q_2 \\
&= \mathrm{d}L\sin\varepsilon + \mathrm{d}D\cos\varepsilon \\
&= (C_{Le}\sin\varepsilon + C_{De}\cos\varepsilon)\,\frac{1}{2}\rho w^2 c\,\mathrm{d}r
\end{aligned}
\tag{4-16}
$$

类似拉力推导，最终可得整个螺旋桨阻力为

$$
Q = C_Q\rho n^2 D^4 \tag{4-17}
$$

式中，D 为桨叶直径；C_T、C_Q 为拉力系数和阻力系数，综合表示了桨叶角、桨叶迎角、前进比、桨叶的形状及数目、飞行马赫数及雷诺数等因素对拉力的影响，其大小由试验确定。

各桨叶的旋转阻力离桨轴都有一段距离，方向又都与旋转方向相反，故会形成阻碍螺旋桨旋转的力矩。各桨叶产生的阻力矩的总和称为螺旋桨的旋转阻力矩 M_D，可用下式进行计算：

$$
M_D = C_M\rho n^2 D^5 \tag{4-18}
$$

式中，C_M 为扭矩系数，与阻力系数 C_Q 相关。

螺旋桨旋转阻力矩 M_D 通常由发动机曲轴输出的旋转力矩 M_T 来平衡。当 $M_T < M_D$ 时，螺旋桨旋转速度降低；当 $M_T > M_D$ 时，螺旋桨旋转速度增加；当 $M_T = M_D$ 时，螺旋桨旋转速度保持不变。

3. 影响螺旋桨拉力和旋转阻力(矩)的因素

影响螺旋桨拉力和旋转阻力(矩)的因素与影响机翼升力和阻力的因素相似，主要有桨叶剖面气流合速度、桨叶迎角、空气密度、桨叶剖面形状、螺旋桨直径、桨叶数目等。

(1) 桨叶剖面气流合速度的影响

桨叶剖面气流合速度增加，螺旋桨拉力和旋转阻力(矩)就会增加；反之，则减小。

在飞行中，通常通过改变发动机的功率来改变螺旋桨的转速，从而改变气流合速度的大小，在一定的转速范围内，随转速增大，拉力增大，阻力(矩)增大；超过一定转速后，由于空气压缩性的影响，会在桨叶上产生激波和气流分离，使旋转阻力急剧增大。

(2) 桨叶迎角的影响

桨叶迎角增大，桨叶所产生的空气动力也随之增大，即螺旋桨拉力和旋转阻力(矩)都会增加；反之，则减小。桨叶迎角也存在临界值，当桨叶迎角超过某一数值时，前桨面将会产生严重

的气流分离现象，这将引起前、后桨面的压力差（拉力）降低，而前、后缘的压力差（旋转阻力）升高。导致桨叶的空气动力的方向更靠近旋转面，使螺旋桨的拉力减小，旋转阻力增加。

(3) 空气密度和桨叶剖面形状的影响

空气密度和桨叶剖面形状对螺旋桨拉力和旋转阻力（矩）的影响与空气密度、翼型对机翼的升力和阻力的影响相同。

(4) 螺旋桨直径的影响

螺旋桨直径增大，一方面相当于桨叶面积增大，另一方面还会使切向速度增大，气流合速度随之增大，所以螺旋桨拉力和旋转阻力（矩）都会增大。

(5) 桨叶数目的影响

桨叶数目增加，桨叶的总面积就会增加，所以螺旋桨拉力和旋转阻力（矩）都会增加。但桨叶数目不能过多，否则，由于相邻桨叶间的干扰，后面桨叶受前面桨叶气流的影响，后桨叶的气动效能将降低和引起振动，这对螺旋桨很不利。

4. 螺旋桨拉力随飞行条件的变化

螺旋桨的拉力 T 是总空气动力 R 的一个分力。拉力的大小不仅取决于总空气动力的大小，还取决于总空气动力的方向。飞行中，发动机的油门、飞行速度、高度和外界大气温度的变化，都会引起桨叶迎角、气流合速度的大小和方向发生变化，从而使拉力发生变化。

(1) 拉力随飞行速度的变化

如图 4－17 所示，在油门位置和飞行高度不变的情况下，飞行速度增大，如果桨叶角不变，则桨叶迎角会减小，螺旋桨旋转阻力会减小，致使转速增大。为保持转速不变，调速器将迫使桨叶角增大。当桨叶角增大到旋转阻力恢复到原来大小时，转速恢复原来大小，桨叶角停止增大。在新的条件下，因桨叶合速度方向更加偏离旋转面，桨叶空气动力更偏离桨轴，为保持转速，使旋转阻力不变，即 $Q_1=Q_2$，结果拉力减小了。飞行速度越大，拉力也相应越小。当飞行速度增大到一定程度，拉力可以减小到零，甚至变为负拉力。反之，飞行速度减小，则拉力增大。

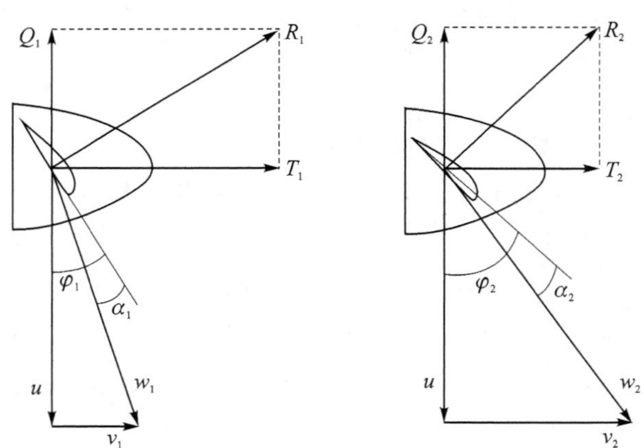

图 4－17 拉力随飞行速度的变化

(2) 拉力随油门位置的变化

在飞行速度和高度不变的条件下，加油门，螺旋桨拉力将增大。这是因为加油门会使发动机有效功率提高，力图使螺旋桨转速增大。为了保持转速不变，调速器迫使桨叶变大距，使得桨叶迎角增大，拉力也就增大，如图 4-18 所示。反之，收油门，则拉力减小。

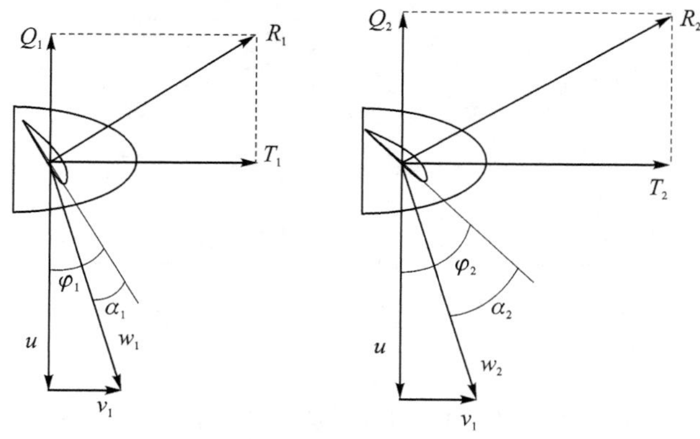

图 4-18　拉力随油门位置的变化

改变油门度数，拉力变化的情形如图 4-19 所示，图中拉力 T 单位为 kgf，1 kgf=9.8 N。

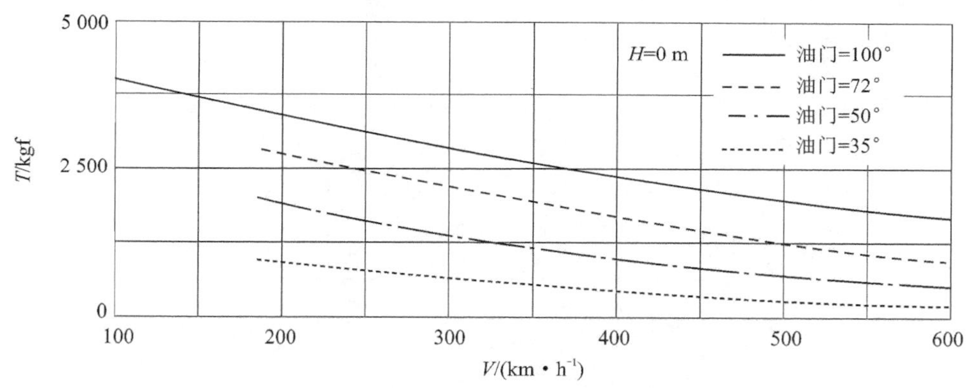

图 4-19　某型飞机单台发动机的拉力曲线

(3) 拉力随飞行高度的变化

飞行速度和油门位置不变，飞行高度改变，空气密度变化，发动机有效功率发生变化，拉力也发生变化。

对于吸气式活塞发动机来说，随着飞行高度的升高，发动机有效功率一直降低，所以螺旋桨的拉力也一直减小，如图 4-20 所示。

对于增压式活塞发动机来说，在额定高度以下，高度升高，发动机有效功率增大，拉力也就增大。在额定高度以上，高度升高，发动机有效功率减小，拉力也减小。在额定高度上，拉力最大，如图 4-21 所示。

对于涡轮螺旋桨发动机来说，在功率限制高度以下，因当量功率(涡轮螺旋桨发动机的总功率称为当量功率，它等于涡轮传给螺旋桨的轴功率与喷气推进功率折合成螺旋桨轴功率之和)保持基本不变，故拉力随高度增加而减小不明显。在功率限制高度以上，发动机当量功率随高度增加而减小，所以拉力显著下降，如图 4-22 所示。

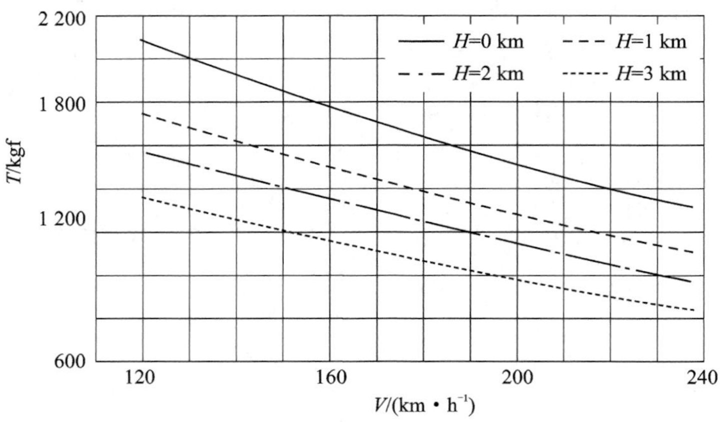

图 4-20　吸气式活塞发动机不同高度的拉力曲线

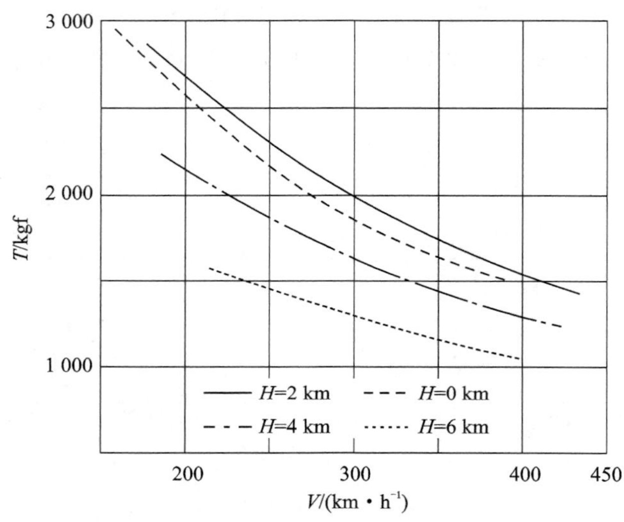

图 4-21　增压式活塞发动机不同高度的拉力曲线

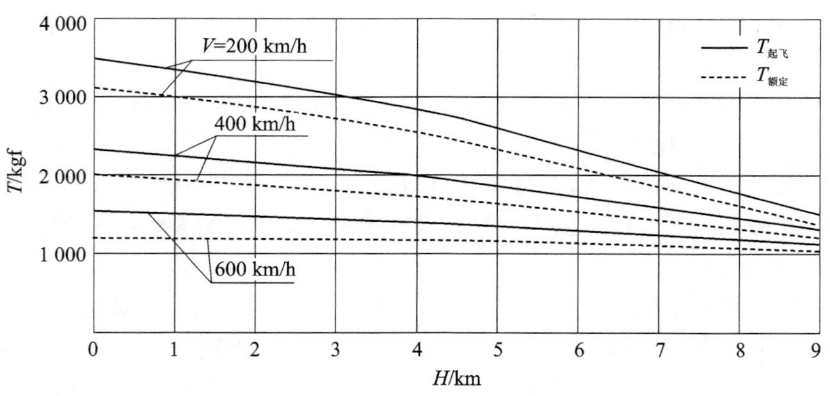

图 4-22　涡桨发动机拉力随高度的变化

5. 螺旋桨直径选择和效率评估

(1) 螺旋桨的雷诺数

研究螺旋桨空气动力时一般以桨叶半径 0.7 处的截面形状(翼型)为准。该处翼型的速度 V_{bl} 是无人机飞行时通过螺旋桨旋转面的气流速度和螺旋桨旋转相对气流速度的矢量和。前者约相当于无人机前进速度 V 加上螺旋桨产生的滑流速度 u 的一半。u 值和当时产生的拉力有关,计算比较复杂。一般可认为约等于前进速度的 2/3。所以粗略估计用 1.3V 代替 V 值。设螺旋桨转速为 n(r/min),桨叶 0.7R 处弦长为 $c_{0.7}$,螺旋桨直径为 D,则

$$V_{bl}=[(0.7\pi Dn/60)^2+(1.3V)^2]^{0.5} \tag{4-19}$$

$$Re_{bl}=69\,000V_{bl}c_{0.7} \tag{4-20}$$

(2) 螺旋桨的直径

活塞式无人机所用螺旋桨直径 D 可以按照真机设计程序求得。这里只介绍一些统计经验总结。

一般两叶定距螺旋桨最有效的前进比 μ 为 0.6～1.4。因此,根据发动机功率 P(hp[①])、转速 n(r/min)和无人机速度 V(km/h),可用下式求得 D(m):

$$D=\frac{\phi}{n^{0.5}}\cdot\left(\frac{1}{\sigma}\cdot\frac{P}{V}\right)^{0.25} \tag{4-21}$$

式中,σ 为对应飞行高度的大气相对密度;ϕ 与 μ 有关,如表 4-1 所列。

表 4-1　ϕ 与 μ 的关系

设计 μ	0.6	0.8	1.0	1.2	1.4
ϕ	158	154	151	149	147

中小型无人机的螺旋桨直径与发动机功率的关系有一个较新的统计曲线,它对“捕食者”这类无人机较合适,如图 4-23 所示。

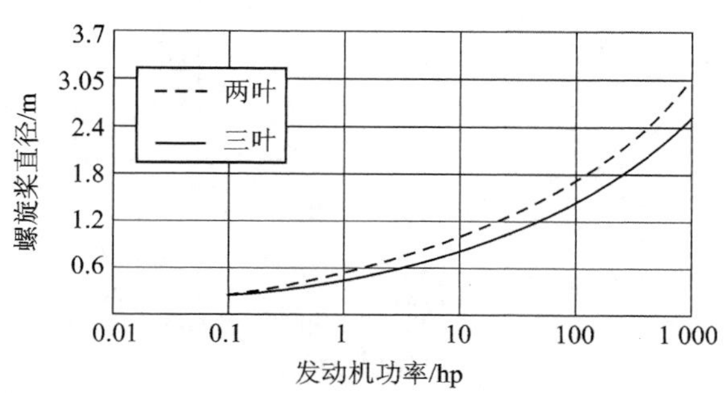

图 4-23　发动机功率与螺旋桨直径关系曲线

(3) 螺旋桨的效率

螺旋桨的效率可表示为输出功率与发动机功率之比。设无人机速度为 V(m/s),发动机产生的实际拉力为 T(kgf),发动机发出的功率为 P(hp),则

$$\eta=\frac{TV}{75P} \tag{4-22}$$

① 英制马力,1 hp=745.7 W。

设计良好并与发动机匹配的螺旋桨效率应在 0.75 以上。美国 NACA 对螺旋桨进行过大量试验，得出一些经验公式可以参考（NACA TR 350），但这些经验公式只适用于两叶定距简单式螺旋桨。为评估螺旋桨效率 η，首先要算出一个参数 C_S：

$$C_S = 0.4\frac{\sigma^{0.2}V}{P^{0.2}n^{0.4}}$$

根据 C_S 可从图 4－24 查出对应的 η 值。

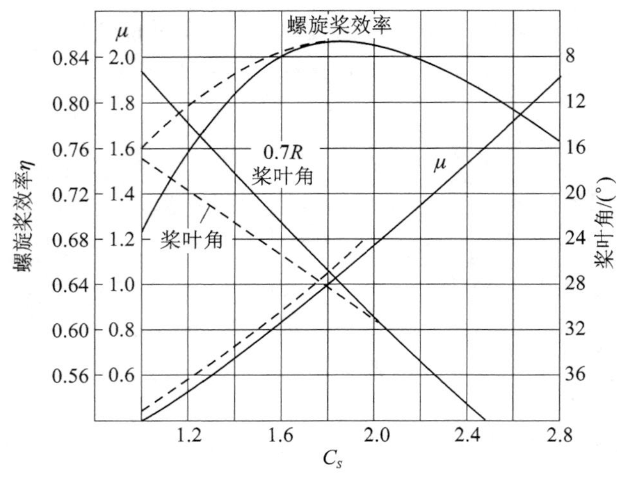

图 4－24　双叶定距螺旋桨平均效率曲线

螺旋桨装在机身前或后面会对其效率产生一定影响，效率降低程度与螺旋桨直径相对机身的大小有关，图 4－25 给出了一些统计结果。

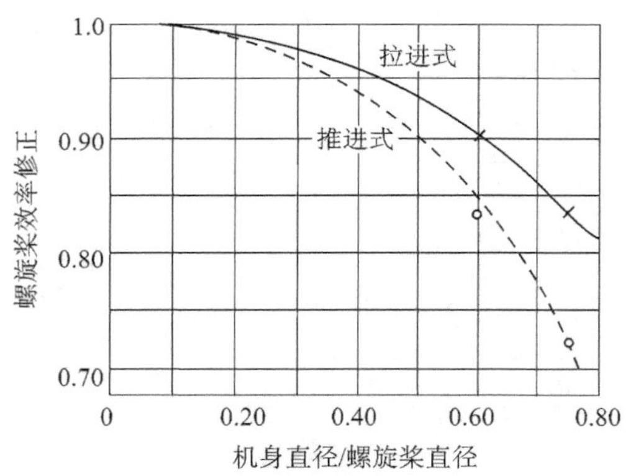

图 4－25　机身对螺旋桨效率的影响

有些小型无人机的发动机转速很高，在 30 000 r/min 上，所以知道螺旋桨直径后还要检查桨尖转速是否接近声速，否则效率会大为下降。桨尖转速计算可用式（4－19），但式中的 0.7 改为 1.0。如果 V_{bl} 接近声速，要将螺旋桨截短或设法减少转速。

4.2.2　旋翼空气动力特性

旋翼的运动方式与固定翼飞机的机翼不同，区别在于旋翼的桨叶除了随机体一起做直线或曲线运动外，还绕旋翼轴不断旋转；和螺旋桨不同的是，旋翼旋转平面还会根据运动方向进行旋转。因此旋翼桨叶的空气动力现象比机翼的复杂得多，虽然有共同点，但也有许多不同的特点。

旋翼直升机虽然没有机翼，但可以把旋翼看作作用盘，它旋转后迫使空气向下加速流动，给空气施加一个向下的作用力，与此同时，空气也给旋翼一个向上的反作用力，这就是旋翼产生的拉力，如图 4－26 所示。

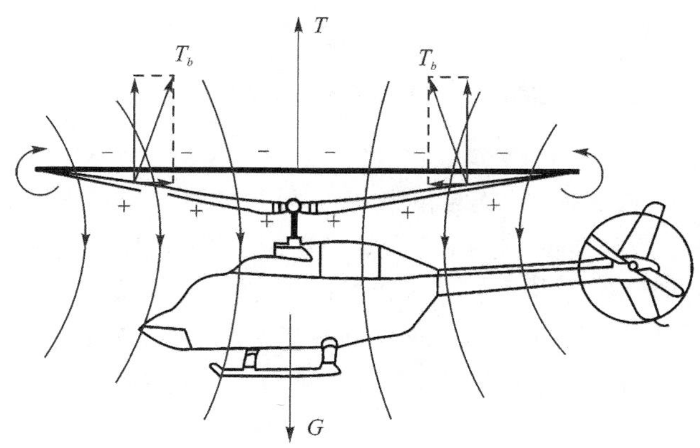

图 4－26　直升机旋翼产生的拉力

由于旋翼的桨叶不论转到哪个方位，都是向上倾斜的，所以桨叶的拉力也向内侧倾斜。可以将桨叶拉力分解为与桨盘平行和垂直的两个分力。水平分力相等，方向相反，而垂直分力与旋翼锥体轴方向一致，垂直分力的合力就是旋翼拉力。旋翼拉力 T 的大小与桨叶数量和各桨叶的拉力 T_b 有关，而桨叶的拉力是各段微元桨叶拉力之和。

1. 直升机垂直飞行状态

直升机垂直飞行时，和螺旋桨类似，流经桨叶的气流速度包括桨叶旋转速度、直升机飞行速度。除此之外，空气在旋翼作用下向下排压，引起气流下洗而产生诱导气流，作用在桨叶上的合成气流速度就是桨叶旋转速度、直升机飞行速度和诱导速度的合成，如图 4－27 所示。这样，直升机垂直飞行状态空气动力特性分析就与螺旋桨一致，只是 w 的组成不同。

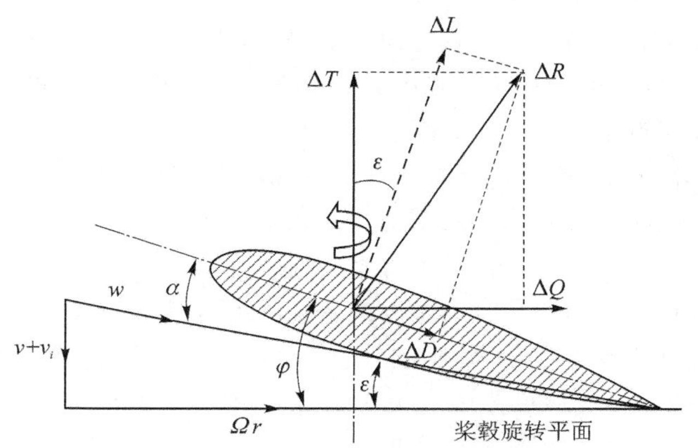

图 4－27　垂直上升时的叶素空气动力

直升机旋翼拉力 T 与 TPP 基本成 90°。在悬停状态中，旋翼还受到一个近似水平方向的惯性离心力，它与旋翼拉力一起使旋翼形成倒立锥体，如图 4－28 所示。

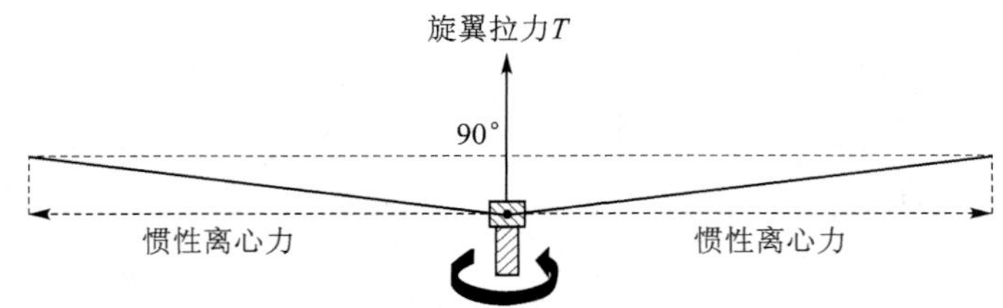

图 4－28　悬停状态下的旋翼形态

2. 直升机前飞状态

直升机前飞或侧飞，TPP 倾斜，旋翼拉力 T 也随之倾斜。当直升机前飞时，相对气流与旋转轴不平行，出现斜流。为了进一步分析，这里采用旋翼构造轴系 $O_SX_SY_SZ_S$，如图 4－29 所示。斜流的方向可在旋翼构造轴系中表示，构造轴系的 O_S 取桨毂中心，O_SY_S 取旋转轴方向，向上为正，O_SX_S 在旋转平面内，其方向与直升机纵轴 OX 平行，O_SZ_S 轴垂直于 $X_SO_SY_S$ 面，其方向当旋翼左旋时由左手定则决定，右旋时用右手定则决定，旋转平面用 S-S 表示。

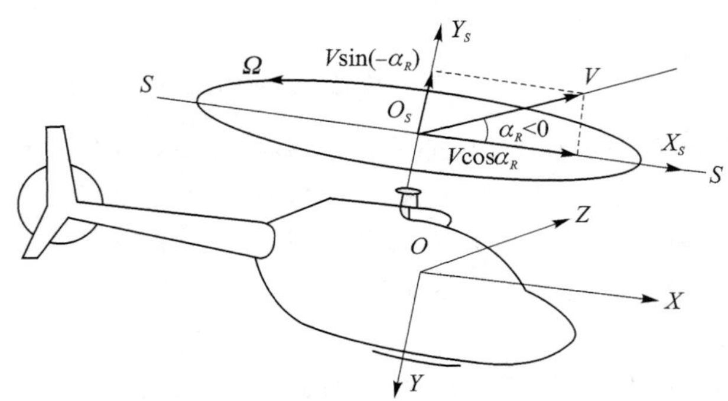

图 4－29　直升机旋翼上的外力及其分解

相对气流 V 与构造平面之间的夹角即为旋翼迎角 α_R。直升机垂直上升时，旋翼迎角 $\alpha_R = -90°$，垂直下降时 $\alpha_R = 90°$，平飞时一般 $\alpha_R = -10° \sim -5°$，即低头平飞。将 V 分解后可得沿 O_SX_S 轴的速度分量为 $V\cos\alpha_R$，沿转轴方向在 O_SY_S 轴上的分量为 $V\sin(-\alpha_R)$。

直升机前飞时，桨叶的气动特性可采用类似于垂直飞行时的状态进行描述。图 4－30(a) 描述了前飞时作用于桨叶的周向来流速度及径向来流速度。

沿旋转方向，桨叶的周向来流速度是直升机空气动力的重要因素之一，由图 4－30 可以得出，桨叶径向来流速度为 $V\cos\alpha_R\cos\psi$；周向来流速度 u 为

$$u = \Omega r + V\cos\alpha_R\sin\psi \tag{4-23}$$

u 与旋转桨叶的方位角 ψ 密切相关。当方位角 $\psi = 90°$时，u 值最大；$\psi = 270°$时，u 值最小。

从旋转中的旋翼侧视图 4－30(b) 中可以确定桨叶的挥舞角 β，桨叶挥舞角随着直升机飞行状态及桨叶方位角的变化而变化。桨叶挥舞产生的相对速度为 v_β。

在理解了直升机前飞时的周向来流速度分布之后，就可以分析前飞时作用于桨叶上的空气动力，如图 4－31 所示。

与 O_SY_S 轴方向相反的速度称为桨叶轴向来流速度，用 v 来表示，即

$$v = V\sin(-\alpha_R) + v_i + v_\beta \tag{4-24}$$

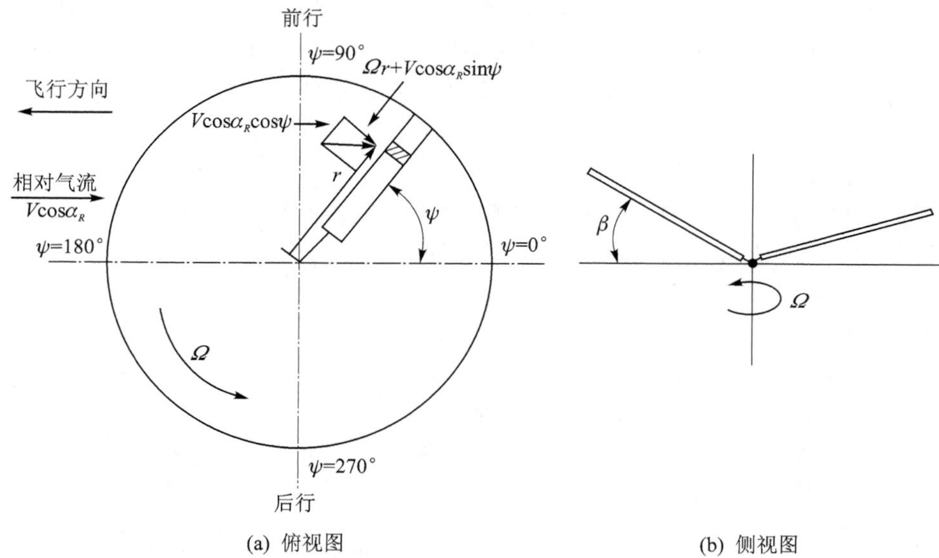

(a) 俯视图　(b) 侧视图

图 4-30　桨叶的相对速度

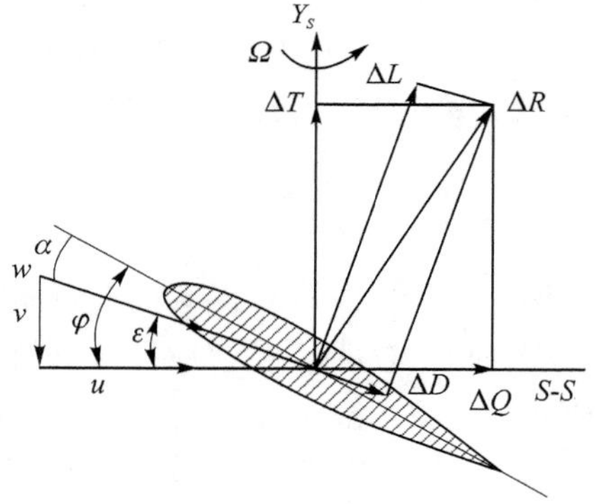

图 4-31　前飞中的叶素空气动力

式中，$V\sin(-\alpha_R)$ 为前飞速度引起的轴向来流速度；v_i 为旋翼旋转平面的诱导速度；v_β 为挥舞时的相对气流速度。

前飞时桨叶的入流角可以表示为

$$\varepsilon=\arctan\left(\frac{v}{u}\right) \tag{4-25}$$

这样，直升机前飞时的旋翼拉力与阻力就可以仿照螺旋桨进行推导，只是速度构成要素有所区别。

现代直升机所选定的桨尖速度大小使前飞时前行桨叶不会遇到压缩性效应。所以，为了便于进行旋翼空气动力学研究，通常采用桨尖速度而不是转速作为参数来衡量旋翼速度。

由此，就可以将旋翼拉力公式写为

$$T=\frac{1}{2}C_T\rho(\Omega R)^2\pi R^2 \tag{4-26}$$

式中，C_T 为拉力系数；ΩR 为桨尖速度；πR^2 为桨盘面积。

飞机机翼升力系数只与机翼的翼型和迎角有关，而旋翼的拉力系数 C_T 不仅与桨叶的翼型和迎角有关，而且还与旋翼的实度成正比。对于一般的旋翼而言，其拉力系数可用下式近似计算：

$$C_T=0.3\sigma C_{L7} \tag{4-27}$$

式中，C_{L7} 为各桨叶的特征切面($r=0.7R$)处的升力系数平均值，其取决于桨叶翼型和该切面平均迎角的大小；σ 为旋翼实度。

旋翼拉力的大小由许多因素决定，主要是旋翼转速、空气密度、旋翼半径、旋翼实度和桨叶迎角等，影响机理与螺旋桨基本相同。对于某型直升机而言，旋翼实度和旋翼半径是不变的，旋翼转速一般变化也很小，要增大旋翼转速，就必须增大发动机功率。空气密度随着气温和高度而变化，空气密度的变化也会引起发动机功率的变化。桨叶迎角取决于入流角和桨叶角的大小。桨叶角增大，桨叶迎角也增大，所需的发动机功率也增大。可见，旋翼拉力的大小归根结底取决于发动机功率。

3. 旋翼旋转阻力

当旋翼转动时，不仅产生拉力，还会产生阻止旋翼旋转的阻力，简称旋翼阻力，用 Q 表示。旋翼旋转阻力的分析计算方法与螺旋桨相同，只是速度构成要素不同，这里不再推导，只是定性分析一下旋翼旋转阻力和所需功率产生的原因、影响因素和不同情况下旋翼所需功率的变化。

按产生原因的不同，旋翼阻力可分为翼型旋转阻力 Q_b、诱导旋转阻力 Q_i、上升旋转阻力 Q_c、废阻旋转阻力 Q_p。总阻力和各阻力与空速之间的关系如图 4-32 所示。

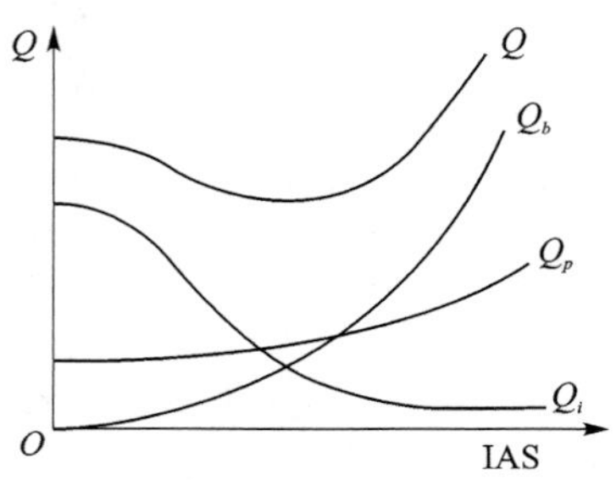

图 4-32　某飞行状态下的旋翼阻力曲线

(1) 翼型旋转阻力

旋翼旋转时，空气沿着相对气流合速度的方向流过桨叶，和机翼一样，会产生摩擦阻力和压差阻力。摩擦阻力和压差阻力所构成的桨叶空气阻力 D_b，就是各段翼型阻力之和，其方向与相对气流合速度平行。桨叶空气阻力 D_b 在桨毂旋转平面上的分力就是翼型旋转阻力，以 Q_b 表示。

(2) 诱导旋转阻力

同机翼翼尖处一样，在桨叶桨尖部位会产生桨尖涡，如图 4-33 所示。桨叶产生拉力时，桨叶下翼面压力高于上翼面压力，气流从下翼面绕过桨尖流向上翼面，故在桨尖处形成桨尖涡，从而对气流形成诱导速度 v_i，诱导速度会使入流角 ε 增大一角度 ε_i，如图 4-34 所示。由此产生的旋转阻力称为诱导旋转阻力 Q_i。影响诱导旋转阻力的因素与机翼类同。

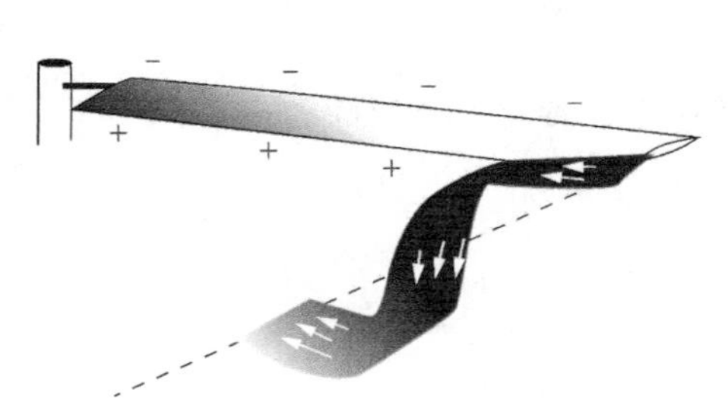

图 4-33　桨尖产生的桨尖涡

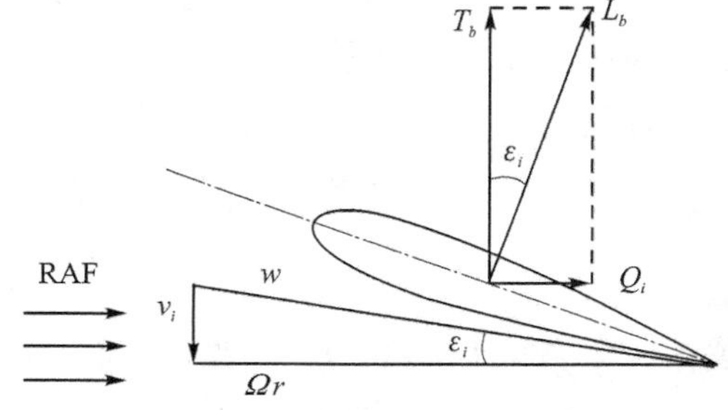

图 4-34　悬停中的诱导旋转阻力

每片桨叶的桨尖涡流(尾涡)大致是一条螺旋线。桨尖涡流的偏流角是桨叶周向速度与桨尖切面气流合速度之间的夹角，悬停时较大，但也只有 3°～4°。某一桨叶的尾涡对其后随桨叶的干涉作用叫桨涡干扰。桨涡干扰的瞬间会引起桨叶升力突变。

在不同飞行状态下，旋翼的桨尖涡流轨迹如图 4-35 所示。当涡流与桨叶相交或强涡从桨叶附近通过时，由于涡流作用，将改变流过桨叶上、下表面气流的流速。若涡流的旋转方向如图 4-35 所示，在桨叶上表面涡流方向与原气流方向一致时，涡流作用使流速增加，压力减小；桨叶下表面涡流方向与原气流方向相反时，涡流作用使流速减小，压力增加。涡流作用使上、下压力差增大，该桨叶切面升力增大，从而使桨叶的拉力在桨涡干涉瞬间增大。

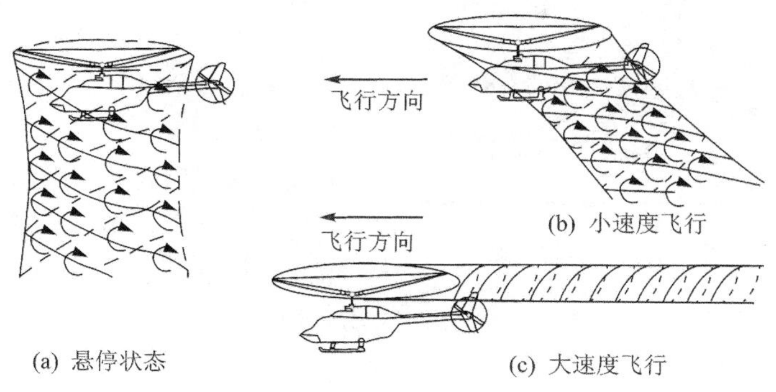

图 4-35　翼尖涡流轨迹图

桨尖涡强度与桨叶产生的拉力大小有关，拉力越大，桨尖涡强度越大，下洗速度越大，引起的诱导旋转阻力越大。要想减小诱导旋转阻力大小，可以通过减小桨尖处迎角来实现，桨叶扭转可以达到这个目的。在给定转速情况下，桨叶迎角越小，产生的升力系数越小，桨尖涡强度越弱，诱导旋转阻力越小。

(3) 上升旋转阻力

直升机垂直上升时，其上升引起的相对气流速度与诱导速度相同，引起桨叶切面相对气流速度 w 更加偏离桨毂旋转平面，使桨叶升力 L_b 向后的倾斜角增大，旋转阻力增加。由此所增加的旋转阻力称为上升旋转阻力，用 Q_c 表示。

(4) 废阻旋转阻力

以直升机平飞为例，为了克服机身、起落架等装置所产生的空气阻力，旋翼锥体必须相应向前倾斜一个角度。这时，相对气流在旋翼锥体轴线方向的分速的方向与旋翼的诱导速度方向一致，使桨叶的入流角增大，桨叶的相对气流合速度会更加偏离桨毂旋转平面，从而增大旋转阻力。由此所产生的旋转阻力叫废阻旋转阻力，用 Q_p 表示。

综上所述，旋翼旋转阻力 Q 为所有桨叶的翼型旋转阻力 Q_b、诱导旋转阻力 Q_i、上升旋转阻力 Q_c、废阻旋转阻力 Q_p 之和，可用下式表示：

$$Q = Q_b + Q_i + Q_c + Q_p \tag{4-28}$$

显然，式(4-28)等号右边的第一项 Q_b 是由桨叶空气阻力 D_b 在桨毂旋转平面上的分力形成的，后 3 项是由桨叶升力 L_b 在桨毂旋转平面上的分力形成的。

和螺旋桨一样，由旋转桨叶产生的旋转阻力所形成的力矩称为旋转阻力矩，其大小与旋转阻力着力点到旋翼轴的距离大小有关，其方向与桨叶旋转方向相反。旋翼的旋转阻力矩是所有桨叶的旋转阻力矩之和，用 M_D 表示。这个力矩通常由发动机曲轴产生的旋转力矩 M_T 来平衡。当 $M_D < M_T$ 时，旋翼转速有增加趋势；当 $M_D > M_T$ 时，旋翼转速有减小趋势；当 $M_D = M_T$ 时，旋翼转速保持不变。

4. 直升机的地面效应

直升机在较低的高度悬停和邻近地面飞行，即非常接近地面时，同样也有地面效应的问题。直升机的地面效应是旋翼排向下方的气流受到地面阻挡而影响旋翼空气动力的一种现

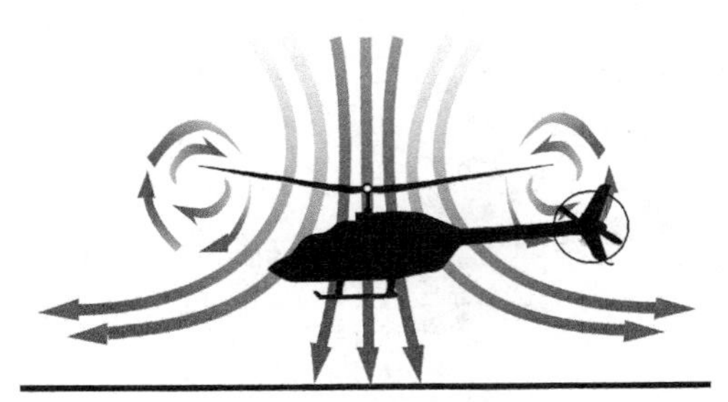

图 4-36 地面对旋翼气流的影响

象，也叫地面气垫，如图 4-36 所示。被旋翼排向下方的气流直接向地面流去，受到地面的阻挡作用大得多，所以直升机的地面效应比固定翼飞机的地面效应强烈得多。

地面效应产生的原因为旋翼桨尖处的空气速度较大，形成一道从桨尖至地面的气帘，旋翼转动带来的下洗气流将被挤压在桨盘和机身下方，相对增大了旋翼下部空气的密度。由旋翼拉力公式可知，密度增加，拉力增大，从而产生地面效应。由于地面效应的作用，旋翼拉力增大，进而保持悬停所需的功率也就减小。

另一个原因是地面效应造成桨尖处诱导气流减弱，入流角变小，诱导旋转阻力减小，从而每片桨叶升力增加，直升机旋翼拉力变大。同时，受到地面效应的影响，穿过旋翼的气流往下和往外的模式会抑制翼尖涡生成，这促使靠近桨尖侧的桨叶部分更为有效，旋翼有效面积增加，桨叶损失面积减小。

(1) 直升机距离地面高度的影响

离地高度越低，气流受到地面的阻挡作用越强，地面效应也就越显著。如图 4-37 所示，图中横坐标为旋翼离地高度 H 与其半径 R 的比值，纵坐标为在相同功率的条件下，地面效应引起的旋翼拉力与无地面效应下旋翼拉力之比，图中曲线表示地面效应引起旋翼拉力的变化规律。

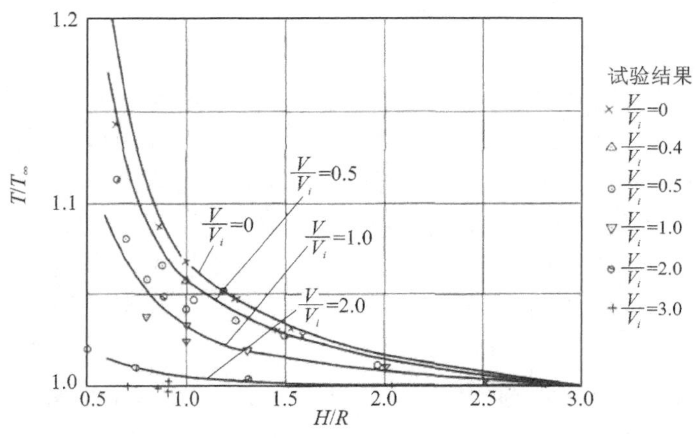

图 4-37 地面效应对旋翼拉力的影响

不管直升机在悬停状态($V/V_i=0$)，还是前飞状态($V/V_i>0$)，地面效应会引起旋翼拉力增加。当旋翼离地高度为其半径高度时，拉力增加约 5%以上；当旋翼离地的高度超过旋翼直径的长度以后，地面效应迅速消失。所以，地面效应的最大有效高度大约等于旋翼直径的一半，随着高度逐渐增大至旋翼直径，地面效应逐渐减小直至完全消失。

(2) 直升机飞行速度的影响

从图 4-37 可以看出，飞行速度越大，则地面效应越弱。因为直升机从悬停转为前飞状态时，空气不单纯是自上而下通过旋翼，而是从前上方吹来，向后下方流去。就旋翼离地同样高度而言，此时气流受到地面的阻挡作用比悬停时弱，故地面效应也就减小，如图 4－38 所示。例如，某型直升机在离地两米的高度上悬停时，旋翼拉力约增加 30%，而该机在同一高度上以 60 km/h 的速度向前飞行时，则旋翼拉力不受地面效应的影响。

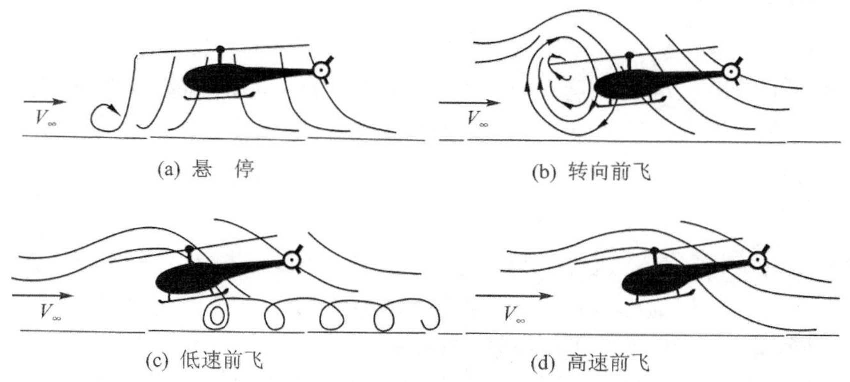

图 4－38　地面效应作用下的气流特性

总而言之，地面效应会导致旋翼拉力增加，利用地面效应可以改善直升机的飞行性能。直升机贴地飞行时，适当地利用地面效应就可以用较小的油门获得同样的拉力。此时直升机的剩余功率比没有地面效应时大，故可用来超载飞行，即增加起飞重量。但在起伏不平的地带（山谷、陡崖、洼地）上空做低空飞行时，必须考虑地面效应对飞行的负面影响，如图 4－39 所示。

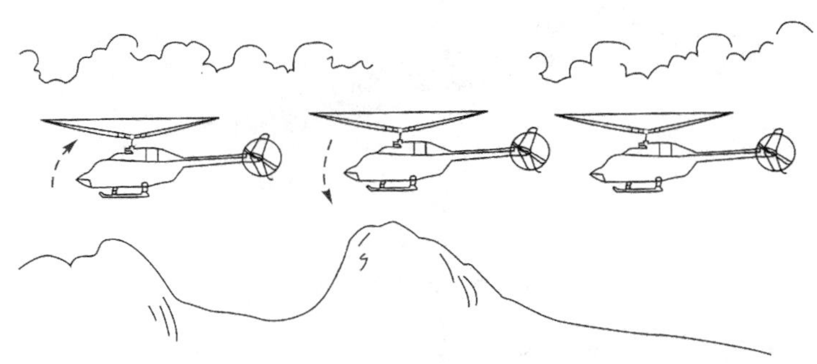

图 4－39　地面效应对直升机飞行的影响

4.3　直升机旋翼挥舞

旋翼桨叶一边旋转一边随着直升机机体一起运动，这两种运动的合成使桨叶的相对气流速度在旋转平面中左右两侧不对称，这就是旋翼运动的突出特点。为了避免由于气流不对称造成直升机倾覆，桨叶在旋转中自由地上下运动，化解左右不对称气流对旋翼拉力的影响，即挥舞运动。所以，桨叶挥舞是消除桨叶拉力不对称性的主要方式。

直升机在前飞时，旋翼所有桨叶旋转到相同方位所对应的挥舞角相同。此时，桨叶拉力变化的角频率恰好与桨叶挥舞的自然频率相等，即等于旋翼的旋转角速度 Ω。因而，桨叶的挥舞运动也就是在气流不对称激励下的共振，故也符合相位滞后 90°原则。

除了由于桨叶升力变化引起旋翼挥舞运动之外，桨叶的周期变距也会引起桨叶挥舞。此时，TPP 倾斜使桨毂旋转轴上的力和力矩产生变化，旋翼的空气动力合力也就向前后左右倾斜，从而得到在水平面内任何方向的分力。

4.3.1　桨叶挥舞运动

桨叶挥舞运动包括自然挥舞、操纵挥舞和随动挥舞，直升机飞行中旋翼姿态是各种挥舞运动的综合体现。把非操纵因素引起的桨叶挥舞运动称为桨叶的自然挥舞，也称为吹风挥舞。由于操纵引起的挥舞称为操纵挥舞。随直升机运动而发生的旋翼挥舞称为随动挥舞。

1. 自然挥舞

(1) 自然挥舞机理

自然挥舞是由于相对气流速度引起桨叶的上下挥舞运动，与前飞速度有直接关系，是前进比 μ 的函数。当然，直升机在无风中垂直升降或悬停飞行时，旋翼流场轴对称，每片桨叶所受到的气动力相同，此时 TPP 垂直于旋翼轴，桨叶不会产生自然挥舞运动。

在旋翼上安装挥舞铰，桨叶在旋转的同时，就可以绕挥舞轴做上下挥舞。桨叶升力大处会造成桨叶绕挥舞轴上挥；桨叶升力小处会使桨叶绕挥舞轴下挥，如图 4-40 所示。由于旋翼的挥舞，使桨叶绕挥舞铰产生的力矩无法传递到机身上，从而消除了横侧不平衡力矩。

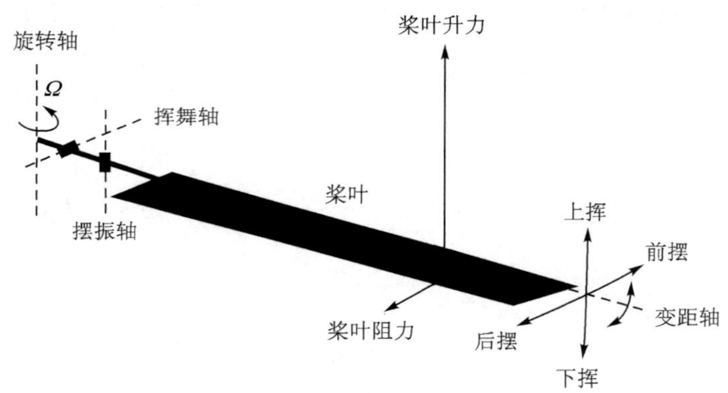

图 4-40　旋翼运动示意图

假设单位长度的刚性桨叶质量为 m，桨叶微元(叶素)长度为 $\mathrm{d}y$，则桨叶微元质量为 $m\mathrm{d}y$。作用在桨叶微元上的力包括气动力和离心力，如图 4-41 所示。由于桨叶受到的重力很小，所以可以忽略。桨叶的离心力远大于所受的气动力，故挥舞角 β 很小，一般为 3°～6°。图 4-41 所示为桨叶在气动力和离心力作用下的平衡位置，其中挥舞铰的铰外伸量为 e。

水平旋转面内的桨叶叶素离心力为

$$\mathrm{d}F_{CF}=(m\mathrm{d}y)y\Omega^2=m\Omega^2y\mathrm{d}y \tag{4-29}$$

如果没有铰外伸量，桨叶的总离心力为

$$F_{CF}=\int_0^R m\Omega^2y\mathrm{d}y=\frac{m\Omega^2R^2}{2}=\frac{m_b\Omega^2R}{2} \tag{4-30}$$

式中：m_b 为桨叶质量。离心力大小与桨叶质量、半径以及转速平方成正比。

离心力在垂直桨叶方向的作用力为

$$\mathrm{d}(F_{CF})\sin\beta=(m\mathrm{d}y)y\Omega^2\sin\beta\approx m\Omega^2y\beta\mathrm{d}y \tag{4-31}$$

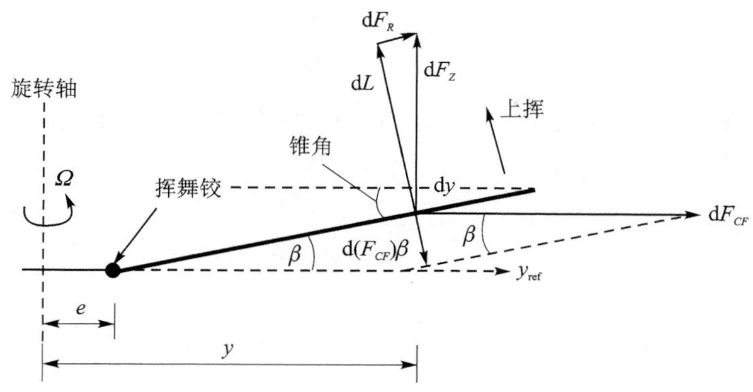

图 4-41　挥舞运动的受力状态

则桨叶绕挥舞铰的上挥力矩为

$$\begin{aligned}M_{CF} &= \int_0^R m\Omega^2 y^2 \beta \mathrm{d}y \\ &= m\Omega^2\beta\int_0^R y^2\mathrm{d}y \\ &= \frac{m\Omega^2\beta R^3}{3} \\ &= \frac{m_b\Omega^2\beta R^2}{3} \\ &= \frac{2}{3}F_{CF}R\beta\end{aligned} \tag{4-32}$$

气动力对挥舞铰链的力矩为

$$M_a = -\int_0^R Ly\mathrm{d}y \tag{4-33}$$

其中,负号代表气动力矩与离心力矩方向相反,旋转桨叶挥舞运动达到平衡,则气动力矩和离心力矩之和为零,即 $M_{CF}+M_a=0$,整理得

$$\beta = \frac{3\int_0^R Ly\mathrm{d}y}{m_b\Omega^2R^2} \tag{4-34}$$

可以看出,桨叶质量或转速增加,挥舞角减小,同时旋翼锥角也减小。挥舞角大小随着旋翼拉力的增加而增加,随着离心力的增加而减小。理想扭转的桨叶受到定常来流的作用时,产生的气动中心位于 2/3 桨叶半径位置,则挥舞角等于桨叶拉力与桨叶离心力之比。

有铰外伸量的桨叶在旋转时,作用在旋转平面内的离心力会产生绕铰的力矩,迫使桨叶自身调整到垂直于旋翼轴上。实际上,旋翼带有铰外伸量,外伸量很小,一般小于 15%R,则绕挥舞铰的气动力矩为

$$M_a = -\int_e^R Ly\mathrm{d}y \tag{4-35}$$

离心力矩为

$$M_{CF} = \int_e^R m\Omega^2 y^2\beta\mathrm{d}y \approx \frac{m_b\Omega^2\beta R(R+e)}{3} \tag{4-36}$$

此时,$m_b=m(R-e)$,则挥舞角变为

$$\beta = \frac{3\int_{e}^{R} Ly\mathrm{d}y}{m_b \Omega^2 R(R+e)} \tag{4-37}$$

为了避免桨叶向上或向下的挥舞角超过规定值，一般通过弹簧机构或旋转离心力防止桨叶下垂过大。所以，直升机旋翼上一般会安装挥舞限动器和下垂限动器。

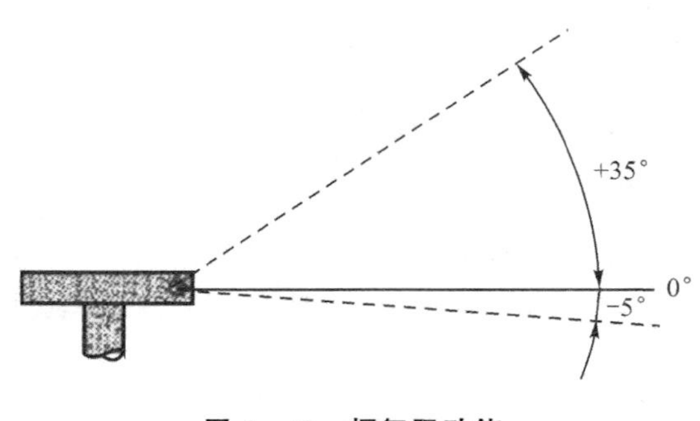

图 4-42　挥舞限动值

挥舞限动就是使桨叶挥舞角受到限制，特别是在阵风中不至于使桨叶挥舞角度过大。图 4-42 所示为某旋翼的挥舞限动值，上挥角度不超过 35°，下挥角度不超过 5°，挥舞角最大为 35°。全铰式旋翼的挥舞铰使桨叶挥舞角最大限度为 30°～40°。

在静止或缓慢旋转时，例如直升机启动、停车或慢车转动时，由于作用在桨叶上的离心力非常小，在重力作用下桨叶会下垂，在旋翼旋转时会不受控制地上下活动，当有阵风时尤其严重，严重时会危及飞行安全，例如在某些情况下可能会拍击尾梁，损坏机身结构。所以，为了防止旋转桨叶低于一定值而下垂，要安装一个下垂限动器。

(2) 桨叶的摆振

直升机启动和停车，会使桨叶旋转角速度发生变化。当直升机前飞时，旋翼桨叶绕挥舞铰上下挥舞，桨叶挥舞会引起桨叶重心相对旋翼轴的距离发生周期性变化，桨叶旋转角速度也会发生变化。桨叶向上挥舞时，桨叶旋转角速度增大，桨叶加速旋转；桨叶向下挥舞时，桨叶旋转角速度减小，桨叶减速旋转。

这表明桨叶挥舞时，在旋转面内有一个促使转速变化的力作用在桨叶上，这个力称为科氏力。桨叶上下挥舞都会产生科氏力，科氏力的大小与桨叶挥舞运动速度成正比，开始时上挥速度较小，科氏力也较小；随着上挥速度增加，科氏力也增大。科氏力对旋翼轴形成的力矩，称为科氏力矩。

由于桨叶的挥舞运动是周期变化的，桨叶加速或减速旋转时，受到的科氏力大小和方向也周期变化，这对桨叶的强度极为不利。同时桨叶旋转时也会产生惯性离心力，且惯性力很大，特别是在桨根部位，结构有可能因材料疲劳而被破坏，为解决这个问题就在桨毂上安装摆振铰（垂直铰）。采用摆振铰可以使桨叶受到科氏力作用后，在旋转平面内绕垂直铰前后摆动一定角度，消除了桨根受到的科氏力矩的影响，以减小桨叶的受载。

桨叶上挥，科氏力使桨叶向前摆动；桨叶下挥，科氏力使桨叶向后摆动。桨叶绕摆振铰的摆动角度称为前摆角或后摆角，用 ζ 表示，如图 4-43 所示。桨叶前后摆动角度受到惯性离心力的影响，在最大摆动角上，科氏力和惯性离心力分力相等。由于桨叶惯性离心力很大，故桨叶在挥舞中科氏力使桨叶前后摆动的角度很小。

桨叶绕摆振铰的摆振角分别与桨叶质量和转速成反比，转速越大，摆振角越小；桨叶质量越大，摆振角越小。如果在垂直铰上安装限动块，就可以限制桨叶摆动的最大角度。

在旋翼摆振铰处也可以安装减摆器，如图 4-44 所示，目的是阻尼桨叶的摆振运动，控制旋翼的摆振速率。旋翼加速旋转时，桨叶可以后退一定角度，并利用减摆器吸收加速的冲击

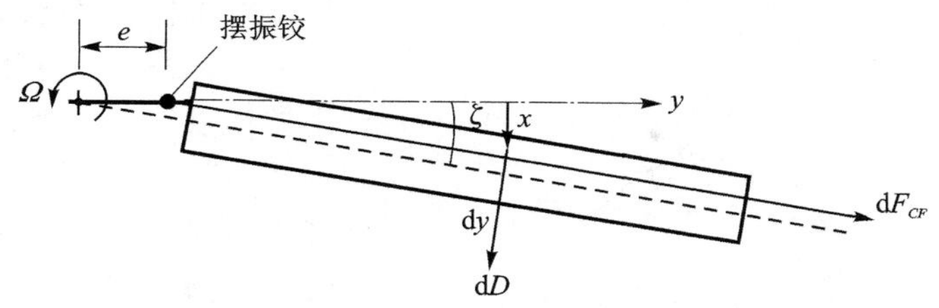

图 4-43　摆振运动的受力状态

力，因而减小了桨叶结构受载。反之，旋翼突然减速时，桨叶可以向前摆动一个角度，也能减轻桨叶结构受载。如果每片桨叶摆振器的工作时间不一致，超出规定范围，会增加直升机的水平振动。桨叶如在低转速时，甚至会造成地面共振。

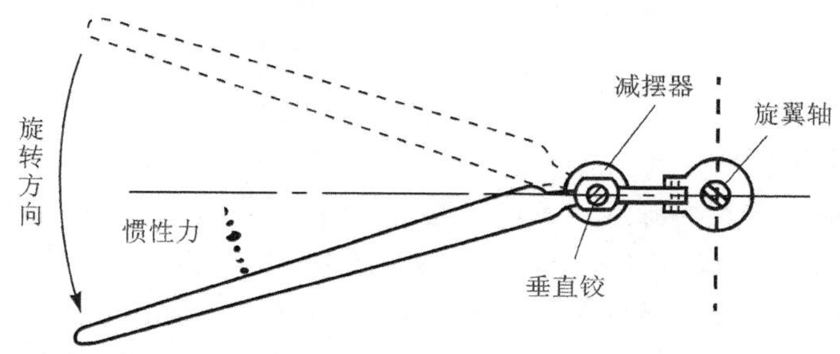

图 4-44　加速旋转时的摆振运动

在气动力和离心力的作用下桨叶上挥或后摆一起运动，形成圆锥形的运动曲面。由于圆锥角大小与离心力大小有关，当离心力较大时圆锥角较小；而又由于气动阻力使桨叶后摆，且气动阻力大于离心力，故后摆角比圆锥角小。

2. 操纵挥舞

(1) 桨叶变距

桨叶绕轴向铰转动来改变安装角或桨叶角，称为桨叶变距，如图 4-45 所示。一般通过操纵总距杆可以一起改变所有桨叶的桨距。

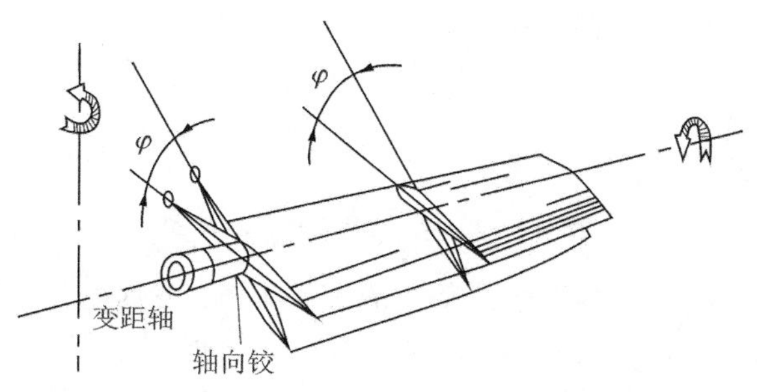

图 4-45　桨叶的变距

利用自动倾斜器，通过周期变距杆可以周期性地改变桨叶的桨距。当自动倾斜器运动时，可使桨叶的桨叶角既可周期变化，也可同步变化。自动倾斜器的关键组件为一对不旋转环和旋转环，如图 4-46 所示。不旋转环与操作杆相连，旋转环和桨叶同步旋转；旋转环上的每根

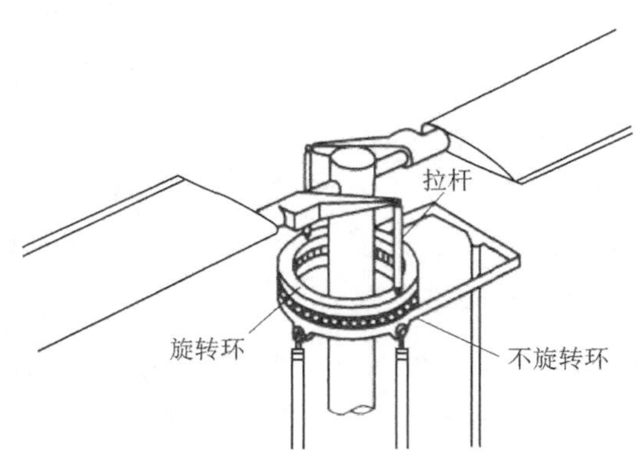

图 4-46 自动倾斜器示意图

拉杆分别与各片桨叶的变距摇臂相连接。桨叶根部有轴向铰(变距铰),桨叶可以绕轴向转动以改变桨距。当操纵自动倾斜器偏转,不旋转环向某一方向倾斜时,旋转环也向同一方向倾斜,拉杆带动桨叶变距,旋翼旋转时拉杆周期性地上下运动,因此各片桨叶的桨距也周期性地变化。

如果由于非操纵产生旋翼挥舞运动,桨叶上挥和下挥会受到拉杆的限制,在一定条件下造成桨叶角发生变化,此时桨叶的变距运动是由桨叶挥舞运动被动产生的,这主要与桨叶的气动特性、旋翼形式、桨叶翼型和挥舞特性有关。

(2) 周期变距下的操纵挥舞

桨叶变距都会引起旋翼挥舞运动。特别是在周期变距作用下,变距拉杆上下运动引起旋翼斜盘倾斜,桨叶旋转时其桨叶角就会周期性发生改变,TPP 也随之发生倾斜。

例如,周期变距 $\theta_c=2°$时,斜盘向右倾斜 2°,则桨毂旋转平面各处变化角度如图 4-47(b)所示,其中在 $A-C$ 倾斜轴处的角度不改变,而在 B 和 D 处的角度改变量分别为$-2°$和 2°。此时,旋转环带动变距拉杆也以相同的角度改变量上下移动,如图 4-47(a)所示,从而带动桨叶改变相同的桨叶角。

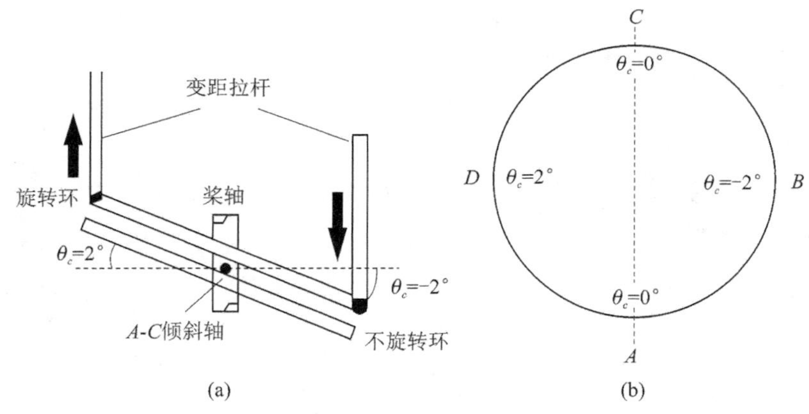

图 4-47 斜盘倾斜工作示意图

在典型的周期变距过程中,对于两片桨叶的旋翼而言,根据陀螺进动效应,变距拉杆应该比桨叶所处的相位角提前 90°,这种变距机制使斜盘倾斜而引起 TPP 倾斜,此时斜盘与 TPP 基本平行。这种大相位角的变距机制需要更强大的变距装置来实现。而对于三四片或更多桨叶的旋翼,倾斜后的斜盘与 TPP 不平行,例如 45°相位角的变距机制,引起 TPP 倾斜的方位角与斜盘倾斜的方位角相差 45°,即 TPP 前倾,而此时斜盘往机身侧前方倾斜。

图 4-48 所示为某型四桨叶直升机旋翼姿态,图中角度值为全量前推驾驶杆后,桨叶旋转一周所对应的斜盘位置。从图中可以看到,由于斜盘的倾斜引起的桨叶角变化,在 9 点钟位置桨叶角最大,在 3 点钟位置桨叶角最小。桨叶旋转经过 9 点钟位置后,桨叶角开始减小,直到

旋转到 3 点钟位置，经过 3 点钟位置后桨叶角开始增加。在机头和机尾处的桨叶角相等。所以，前推周期变距杆的斜盘并不是前倾，而是往一边倾倒。

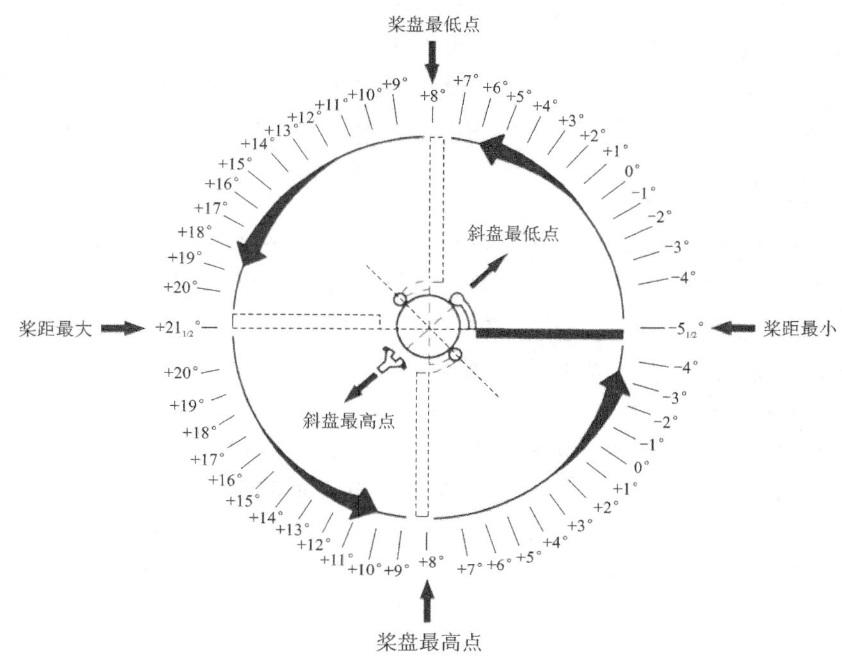

图 4－48　斜盘倾斜与操纵挥舞

由于桨叶角和迎角减小引起桨叶升力减小，桨叶下挥，经过 90°滞后，桨叶下挥到最大位置。相反，桨叶角和迎角增加会引起桨叶上挥，经过 90°滞后，桨叶上挥到最大位置。所以，要想获得最大/最小挥舞位置，就在其位置提前 90°进行周期变距。

例如，前推周期变距杆，通过倾斜斜盘来改变桨叶角大小，结果是最小桨叶角出现在正右侧，而最大桨叶角出现在正左侧。桨盘的姿态是正前方下挥最大，而正后方上挥最大。

周期变距造成同等的桨叶迎角变化，引起同等的操纵挥舞，这就是所谓变距与挥舞等效。在前飞时，由于不同方位角处的桨叶速度不同，故同等的桨距改变量引起的迎角变化和升力变化都不同。虽然前行桨叶和后行桨叶都改变相同迎角，但是前行桨叶因为其动压较大，所以比后行桨叶产生更多的附加升力。左右侧桨叶在旋转四分之一周后向上挥舞，而前行桨叶更向上挥舞，导致锥度角增大，同时又使 TPP 更向后倾斜。所以，前飞速度对操纵挥舞的后倒有放大作用。

3. 随动挥舞

当直升机做曲线机动飞行时，例如盘旋或有俯仰及滚动的机动飞行，旋翼轴同样随机身一起运动，具有 ω_z 或 ω_x 角速度。由于桨叶与旋转轴不是固联在一起的，故不会同步倾转，出现的角度差会导致桨叶挥舞产生。

当直升机的俯仰或滚转等角运动终止时，旋翼在空气动力的作用下会很快跟随过来，稳定在仅由自然挥舞和操纵挥舞的合成位置上。因此，这种伴随直升机角运动而发生的旋翼挥舞称为随动挥舞。

如果某一直升机以恒定的俯仰角速度 ω_z 进行机动飞行，俯仰角速度会造成桨叶产生附加的运动速度和附加的科氏力。这意味着当旋翼旋转轴做俯仰运动时，旋翼锥体做低头倾转（迟滞倾转），并有附加的向 $\psi=270°$ 方位一侧倾转。

应该注意，直升机滚转或俯仰引起的旋翼锥体偏斜量总是与直升机的角速度成正比，与旋翼旋转角速度成反比。与固定翼飞机相比，会有滚转和俯仰的纵横运动交叉耦合，这对直升机的操纵性和稳定性有不良影响。然而，由于旋翼能做挥舞运动，当飞行过程中遇到不稳定气流时，变化的气动载荷不至于像飞机机翼那样传递到机身上。因此，直升机飞行时颠簸较小。

4.3.2　旋翼挥舞特性

直升机在悬停时，旋翼流场轴对称，所以每片桨叶受到的气动力也是相同的，与桨叶方位无关。而在前飞状态下，旋翼流场轴不对称，出现旋翼周向相对气流不对称现象，桨盘产生的气动力与各桨叶方位有关。在交变气动载荷作用下，挥舞铰让每片桨叶上下挥舞运动，这就是旋翼运动的特点，下面重点分析桨叶的自然挥舞特性。

1. 方位角和相位滞后

为了说明桨叶方位角，图 4-49 给出了转速为 Ω 的旋翼俯视图，沿着旋翼旋转方向按递增方式确定方位角，正后方 0°方位表示为方位角 $\psi=0°$，或表示为 $\psi=360°$，正右方的方位角为 $\psi=90°$，正前方的方位角为 $\psi=180°$，正左方的方位角为 $\psi=270°$。桨叶从正后方方位角 $\psi=0°$ 为起点，将 $\psi=0°\sim180°$的半圆区域称为前行桨叶区，将 $\psi=180°\sim360°$（0°方位）的半圆区域称为后行桨叶区。

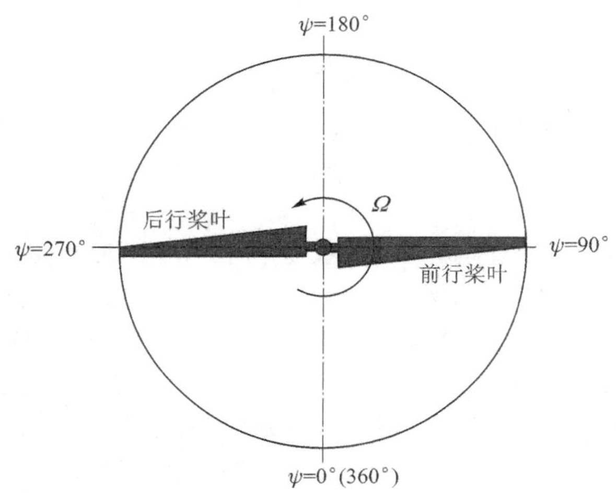

图 4-49　旋翼的方位角

由于作用在桨叶上各个力的影响，安装水平铰的旋翼桨叶并不在桨毂旋转面上旋转，而是形成一个倒锥体，桨尖的运动轨迹便是倒锥体的底部。桨叶展向中心线与桨毂旋转平面之间的夹角就是锥度角 a_0。悬停时，锥度角也是桨叶展向中心线与 TPP 之间的夹角。

直升机在稳定飞行中，各片桨叶的运动规律相同，运动形式可以用锥形轨迹表示，公式可以近似表示为

$$\beta=a_0-a_1\cos\psi-b_1\sin\psi \tag{4-38}$$

式中：β 为挥舞角（上挥为正）；ψ 为桨叶方位角；a_0，a_1，b_1 为挥舞运动系数，其中 a_0 为锥度角，a_1 为后倒角，b_1 为侧倾角，后倒角和侧倾角都属于倾倒角。

一般情况下，旋翼的挥舞角不大于 10°。式(4-38)表明，桨叶上挥使旋翼产生一个锥度角 a_0，旋翼系统以此为中立位置做简谐运动。在悬停状态下，$\beta=a_0$，挥舞角就是锥度角，与旋转时间和方位角无关。$-a_1\cos\psi$ 代表桨叶挥舞角的简单余弦运动部分，这一分量表明旋翼向后倾倒 a_1 角。$-b_1\sin\psi$ 代表桨叶挥舞角的简单正弦运动部分，它的作用使旋翼锥体向 $\psi=90°$ 方位倾斜了 b_1 角，如图 4-50 所示。

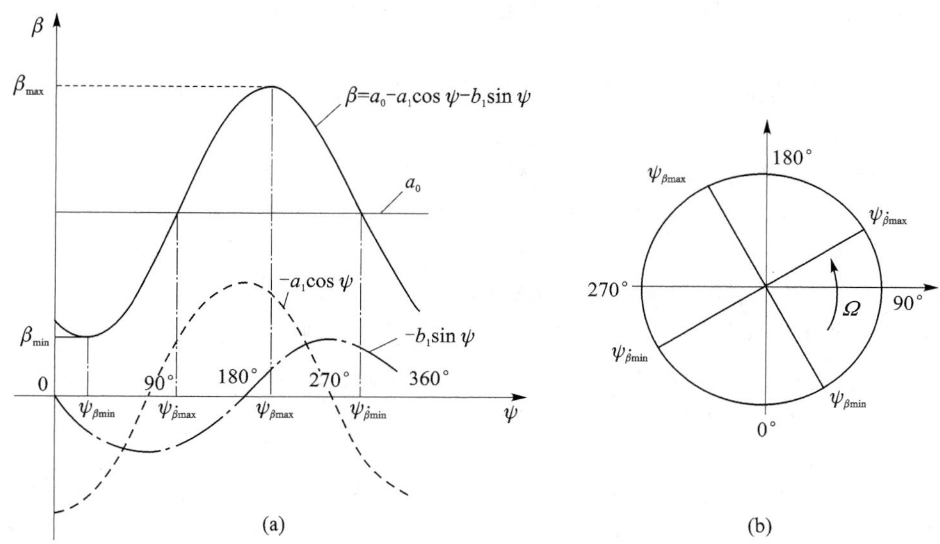

图 4-50　相位角滞后

在任意方位上，TPP 相对桨毂旋转平面的变化为

$$\Delta\beta=\beta-a_0=-a_1\cos\psi-b_1\sin\psi \tag{4-39}$$

如要寻找挥舞角最大值和最小值对应的方位，则

$$\frac{\mathrm{d}\beta}{\mathrm{d}\psi}=a_1\sin\psi-b_1\cos\psi \tag{4-40}$$

于是得到

$$\psi(\beta_{\min},\beta_{\max})=\arctan\frac{b_1}{a_1} \tag{4-41}$$

根据直升机桨叶的挥舞特性，挥舞角最小时对应的方位角在 $\psi=0°\sim90°$象限内，而最大时对应的方位角在 $\psi=180°\sim270°$象限内，即挥舞角沿旋翼的转动方向相位角滞后 90°。挥舞运动的旋翼姿态就是 TPP 相对桨毂旋转平面向后倾斜，后倒角为 a_1，同时又向 90°方位倾斜，侧倒角为 b_1。典型的旋翼挥舞运动结果如图 4-50 所示。

挥舞运动的角速度为

$$\dot{\beta}=\frac{\mathrm{d}\beta}{\mathrm{d}t}=\frac{\mathrm{d}\beta}{\mathrm{d}\psi}\cdot\frac{\mathrm{d}\psi}{\mathrm{d}t}=(a_1\sin\psi-b_1\cos\psi)\Omega \tag{4-42}$$

则挥舞角速度最大值和最小值对应的方位角为

$$\frac{\mathrm{d}\dot{\beta}}{\mathrm{d}\psi}=(-a_1\cos\psi-b_1\sin\psi)\Omega=0 \tag{4-43}$$

于是得到

$$\psi(\dot{\beta}_{\min},\dot{\beta}_{\max})=\arctan\left(-\frac{a_1}{b_1}\right) \tag{4-44}$$

从式(4－41)和式(4－44)中可以看出,挥舞角最大(最小)对应的方位角比挥舞角速度最大(最小)对应的方位角恰好滞后 90°。旋翼系统做简谐共振时,突出特征就是旋翼最大输出响应比最大输入响应恰好滞后 1/4 周期,这种现象也被称为相位滞后。

解释相位滞后现象的理论有很多种,但最普遍的一种理论认为,直升机旋翼桨叶在飞行中是一个转动的物体,具有陀螺进动性。陀螺进动性原理指出,当一个外力沿轴线方向作用在转动中的陀螺上,陀螺的旋转平面将倾斜,倾斜的最大位移量发生在沿陀螺转动方向 90°滞后的点上。

另一种理论称为惯性原理。当变距力作用到桨叶上时,由于桨叶的惯性,桨叶不会马上对作用力做出反应,而先使桨叶挥舞,也就是说,产生的升力在使桨叶挥舞前首先必须克服桨叶的惯性,此时桨叶已经转动了 1/4 圆周,所以力的作用效果将沿转动方向滞后 90°。

现在大多数直升机旋翼的挥舞铰不在旋转中心,而是有一段铰外伸量。当铰外伸量增加时,由于离心力产生的恢复力矩要比绕挥舞铰的惯性力矩增加得更快,从而挥舞固有频率比旋转频率要高。简言之,有铰外伸量的旋翼不再是共振系统。所以有铰外伸量的旋翼,相位滞后小于 90°,挥舞在数值上不完全等于周期变距。

2. 返流区

前面讲过,桨叶各剖面因旋转而产生的相对气流速度大小与该剖面至旋转轴的距离有关。越靠近桨叶根部,由旋转所引起的相对气流速度越小。如果直升机处在前飞状态时,在桨叶从 $\psi=180°$ 方位转向 $\psi=360°$ 方位过程中,在桨叶根部某个区域内,由前飞所引起的相对气流速度将会大于因旋转所引起的相对气流速度。在这个区域内,桨叶各切面的相对气流不是从桨叶前缘流向后缘,而是从桨叶后缘流向前缘。这种由桨叶后缘流向前缘的气流叫返流,桨叶上存在返流的区域称为返流区,如图 4－51 所示。

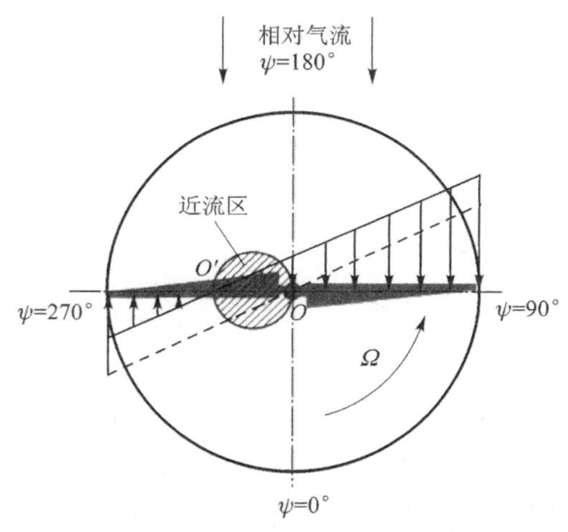

图 4－51　返流区

在返流区与正流区的交界处 O',桨叶的相对气流速度为零,该点叫桨叶返流区的边界点。返流区就是在 180°～360°方位上,桨叶返流区的所有边界点的连线所形成的圆形区域如图 4－49 所示。桨叶自方位角 180°转向 270°方位的过程中,前飞所引起的相对气流对桨叶相对气流的影响不断增大,故桨叶上的返流区逐渐扩大;桨叶自 270°方位角转向 360°方位,前飞速度对桨叶相对气流的影响不断减小,故桨叶上的返流区逐渐减小。

返流区的大小与飞行速度和旋翼转速有关。前飞速度一定时,旋翼转速增大,由旋转所引起的相对气流速度增大,使旋翼前进比 μ 值减小,于是旋翼的返流区缩小;反之,旋翼转速减小,μ 值增大,则旋翼返流区扩大,如图 4－52 所示。

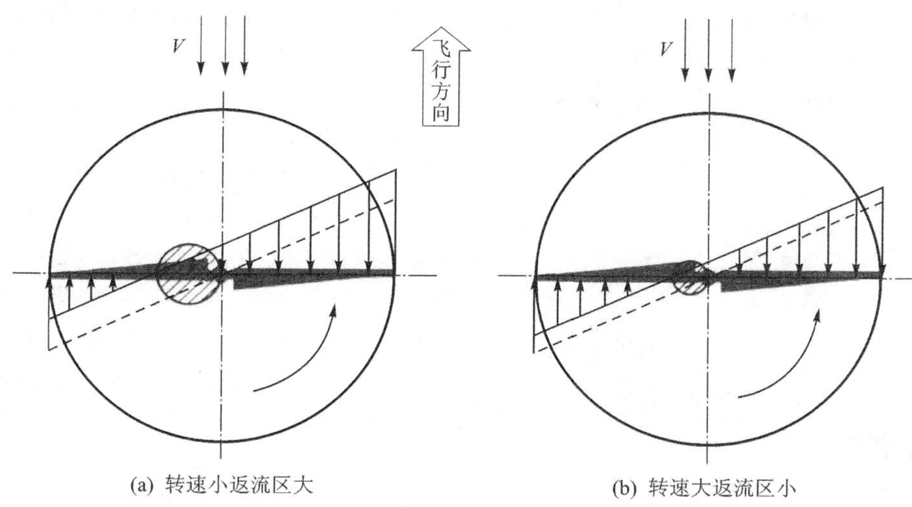

图 4－52　转速对返流区的影响

旋翼转速一定时，前飞速度增加，前进比 μ 值变大，旋翼的返流区扩大；反之，减小前飞速度，前进比 μ 值变小，旋翼的返流区缩小，如图 4－53 所示。

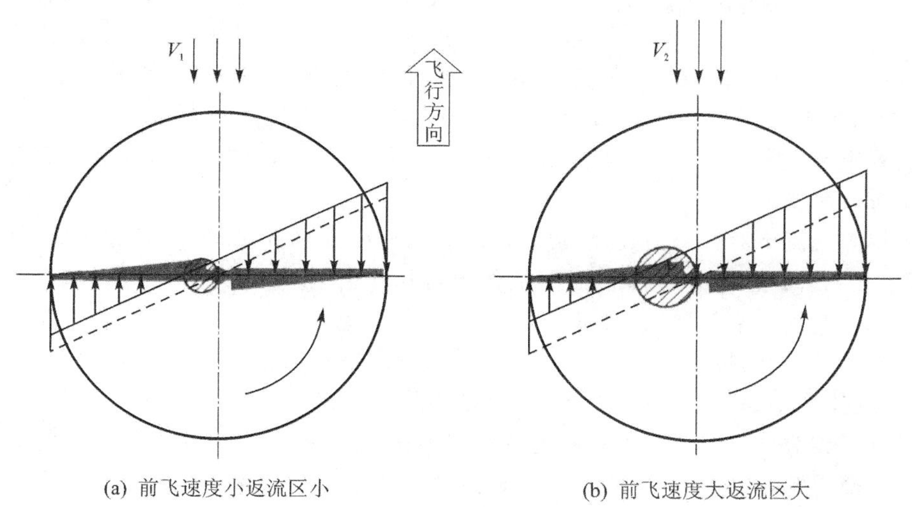

图 4－53　前飞速度对返流区的影响

总之，前进比 μ 值越小，返流区越小；μ 值越大，返流区越大。旋翼的返流区越大，表明旋翼相对气流的不对称性越大，旋翼拉力不对称性越强。

在旋翼返流区内，由于桨叶周向速度是反向的，会产生向下的拉力。当速度不超过最大允许速度飞行时，旋翼返流区处在允许范围之内，甚至处在没有桨叶翼面的桨毂部分，这对飞行影响不大。否则，不仅会使旋翼拉力降低，桨叶在 270°方位处产生的拉力将更小，而且由于每片桨叶的空气动力产生显著的周期变化，故造成操纵困难。如果出现这种情况，应立即减小飞行速度或增加转速，降低返流区的影响，恢复正常飞行。所以，前进比 μ 要有一定的限制。

3. 相对气流不对称性

前面讲过，桨叶旋转速度矢量与直升机速度矢量的合成就是桨叶的合成速度。直升机在无风悬停或垂直升降情况下，旋翼桨叶转到不同方位，桨叶各切面的周向速度在数值上保持一致，等于其相对气流速度大小，但两者的方向相反。只有直升机在前飞、后退飞行或侧飞中，旋翼桨叶的周向相对气流才会出现不对称现象。

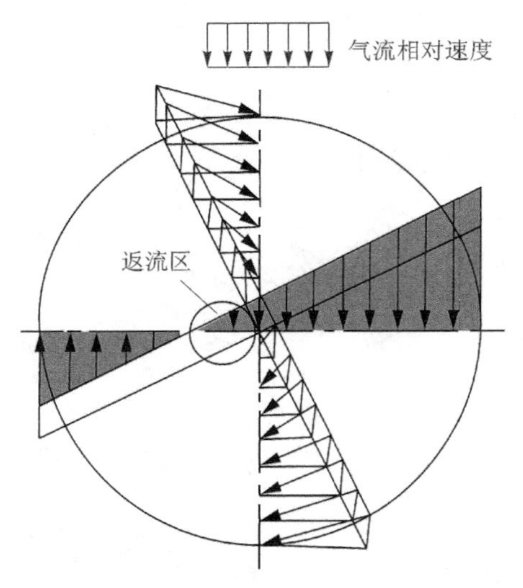

图 4 - 54　前飞中气流不对称性

例如，直升机前飞时，如图 4 - 54 所示，不同方位处的周向相对速度有所不同，即速度大小和方向都有所不同，因为桨叶除了受旋转所产生的相对气流的影响之外，还要受前飞所产生的相对气流的影响，这两种气流的合成气流将随桨叶转到不同方位时而不同。在 0°～180°方位内，桨叶各处的相对气流速度都比无风悬停时要大；在 180°～360°方位内，各处相对气流速度都比无风悬停时要小。

从图 4 - 54 中可以看出，由于旋翼旋转所产生的相对气流与因直升机前飞所产生的相对气流方向一致，故桨叶在方位角 $\psi=90°$处的相对气流速度最大；反之，在方位角 $\psi=270°$处，桨叶的相对气流速度为最小。假设直升机前飞速度 V 为 45 m/s，桨尖切面旋转所产生的相对气流速度 ΩR 为 200 m/s，则在 90°方位的相对气流速度为：$w=\Omega R+V=200+45=245$ m/s，在 270°方位的相对气流速度为：$w=\Omega R-V=200-45=155$ m/s。

在旋翼旋转方向上的 180°～360°方位内，桨叶各切面的周向相对气流速度都比 0°～180°的周向相对气流速度小。

旋翼相对气流不对称的情况，还可以用旋翼前进比 μ 来表示，即 μ 值越大，旋翼相对气流的不对称性越大；μ 值越小，旋翼相对气流的不对称性越小。

旋翼的相对气流不对称性会使前行桨叶相对气流速度增大，不考虑其他影响因素，根据空气动力特性，则产生的拉力就大，且在方位角 $\psi=90°$处拉力最大；后行桨叶的相对气流速度小，则产生的拉力小，且在方位角 $\psi=270°$处拉力最小。

由于旋翼相对气流的不对称性和返流区的存在，造成的旋翼两侧拉力不对称现象，就形成了横侧不平衡力矩，如图 4 - 55 所示。此时如果不消除这个力矩的作用，直升机势必会倾覆过去。所以，现在多片桨叶的旋翼都安装挥舞铰，通过旋翼挥舞消除横侧不平衡力矩的影响。

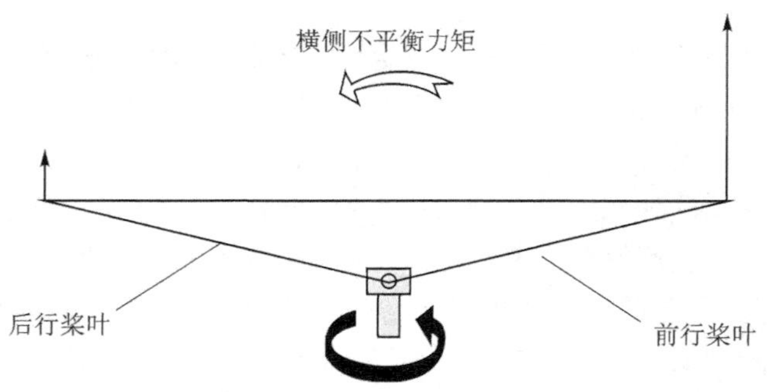

图 4 - 55　前飞中旋翼产生的不对称拉力

有些装有两片桨叶的直升机，虽然没有挥舞铰，也能消除横侧不平衡力矩。这是因为直升机桨毂和桨轴是通过万向接头相连接的，与桨根相连的万向接头外环可以向任意方向倾斜。直升机在前飞中，两片桨叶就像跷跷板一样，一个桨叶前行，则另一个桨叶后行；一个向上，则另一个就向下。由于前行桨叶拉力大而上挥，后行桨叶拉力小而下挥，这样在相对气流不对称性和迎角不对称性的共同作用下，旋翼也可以自动调整本身的拉力基本保持不变，从而消除横侧不平衡力矩。

4. 迎角不对称性

安装挥舞铰的直升机在前飞中，在桨叶相对气流不对称性的影响下，因挥舞速度不同也会引起桨叶迎角变化，如图 4－56 所示。

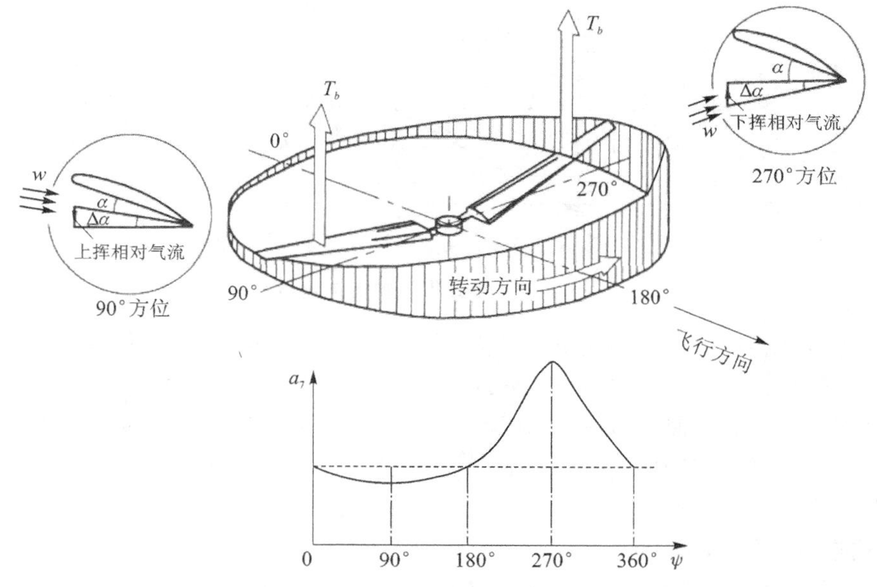

图 4－56　桨叶挥舞时的迎角变化

在前飞的前行桨叶区，由于流经桨叶的相对气流速度增大，桨叶拉力也增大。桨叶绕水平铰向上挥舞，产生自上而下的相对气流，使桨叶迎角减小，于是桨叶拉力也减小。桨叶向上挥舞速度越大，桨叶迎角减小越多。可见，桨叶在上挥的过程中，可以自动调整自身的拉力，结果使拉力大致保持不变。

同理，在后行桨叶区中，旋翼桨叶绕旋转轴旋转时，由于相对气流速度和拉力减小，桨叶向下挥舞。桨叶向下挥舞所形成的自下而上的相对气流，又会使桨叶迎角增大。这样，桨叶下挥过程中，也能使桨叶本身的拉力大致保持不变。

由以上分析可知，在桨叶相对气流不对称性的影响下，因挥舞速度不同所引起的桨叶迎角不对称性，前行桨叶区内的迎角小，而后行桨叶区内的迎角大。相对气流不对称性和迎角不对称性促使桨叶在各个方位的拉力大致保持不变。所以，旋翼装有挥舞铰后，不仅消除了横侧不平衡力矩，就连拉力的不对称也基本消除了。

直升机飞行时，由于旋翼姿态的影响，相对气流与桨毂旋转平面之间存在夹角，即旋翼迎角。前面讲过，旋翼桨叶的旋转速度矢量 ΩR 与直升机速度矢量 $V_0\cos\alpha_R$ 的合成就是旋翼桨叶的合成速度。当相对合成气流吹过带有 a_0 锥度角的旋翼时，就像相对气流吹过具有上反角机翼的固定翼飞机。旋翼前半部（桨叶处于 90°→180°→270°方位）的相对气流速度对桨叶产生垂直分量 $V\sin a_0$，形成上冲气流，使入流角减小，桨叶迎角增大，如图 4－57 所示。旋翼后半部（桨叶处在 270°→0°→90°方位）的相对气流速度垂直分量 $V\sin a_0$ 形成下冲气流，使入流角增大，桨叶迎角减小。

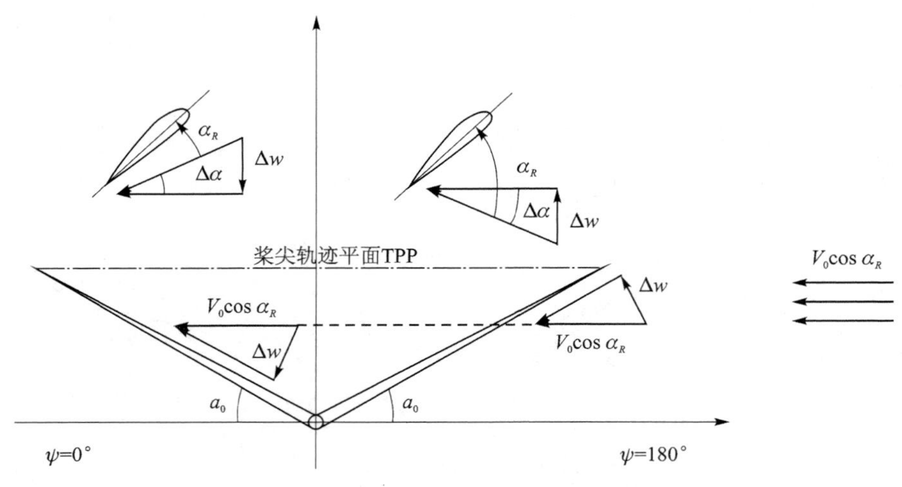

图 4－57 旋翼锥体的侧向倾斜

桨叶挥舞运动会进一步影响迎角不对称性。由于旋翼挥舞运动，在旋翼前行桨叶区的桨叶上挥，桨叶迎角减少，而旋翼在后行桨叶区的桨叶下挥，桨叶迎角增加。由于锥度角的存在，在旋翼前半部区域的桨叶迎角增加，而在旋翼后半部分区域的桨叶迎角减少。两者综合起来，经过 0°→90°区域的桨叶迎角减少，经过 180°→270°区域的桨叶迎角增加。旋翼桨叶出现迎角变化的现象称为迎角不对称性。

5. 旋翼锥体后倒、侧倾

直升机速度变化会使旋翼桨叶旋转的同时，伴随有周期性的自然挥舞运动，周向气流速度左、右不对称，使左、右拉力不对称，桨叶拉力按正弦规律变化使桨叶上下挥舞。下面从旋翼锥体后倒和侧倾两个方面分析旋翼自然挥舞特性。

（1）旋翼锥体后倒

当直升机在前飞时，旋转旋翼的桨叶拉力按 $\sin\psi$ 规律变化。在一个周期中，从 0°方位到 90°方位，由于相对气流的不对称性，前行桨叶随着相对气流速度增大而向上加速挥舞，在 90°方位处，桨叶相对气流速度增加最多，上挥速度最快。从 90°到 180°方位，相对气流速度增量减小，桨叶继续上挥，上挥速度减慢（减速上挥），在 180°方位处，相对气流速度增量为零，桨叶不再继续上挥，但在该处桨叶挥舞的位置最高，桨叶上挥距离最长。

桨叶上挥速度最大和挥舞最高位置（上挥距离最大）不在同一方位，它们之间相差 90°方位角。挥舞最高的方位滞后于挥舞最快的方位，即从桨叶上挥速度最大的方位再继续旋转 90°，便是桨叶挥舞最高的方位。

然后，前行桨叶在 180°方位处变为后行桨叶，这时从 180°到 270°方位，相对气流速度逐渐减小，桨叶开始向下加速挥舞；在 270°方位处的相对气流减到最小，下挥速度最快。从 270°到 360°方位（即 0°方位），下挥速度逐渐减慢，但仍继续减速下挥。转到 0°方位角，桨叶下挥速度为零，其挥舞位置最低，桨叶下挥距离最短。

桨叶下挥速度最大和挥舞最低位置(下挥距离最大)也不在同一方位,它们之间方位相差 90°。挥舞最低的方位也滞后于挥舞最快的方位,即从桨叶下挥速度最大的方位再继续旋转 90°,便是桨叶挥舞最低的方位。

由此可见,由于桨叶的周向气流速度不对称引起的自然挥舞运动,产生的挥舞响应使桨叶在 $\psi=180°$ 处挥得最高,而在 $\psi=360°$ 或 0°处挥得最低。相对于桨毂旋转平面,轨迹前高后低,旋翼呈现为倒锥体向后倾斜,旋翼产生后倒姿态,如图 4-58 所示。前飞速度越大,旋翼相对气流速度不对称性越大,旋翼锥体向后倾斜也越多,后倒程度就越快。

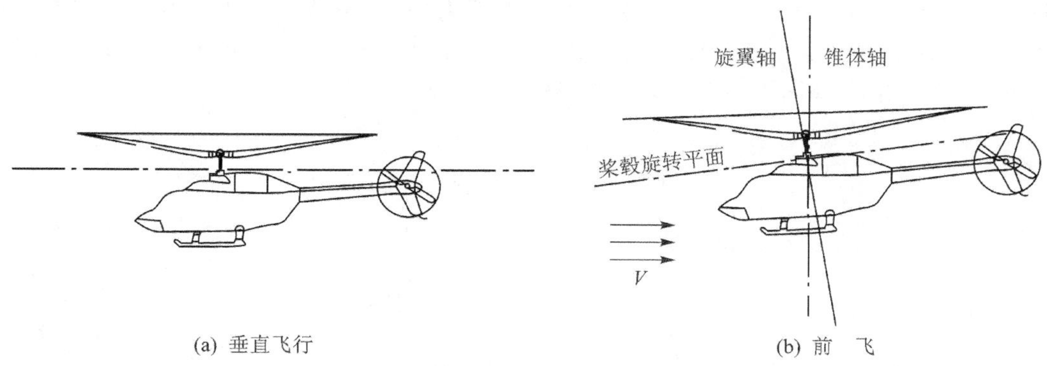

图 4-58　前飞时旋翼锥体向后倾斜

(2) 旋翼锥体侧倾

由于旋翼锥度角的存在,经过旋翼前半部分区域的桨叶会产生额外的上冲气流 Δu_p,如图 4-59 所示,导致桨叶迎角增加,则桨叶升力趋于增大,桨叶上挥。桨叶向上挥舞时,会促使桨叶迎角趋于减小,桨叶升力减小,最终促使桨叶挥舞恢复到平衡值。在 180°方位迎角增大最多,上挥速度最快,但到 270°方位时桨叶才到达最高点。经过旋翼后半部分区域的桨叶会产生额外的下沉气流 Δu_p,导致桨叶迎角减少,桨叶升力趋于减小,桨叶产生向下挥舞。但桨叶下挥促使桨叶迎角趋于增大,桨叶升力增大,最终使桨叶挥舞恢复到平衡值。在 0°方位,迎角减小最多,下挥速度最快,到 90°方位时桨叶才下挥到最低点。

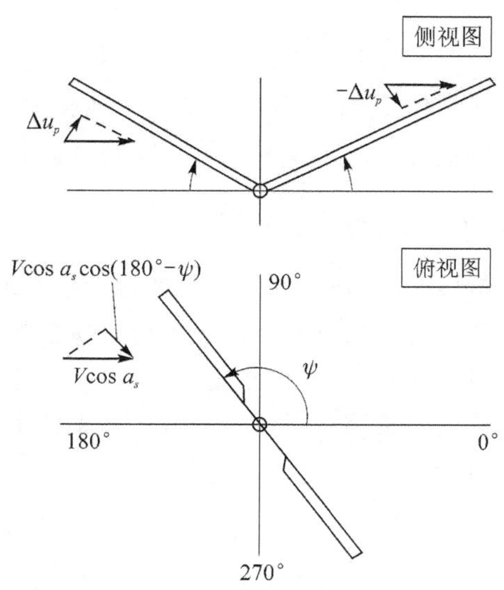

图 4-59　锥度角的影响

由此可见,桨叶在 $\psi=180°$ 处迎角最大,桨叶拉力也最大,而在 $\psi=0°$ 处迎角最小,桨叶拉力最小,但根据陀螺进动性原则,旋翼锥体向 90°方位倾斜,旋翼产生侧倾姿态。如果旋翼是右旋的,则锥体右倾,左旋旋翼则左倾。

桨叶自然挥舞造成桨叶锥体侧向倾斜,主要是由于存在锥度角 a_0,它引起旋翼前后桨叶迎角不对称性和相应的不对称气动载荷分布。不仅在前飞状态,在任何给定状态下,锥体倾斜程度取决于锥度角,而锥度角的大小受到以下因素影响:拉力越大,锥度角越大;机体重量越大,桨叶必须产生越大的拉力,锥度角就越大;桨叶转动速度越大,桨叶产生的离心力越大,桨叶将越远离桨毂,锥度角就越小。

实际上,在飞行中,直升机的重量在短时间里不会有明显的改变,因此对锥度角的影响不会明显。由于旋翼是一个巨大的旋转质量体,在实际飞行中,其转动速度基本保持不变。桨叶产生的离心力在整个飞行中也基本保持不变。因此,在飞行中只有拉力是一个可变因素,最终影响锥度角的大小。

总之,在旋翼自然挥舞中,一方面,由于旋翼桨叶的相对气流不对称性,造成前飞中旋翼锥体向 0°方位倾斜;另一方面,由于旋翼桨叶的迎角不对称性,造成前飞中旋翼锥体向 90°方位倾斜。换句话说,由于桨叶本身的拉力自动调整作用,气流不对称性引起 TPP 后倒,迎角不对称性引起 TPP 侧倒,如图 4-60 的侧视图和后视图所示。

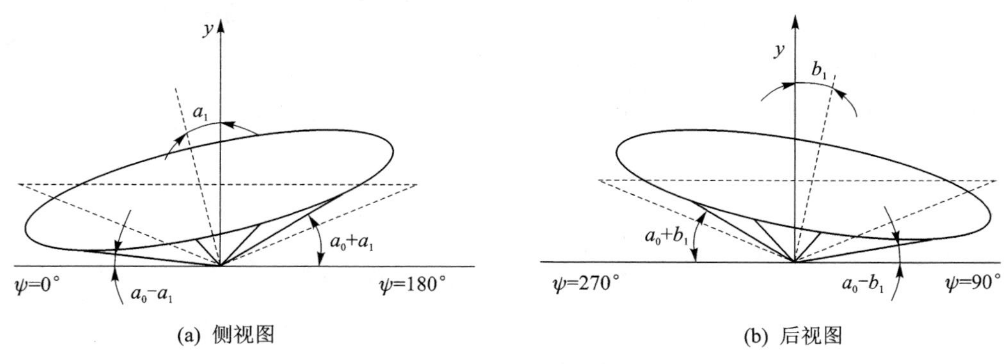

图 4-60　前飞时桨叶的挥舞运动

4.4　螺旋桨和旋翼副作用

螺旋桨和旋翼工作时,依靠桨叶旋转产生所需的力,但也正是由于桨叶的旋转运动,会产生一些副作用,给正常飞行带来不利影响。这些副作用包括进动、反扭矩、滑流扭转和振动,下面将分析它们的产生和对飞行的影响。

4.4.1　反扭矩作用

螺旋桨在转动中,发动机通过转轴输出的扭矩驱动螺旋桨旋转,不断地搅动空气,对空气施加作用力,与此同时,空气也会给螺旋桨一个反作用力(矩)。螺旋桨把这个反作用力矩传给发动机,再通过发动机作用于飞机上,会迫使飞机向螺旋桨转动的反方向倾斜,如图 4-61 所示。右旋螺旋桨,反扭矩向左;左旋螺旋桨,反扭矩向右。

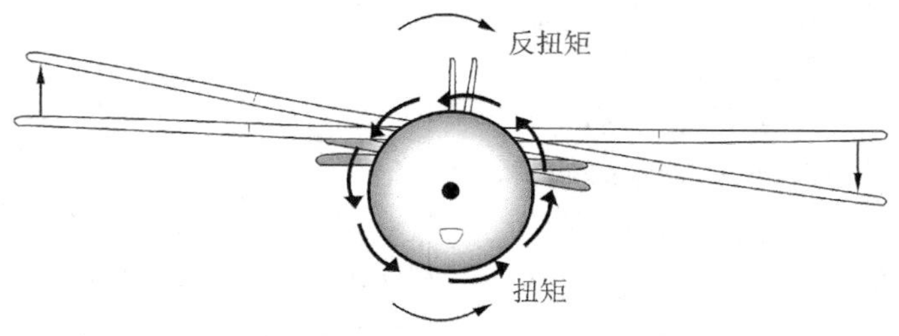

图 4-61　螺旋桨的反扭矩

飞行中螺旋桨反扭矩的大小主要随发动机油门发生变化。加大油门，发动机有效功率增加，桨叶角和桨叶迎角变大，桨叶空气动力增加，反扭矩也随之增加；反之，收小油门，反扭矩将减小。为了防止反扭矩的变化对飞行的影响，在加大油门的同时，需要向螺旋桨转动方向压盘；而在收小油门的同时应该及时回盘，或向螺旋桨转动的反向压盘。

螺旋桨的反扭矩不但在飞行中对飞机有影响，而且在地面滑跑时，螺旋桨的反扭矩还会造成机头方向偏转。在地面滑跑时，螺旋桨的反扭矩使左右两侧的机轮对地面的压力不均，受到的摩擦力也不同，使得机头向摩擦力大的一侧偏转。例如，左旋螺旋桨飞机，在起飞滑跑中，反扭矩迫使飞机向右倾斜，于是右机轮对地面的压力比左机轮的大，如图 4－62(a)所示，导致右机轮与地面之间的摩擦阻力也比左机轮的大，如图 4－62(b)所示。两主轮摩擦阻力之差对重心形成偏转力矩，使飞机向右偏转。为了克服这一偏转力矩，保持滑跑方向，应适当向螺旋桨旋转方向压盘修正。

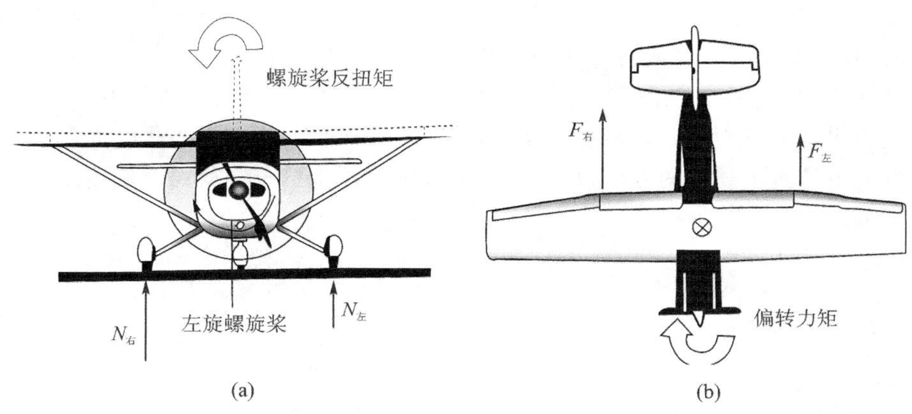

图 4－62　螺旋桨反扭矩对起飞滑跑的影响

采用单旋翼形式的无人直升机，主旋翼旋转时同样会由于反扭矩作用，机身向主旋翼旋转的反方向旋转，这时就需要采用尾桨产生侧向力矩平衡反扭矩，也可通过改变尾桨侧力大小改变无人直升机的航向，如图 4－63 所示。

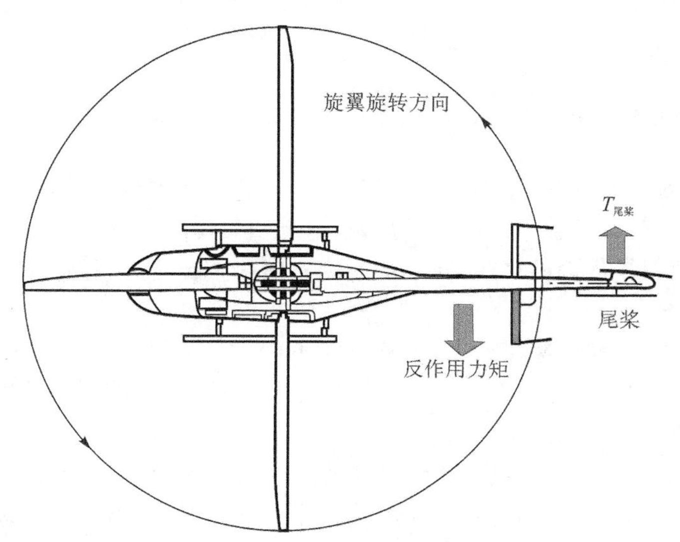

图 4－63　无人直升机扭矩作用

4.4.2 进动作用

螺旋桨无人机带动力做盘旋或俯仰机动等曲线飞行时，高速旋转的螺旋桨将产生陀螺力矩。螺旋桨转速越高，无人机机动飞行的角速度越大，产生的陀螺力矩也越大。当受到改变桨轴方向的操纵力矩作用时，螺旋桨并不完全绕与操纵力矩方向平行的轴转动，而是还绕着另一个轴偏转，这种现象称为螺旋桨的进动。例如，当右旋螺旋桨无人机(顺时针方向)受到操纵力矩上仰时，无人机给螺旋桨一个上仰力矩，螺旋桨不仅沿这个外力矩方向与无人机一起向上转动，而且还与无人机一起绕竖轴向右偏转，如图 4－64 所示。这是因为，当螺旋桨受到一个上仰力矩作用时，螺旋桨桨叶转动至垂直位置时，上面的桨叶Ⅰ受到一个向后的作用力 F，产生向后的加速度；而下面的桨叶Ⅱ受到一个向前的作用力 F，产生向前的加速度。因为有了加速度，所以经过一段时间后，原来在上面的桨叶Ⅰ转至右边时，就出现了向后的速度 v；原来在下面的桨叶Ⅱ转至左边，会出现向前的速度 v。这使螺旋桨存在一个顺时针的角速度，于是螺旋桨向右进动，并带动飞机向右偏转。如果是左转螺旋桨(逆时针方向)，则结果相反。

由此可见，飞行中螺旋桨的进动作用会改变飞机的姿态，给飞行带来影响。螺旋桨的进动方向可用手势法则进行判断。左转螺旋桨用左手(右转螺旋桨用右手)，手心面向机尾方向，以四指代表外力矩使机头转动的方向，那么伸开的大拇指所指的方向就是螺旋桨进动的方向，如图 4－65 所示。

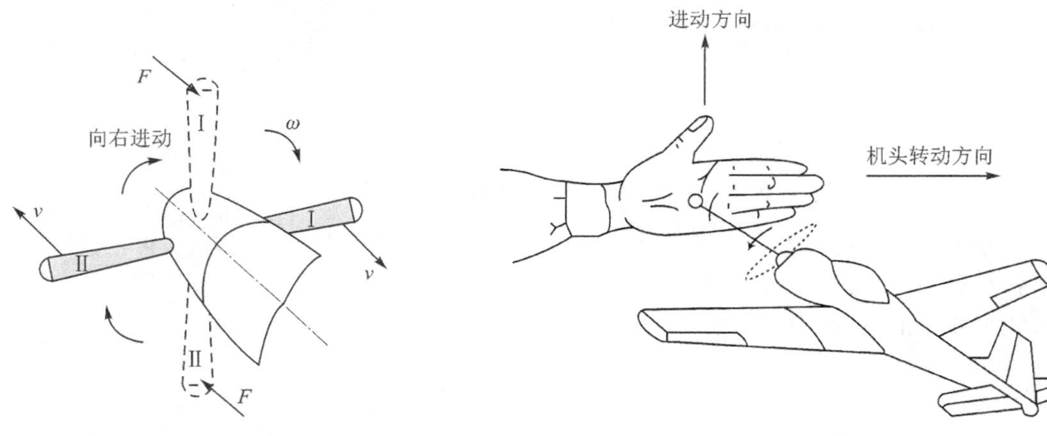

图 4－64 螺旋桨产生进动的原因　　**图 4－65 螺旋桨进动方向的判断**

螺旋桨转速一般是不变的，转动惯量为常量，所以进动角速度主要取决于外力矩的大小。飞行中，操纵力越大，改变桨轴方向的外力矩越大，进动角速度就越大。因此，在操纵无人机改变桨轴方向时，必须根据进动的规律，向进动的反方向协调操纵升降舵和方向舵，防止无人机偏离预定的飞行方向。

如果无人机比较大，螺旋桨相对小，影响可能不明显。但对于微型无人机，螺旋桨都相对比较大，发动机转速很高，一定要考虑陀螺力矩的作用。双发动机无人机的螺旋桨一般都相互反向旋转，陀螺力矩可以互相抵消。

陀螺力矩 M_{gy} 的大小与螺旋桨的转动惯量(亦称惯性矩)I_{pr}、螺旋桨转速 n(r/min)和无人机偏转或俯仰角速度 Ω(°/s)有关。后两项计量单位本应用 rad/s，下式已经过计量单位换算

$$M_{gy} = I_{pr} n\Omega / 5\ 360 \quad (\mathrm{kg \cdot m}) \tag{4-45}$$

式中，I_{pr} 为螺旋桨的转动惯量，简略估算为螺旋桨质量乘直径的平方除以 10。

高速旋转的单旋翼无人直升机同样存在陀螺进动。从 4.3.2 节的分析中可以看到，当无人直升机从垂直飞行状态改为水平或上升、下滑飞行时，由于陀螺进动效应，自动倾斜盘的偏转方向和飞行方向不一致，存在方位角和相位滞后。如前推周期变距杆，自动倾斜盘并不是前倾，而是往一边倾倒。

4.4.3　滑流扭转作用

单螺旋桨转动时，桨叶搅动空气，一方面使之向后加速流动，另一方面又使之顺着螺旋桨的旋转方向扭转流动，如图 4-66 所示。这种受螺旋桨作用而向后加速和扭转的气流称为螺旋桨滑流。

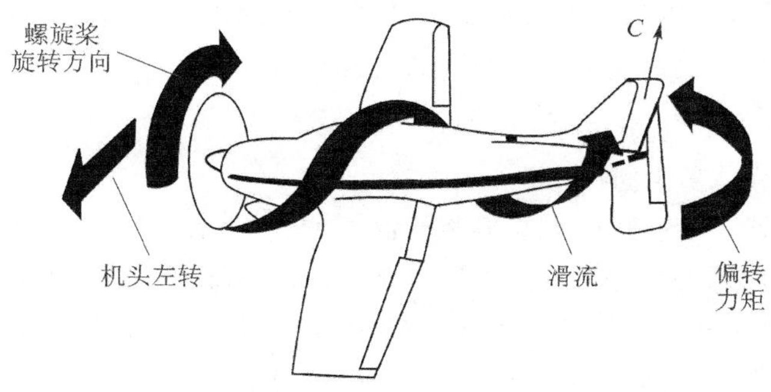

图 4-66　滑流扭转对飞机的影响

螺旋桨滑流以桨轴(面)为界可被分成上、下两层。如果螺旋桨是右旋的，则上层滑流自左向右后方扭转，下层滑流则自右向左后方扭转，如图 4-66 所示。一般情况下，机身尾部和垂直尾翼都受到滑流上层部分的影响，即滑流的上层部分从左侧作用于机身尾部和垂直尾翼，产生向右的侧力 C，对飞机重心形成偏转力矩，使机头向左偏转。

为了制止螺旋桨滑流对飞行方向的影响，应向螺旋桨旋转方向偏转方向舵来修正飞行方向。方向舵偏转的大小主要与发动机的功率和飞行速度有关。如果飞行速度不变，加油门增大发动机功率，则滑流作用增强，侧向力 C 也相应增大，为了制止飞机偏转，所需的舵面偏转量增大；油门减小则相反。

如果油门不变，即发动机功率不变，当飞行速度增大时，一方面滑流的动压增大，偏转力矩增大；另一方面滑流扭转角(滑流方向与飞机对称面的夹角)减小，偏转力矩要减小，这两种影响相互抵消，滑流扭转作用可以近似地认为基本不变。但随着飞行速度增大，舵面效能增强，为了制止飞机偏转，所需的舵面偏转量要相应减小。

在起飞和着陆阶段中，油门变化较大，螺旋桨滑流对飞机方向的保持影响较明显。例如右旋螺旋桨飞机在起飞中，因加大油门时，滑流扭转所形成的左偏力矩很大，应相应向右偏转方向舵，以保持起飞方向；在着陆阶段，随着油门不断收小，滑流产生的左偏力矩也减小，应适当减小偏转量或适当向左偏转方向舵以保持方向。

从上面分析可得出，螺旋桨转速越大，飞行速度越小，滑流扭转气流对飞机的方向偏转影响越明显。故地面起飞时需要方向舵修正方向；空中飞行时，由于飞机自身速度增大，滑流作用减弱，使用方向舵配平即可。

另外，加油门改变发动机功率时，还会因滑流速度变化导致水平尾翼产生附加空气动力$\Delta R_{尾}$，这个附加空气动力对飞机重心形成俯仰力矩，影响飞机的俯仰平衡，应适当改变俯仰角，产生相应的俯仰操纵力矩来克服这一影响。例如，当飞机加大油门时，滑流速度增大，平尾产生向下的附加升力，对飞机重心形成上仰力矩，使机头上仰，应适当减小俯仰角修正；反之，收小油门，机头有下俯趋势，应适当增加俯仰角修正。

在不同飞行状态下，旋翼的桨尖涡流轨迹如图 4 - 35 所示。当涡流叠加侧风与尾桨叶相交或强涡从尾桨叶附近通过时，可能会造成尾桨失效，如果作用在无人直升机平尾和垂尾上，会产生与螺旋桨滑流类似的影响。

4.4.4 振动作用

1. 螺旋桨的振动

螺旋桨在飞行中受力不均会引起振动，会使螺旋桨部件的使用寿命缩短，妨碍飞机的设备和仪表的正常工作；如果振动过大，会危及飞行安全。

(1) 螺旋桨振动的原因

1) 螺旋桨重量分布不平衡

螺旋桨由于某种原因配重不均，螺旋桨注油不均，或在使用中受到碰伤，使每片桨叶重量分布不平衡，整个螺旋桨的重心有可能不在桨轴上。导致螺旋桨旋转时离心力不平衡，不平衡离心力的方向在螺旋桨转动过程中发生周期性变化，致使发动机上的部件受到交变载荷的作用，引起发动机等构件的振动，进而影响部件的疲劳寿命。

2) 各桨叶角不同或形状不一致

如果桨叶安装不当，以致桨叶角不同；若桨叶严重变形，或桨叶积冰，以致其形状不一致，改变了螺旋桨剖面形状。这样，螺旋桨在转动时，各桨叶的空气动力就会不平衡，空气动力的合力也不在桨轴上，从而使发动机构件受到交变载荷的作用而发生振动。

3) 斜吹气流的影响

当螺旋桨受到与桨轴方向不一致斜吹气流的作用时，各桨叶所产生的空气动力大小不等，其大小不断变化而引起螺旋桨振动。

综上所述，引起螺旋桨振动的根本原因是螺旋桨受力不均衡，使桨叶或发动机机架受到周期性交变载荷的作用而引起的。

(2) 应对螺旋桨振动的措施

当螺旋桨发生振动时，应具体区分不同的振动情况，采取不同的应对措施。

① 在各种转速下都存在，且转速越大越厉害的振动。这种类型的振动主要是由螺旋桨的重量分布不平衡、各桨叶的桨叶角不同或形状不一致或桨叶积冰等原因所引起的。在这些情况下，只要螺旋桨旋转，就会产生离心力或不平衡空气动力而产生振动。转速越大，离心力和各桨叶的空气动力相差越大，所以振动加剧。

② 在某一转速范围内，振动强烈；而在此转速范围外，振动不明显。各桨叶或发动机机架受到周期性交变载荷作用引起的振动具有一定的频率，而物体本身也存在自然振动频率。如果在某一转速范围内，交变载荷的频率与构件的自然振动频率相一致(或成整数倍)时，就会出现共振现象，而使飞机呈现明显、剧烈的振动。

遇到这种情况，应调整螺旋桨的转速，使额外载荷的周期交变频率与构件的自然振动频率不一致，就可以消除共振，从而使振动减弱。一般在调整转速时，都是把转速适当增大，以使发动机能在较为稳定的大转速情况下工作。

③ 振动持续时间短，且只在飞行状态改变时出现振动。这种振动多为螺旋桨进动或斜吹气流所造成的，只要飞行状态稳定下来或者侧滑角、迎角减小之后，振动就会自然消除，对这类振动不需特别加以处置。

2. 直升机振动

(1) 地面共振

1) 地面共振机理

直升机地面共振是一种旋翼和机体耦合的动不稳定性运动，属于自激振动。直升机在地面工作时都有可能发生地面共振，包括地面开车、起飞和着陆中的滑行、滑跑等工作状态。判断直升机进入地面共振状态的依据是：直升机在起落架上左右摇晃；振动(摆动)的幅值越来越大；旋翼锥体混乱；转速下降。

直升机在地面运转时，受到外界初始扰动，例如突风、操纵过猛、粗猛着陆、滑跑颠簸等，在干扰力的作用下，当各桨叶摆动不均匀时(如三片桨叶的旋翼，任意相邻两片桨叶间不成 120°时；四片桨叶对应的是 90°)，如图 4-67 所示。各桨叶的离心力不能互相平衡，则出现不平衡回转离心力，这种旋翼离心激振力激起机体在起落架上振动。

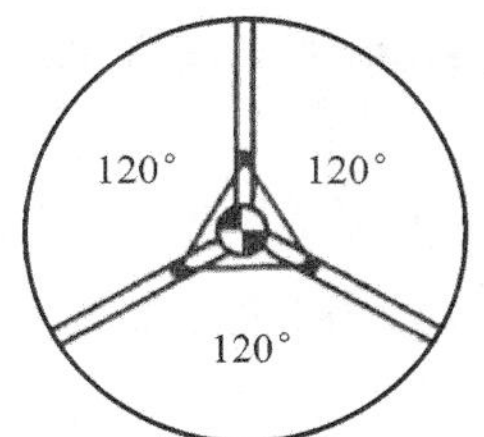

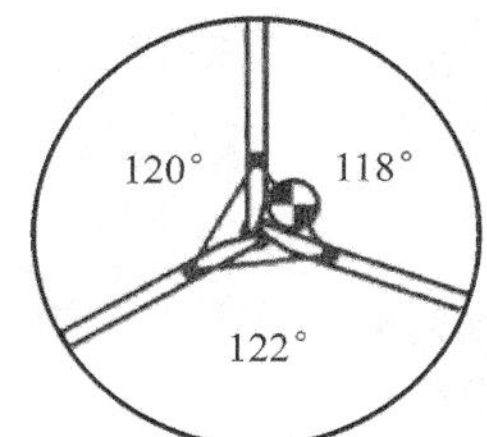

图 4-67　三片桨叶摆动相位分布

在地面共振中，外界初始扰动激起旋翼在旋转平面内振动，旋翼运动会激起桨毂中心在水平面内的运动，带动机体振动，例如全铰式旋翼随垂直铰的摆振振动。桨毂中心作为机体的一点，以基础振动的形式反过来又对桨叶在旋转平面里实行激振，影响(加剧或削弱)各片桨叶原有的摆动，激起旋翼振动运动，从而形成闭环。当旋翼在某一转速上的摆振频率接近或等于机体在起落架的某阶固有频率时，就会使桨叶在旋转平面内的振动与桨轴的纵向或横向振动之间发生共振，出现地面共振不稳定区。这两种振动相互激励，在一定条件下振幅会猛烈扩大，几秒钟内就会把整个直升机振坏，造成严重事故。

地面共振的能量来源于发动机和旋翼的旋转动能。在发生地面共振时，随着振幅的扩大，旋翼转速下降(在不操纵发动机的情况下)，发动机的部分功率被用来扩大振幅，加剧旋翼-机体耦合振动的发散，产生巨大的破坏作用。

地面共振属于低频振动，由于摆振运动气动阻尼很小，一般不考虑空气动力的作用。如果安装桨叶摆振阻尼器和起落架减振器的直升机的阻尼在振动周期内消耗的功比上述激振力对系统做的功小，则桨叶的摆振和全机在起落架上的振动就会加剧，直升机做纵向或横向摇摆，振幅越大，激振力越大；激振力越大，振幅更大，从而形成恶性循环，几秒钟就可以达到损坏直升机的程度。

综上所述，频率相近、足够激励能量和阻尼不足是发生地面共振的 3 个基本条件。直升机发生地面共振的外因是接触地面的直升机受到足够大的外界初始扰动，内因是存在两个机械振动系统，即旋翼振动系统和机体振动系统。发生地面共振的条件和本质是：当旋翼系统产生的离心激振力频率和全机在起落架上振动的某阶固有频率相同或接近。

2）地面共振的预防及处置

预防地面共振主要从设计上来考虑。一是满足频率要求的设计，即调整旋翼系统产生的激振力频率和全机在起落架上振动的固有频率，使两者尽量分开，并分开得足够远，将频率重合点及相应的不稳定区移出工作转速范围，从根本上有效地防止地面共振；二是满足阻尼要求的设计，即在某一旋翼工作状态(旋翼转速和桨距)下，旋翼/机体动力系统能提供的可用阻尼应不小于该动力系统为维持其临界稳定状态所需用的阻尼。

地面共振不会在任何转速情况下发生，旋翼在低转速时动能小，可以加速通过低频共振，而不会产生较大振幅运动。地面共振不只在一个转速上，而是存在一个转速范围。通常，地面共振的设计要求为在 40％～120％的旋翼转速范围内不出现地面共振。

当直升机在地面开车时，如判明直升机进入地面共振后，必须采取果断措施进行处置。例如多数直升机在刚启动时可能会出现摆动，飞行员通常可以尽快增大旋翼转速越过此区域，如果这种摆动发展成地面共振，操控人员应马上将直升机升空，待摆动振动消退，桨叶相位对正，再将直升机落地，并尽快停车。在滑跑情况下，若已处于高距、高速度状态，在考虑起飞重量、标高、温度、湿度诸因素后，确认发动机有足够的剩余功率，同时净空条件允许，则可以采取迅速提距离地的办法改出地面共振状态。如果没有上述有利因素，却想采用离地的办法改出地面共振状态，反而会使直升机受更大的损失。

(2) 空中共振

空中共振属于旋翼周期型振型与机体运动相耦合的气弹/机械动不稳定性的自激振动，主要的自激振动源是旋翼后退型摆振运动与旋翼桨毂中心有水平运动的机体模态的耦合，气动力在此有重要的影响，故不可忽略，而且必须计入桨叶的挥舞运动、扭转(变距)以及机体的运动。这些运动自由度之间存在着复杂的耦合关系。受到旋翼桨叶各自由度之间耦合的影响，例如挥舞/摆振、变距/挥舞和变距/摆振耦合，空中共振不稳定中心就不像地面共振那样明显。

桨叶颤振属于自激振动，桨叶颤振是指桨叶在受外界的初始干扰后，引起桨叶在原来平衡位置附近的挥舞、扭转振动。在一定条件下，这种振动的振幅变得越来越大，致使旋翼锥体混乱，机身摇摆，全机和操纵系统振动加剧。如果飞行中发生颤振，应立即减小旋翼总距和转速，并减小飞行速度，寻找合适的场地降落。

研究表明，空中共振主要发生在摆振柔软的无铰式和无轴承式旋翼直升机上，而不会发生在铰接式直升机上。所以，横列式、单桨起重机式、带有细长机身的纵列式、倾转旋翼机，特别是带有无铰式(无轴承式)旋翼的直升机容易发生空中共振。新型无铰式旋翼需要阻尼器防止出现空中共振。

4.5 多旋翼无人机飞行机理

多旋翼无人机也称为多轴无人机，是直升机的一种，它通常有 3 个以上的旋翼。无人机的机动性通过改变不同旋翼的扭力和转速来实现。相比传统的单水平旋翼直升机，它构造精简，易于维护，操作简便，稳定性高且携带方便。按轴数分有三轴、四轴、六轴、八轴甚至十八轴等；按发动机个数分有三旋翼、四旋翼、六旋翼、八旋翼甚至十八旋翼等。轴和旋翼一般情况下是相同的。

多旋翼的动力体系与固定翼和直升机的动力体系完全不同，它们并不是靠翼展和改变螺距来改变整体受力情况，从而改变其飞行姿态的，而是通过改变桨叶的转速来达到改变姿态的目的。

四旋翼无人飞行器是一种能够垂直起降、以四个旋翼作为动力装置的无人机，其旋翼固联在刚性十字交叉结构上由四个独立电机驱动。四旋翼飞行器的动作是通过改变四个旋翼产生的升力来控制的。传统的旋翼式直升机通过改变桨叶的旋转速度、桨叶迎角以及桨毂旋转角度，从而可以调整升力的大小和方向。与传统的旋翼式直升机不同，四旋翼飞行器只能够通过改变旋翼的旋转速度来实现各种运动。尽管四旋翼无人机桨叶的桨距是固定的，但是由于桨叶是用弹性材料制成的，因此可以通过空气阻力扭曲桨叶来改变桨距。总之，升力是四个桨叶旋转速度的合成效应，而旋转力矩则是由四个桨叶旋转速度的差异效应引起的。

以四旋翼无人机为例，根据多旋翼结构上的对称性，假设四个电机转动方向相同，它们都是顺时针转动，那么就会对四个轴臂产生逆时针的四个反扭力，而这四个力作用在轴臂上时，使得机身会以自身中心为转轴进行旋转。因此多旋翼无人机电机通常是成对出现的，且相邻电机安装的旋翼旋转速度相反，用以中和扭矩。

多旋翼无人机的基本运动状态有垂直运动、俯仰运动、滚转运动、偏航运动、前后运动和侧向运动，如图 4 - 68 所示。

1. 垂直运动

如图 4 - 68(a)所示，因有两对电机转向相反，可以平衡其对机身的反扭矩，当同时增加四个电机的输出功率，旋翼转速增加使得总的拉力增大，当总拉力足以克服整机的重量时，四旋翼无人机便离地垂直上升；反之，同时减小四个电机的输出功率，四旋翼无人机则垂直下降，直至平衡落地，实现了垂直运动。当外界扰动量为零时，在旋翼产生的升力等于无人机的自重时，无人机便保持悬停状态。保证四个旋翼转速同步增加或减小是垂直运动的关键。

2. 俯仰运动

如图 4 - 68(b)所示，电机 1 的转速上升，电机 3 的转速下降，电机 2、电机 4 的转速保持不变。为了不因旋翼转速的改变而引起四旋翼无人机整体扭矩及总拉力改变，旋翼 1 与旋翼 3 转速改变量的大小应相等。由于旋翼 1 的升力上升，旋翼 3 的升力下降，产生的不平衡力矩使机身绕横轴旋转，同理，当电机 1 的转速下降，电机 3 的转速上升，机身便绕横轴向另一个方向旋转，实现无人机的俯仰运动。

3. 滚转运动

与图 4 - 68(b)的原理相同，如图 4 - 68(c)所示，改变电机 2 和电机 4 的转速，保持电机 1 和电机 3 的转速不变，则可使机身绕纵轴旋转（正向和反向），实现无人机的滚转运动。

4. 偏航运动

如图 4 - 68(d)所示，当电机 1 和电机 3 的转速上升，电机 2 和电机 4 的转速下降时，旋翼 1 和旋翼 3 对机身的反扭矩大于旋翼 2 和旋翼 4 对机身的反扭矩，机身便在富余反扭矩的作用下绕立轴转动，实现无人机的偏航运动，转向与电机 1、电机 3 的转向相反。

5. 前后运动

如图 4 - 68(e)所示，增加电机 3 的转速，使拉力增大，相应减小电机 1 的转速，使拉力减小，同时保持其他两个电机的转速不变，反扭矩仍然要保持平衡。按图 4 - 67(b)的理论，无人机首先发生一定程度的倾斜，从而使旋翼拉力产生水平分量，从而可以实现无人机的前飞运动。向后飞行与向前飞行正好相反。由于结构对称,故侧向飞行的工作原理与前后运动完全一样。

6. 侧向运动

如图 4-68(f)所示,由于结构对称,故侧向飞行的工作原理与前后运动完全一样。

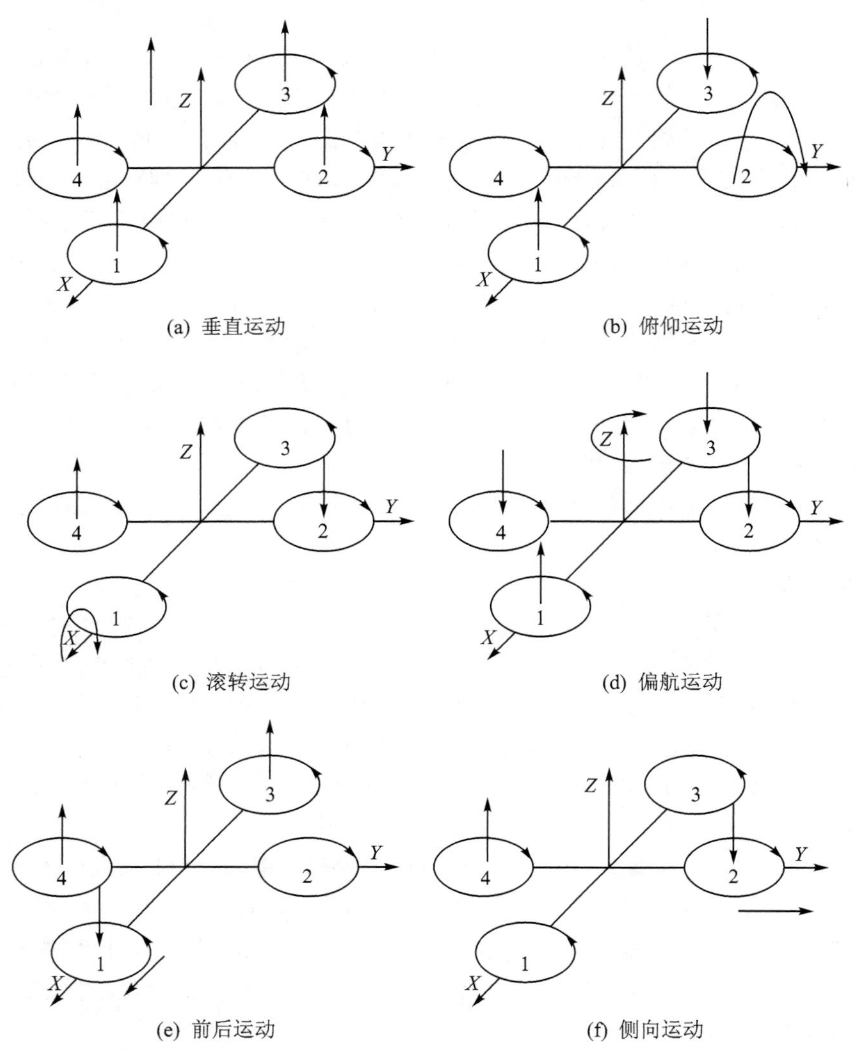

图 4-68 多旋翼无人机的各种运动状态

本章小结

在学习固定翼空气动力特性基础上,本章首先给出旋翼与螺旋桨的结构组成和性能指标,以桨叶运动为基础,对比机翼,分析螺旋桨和旋翼的空气动力特性,对影响直升机操纵性和稳定性的旋翼挥舞问题进行了探讨,给出了由于旋翼和螺旋桨旋转运动所带来的副作用及对飞行的影响,最后简要介绍了多旋翼无人机的飞行机理。学习本章要注意体会如何运用机翼空气动力特性来分析旋翼和螺旋桨空气动力特性,认知空气动力特性分析的实质是分析透彻速度的诱因及合成。图 4-69 所示为本章思维导图,供学习参考。

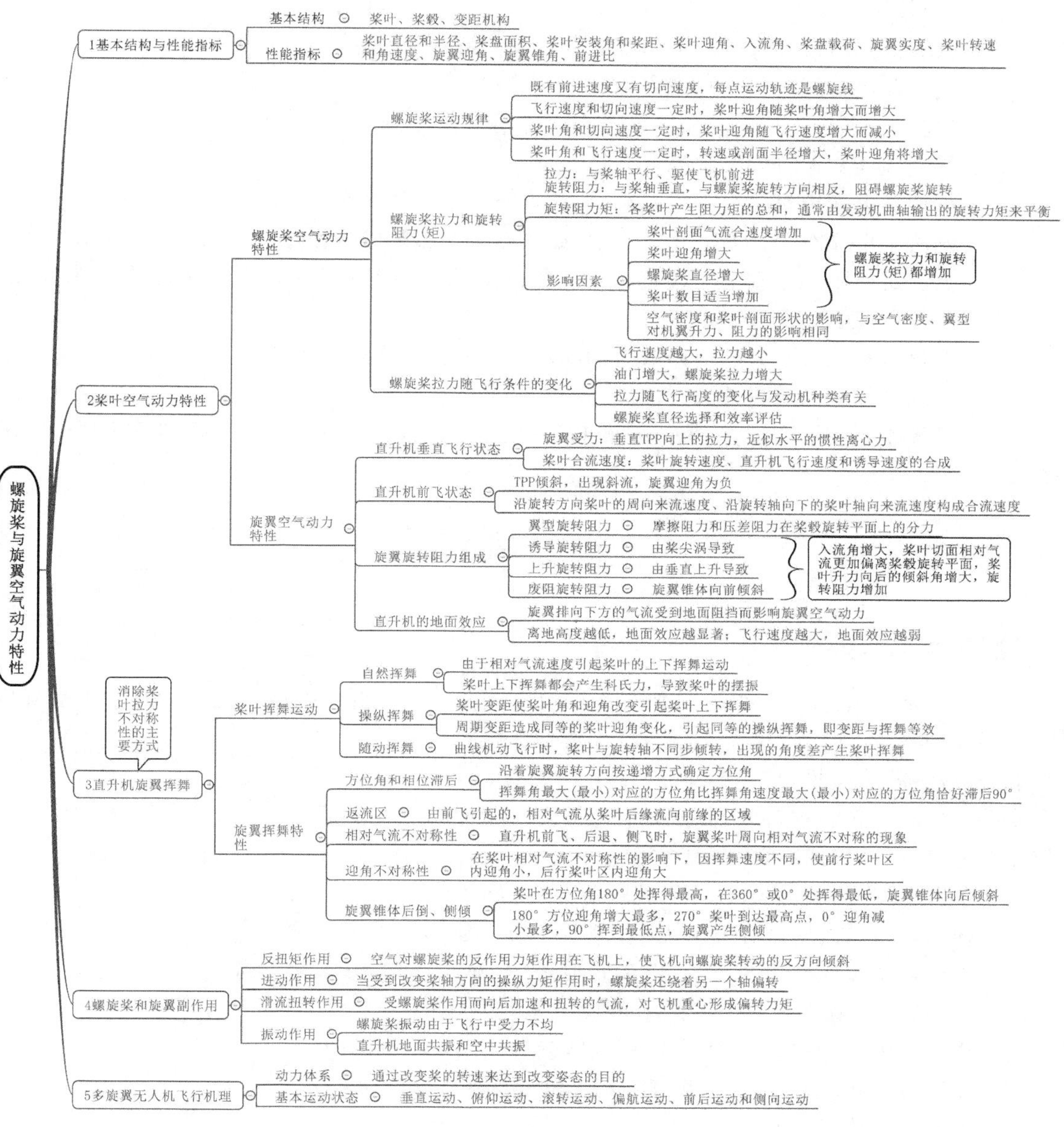

图 4－69　第 4 章思维导图

思考题

1．全铰式旋翼包括哪几种铰链？各铰链的作用是什么？

2．旋翼和桨叶的关键性能指标包括哪些，有何物理意义？

3．分析影响螺旋桨拉力的影响因素及机理。

4．写出旋翼拉力公式并分析其影响因素及机理。

5. 推导旋翼阻力公式，分析其产生机理和影响因素。

6. 分析螺旋桨是否可以产生负拉力？

7. 对比总结分析机翼、螺旋桨和旋翼空气动力特性的思路。

8. 分析旋翼挥舞特性中的力学原理。

9. 简述返流区与飞行速度和旋翼转速的关系。

10. 简述地面共振机理及其处置方法。

11. 螺旋桨反扭矩对飞行有何影响，如何克服反扭矩的作用？

12. 螺旋桨滑流对飞行有何正负影响，如何克服滑流的影响作用？

13. 分析旋翼陀螺进动对无人直升机飞行的影响。如无人直升机从悬停状态转为前飞，直升机姿态如何变化？

14. 对比分析无人直升机地面效应和固定翼无人机地面效应的异同。

15. 试述多旋翼无人机的飞行原理。

16. 阅读本章拓展阅读，分析竹蜻蜓上升和下降机理，谈一下如何从实践到理论再到实践的心得体会。

拓展阅读

竹蜻蜓与旋翼

竹蜻蜓是我国古代一大发明，如图 4－70 所示。从对大自然中蜻蜓飞翔的观察中受到启示，公元前 500 年中国人制成了会飞的竹蜻蜓，双手夹住竹柄一搓，然后手一松，竹蜻蜓就会飞上天空，旋转好一会儿后才会落下来。这种简单而神奇的玩具，曾令西方传教士惊叹不已，将其称为“中国螺旋”。

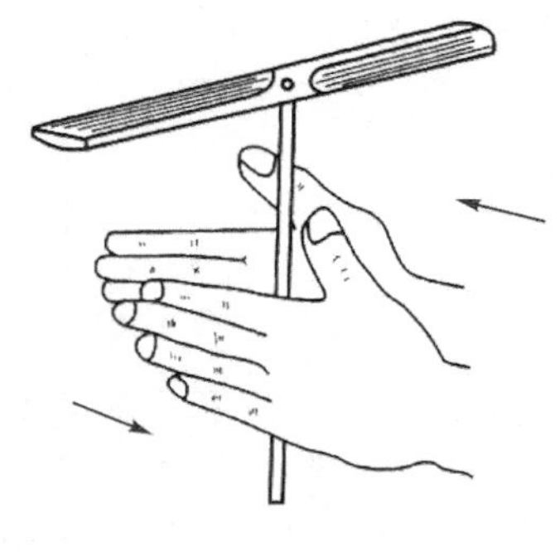

图 4－70 竹蜻蜓

在中国晋朝(265—420 年)，葛洪所著的《抱朴子》一书有这样的记述：“或用枣心木为飞车，以牛革结环剑，以引其机。或存念作五蛇六龙三牛、交罡而乘之，上升四十里，名为太清。太清之中，其气甚罡，能胜人也。”其中的“飞车”被一些人认为是关于竹蜻蜓的最早记载，并认为该玩具通过贸易传入欧洲。在欧洲一幅 1463 年的圣母圣像中出现了竹蜻蜓的形象。

竹蜻蜓由两部分组成：一是竹柄，由一根竹片削成的长 20 cm、直径 4～5 mm 的竹竿(柄)；二是“翅膀”，用一片长 18～20 cm、宽 2 cm、厚 0.3 cm 的竹片，在中间打一个直径 4～5 mm 的小圆孔，用于安装竹柄。在小孔两边的竹片上各削一个斜面(两个翅膀的斜面必须形状相同、角度相反，才能保持稳定飞行，这是最关键的)，以起到竹蜻蜓随空气漩涡上升的作用。翅膀做好后，将竹柄插入其小孔中。玩时，用双手掌夹住竹柄，快速一搓，双手一松，竹蜻蜓就飞向了天空。当升力减弱时才落到地面。在制作和玩耍竹蜻蜓的过程中，可以领略中国古老儿童玩具的趣味和科学技术的奥妙。

竹蜻蜓 2000 多年来一直是中国孩子手中的玩具。在 18 世纪传到欧洲，启发了人们的思路，被誉为“航空之父”的英国人乔治·凯利一辈子都对竹蜻蜓着迷。他的第一项航空研究就是在 1796 年仿制和改造了“竹蜻蜓”，并由此悟出螺旋桨的一些工作原理，他的研究推动了飞机研制的进程。

竹蜻蜓的叶片和水平旋转面之间有一个倾角，这个倾斜角度有的还是可以调整的。当旋翼旋转时，旋转的叶片将空气向下推，形成一股强风，而空气也给竹蜻蜓一个向上的反作用力——升力，这个升力随着叶片的倾斜角而改变，倾角大升力就大，倾角小升力也小。当升力大于竹蜻蜓的重量时，竹蜻蜓便可向上飞起。

17 世纪中国苏州巧匠徐正明用心琢磨小孩儿玩的竹蜻蜓，想制造一个类似蜻蜓的直升飞机，想象把人也带上天空。经过 10 多年的钻研，他造出了一架直升飞机。它有一个像竹蜻蜓一样的螺旋桨，驾驶座像一把圈椅，依靠脚踏板通过转动机构来带动螺旋桨转动，试飞时，它居然飞离地面一尺多高，还飞过一条小河沟，然后落下来。直至 20 世纪 30 年代，德国人根据“中国螺旋”的形状和原理发明了直升机的旋翼。

世界上第一架飞机的发明人莱特兄弟小的时候，父亲给他们买了一个能飞的竹蜻蜓，兄弟俩十分喜欢，并开始仿制不同尺寸的竹蜻蜓，从此，兄弟俩的一生与飞行结下了不解之缘。后来，莱特兄弟发明了飞机，其动力装置的重要组成部分——空气螺旋桨发明的灵感就来自于竹蜻蜓。

直升机空气动力学的发展，实质上更多的是指它的旋翼空气动力学的发展。对于具有旋转桨叶的直升机来说，其气动环境要比飞机复杂得多。到目前为止，直升机的研究之所以落后于固定翼飞机，很大程度上是因为对直升机旋翼的流场和气动力的认识不充分。从总体上来看，有三种基本的求旋翼气动力的理论：动量理论（momentum theory）、叶素理论（blade element theory）和涡流理论（vortex theory）。

1. 动量理论

动量理论采用均匀滑流的假设，把旋翼看成一个无限薄的桨盘，应用流体流动的基本定律来研究旋翼桨盘对气流的作用。动量理论是一种宏观上的分析，它的特点是计算模型简单，主要用于旋翼诱导气流及旋翼性能的初步估算，以及在直升机性能计算、总体参数选择等分析中使用。动量理论的缺点是采用了均匀诱导速度的假设，且不能涉及旋翼桨叶的几何特性，因此，涉及桨叶几何特性的旋翼气动分析需考虑到桨叶叶素的气动特性。

2. 叶素理论

桨叶叶素理论最早于 19 世纪末提出，是机翼升力线理论在旋翼桨叶中的应用。它把桨叶看成是由无限多的桨叶微段或叶素构成的。假设每个桨叶剖面作为一个二维翼型来产生气动作用，通过诱导速度计入尾流（三维效应）的影响，因此在各桨叶微段上，可应用二维翼型特性确定桨叶剖面的气动力和力矩，沿桨叶径向积分可得一片桨叶进而得到整个旋翼的气动力和力矩。旋翼的气动性能取决于剖面的入流特性和升阻特性，而升阻特性和当地剖面迎角与当地诱导速度密切相关，因此，使用叶素理论确定旋翼气动特性，准确计算当地诱导速度是关键。可采用动量理论、涡流理论来计算诱导速度，后者能给出较准确的诱速分布。

桨叶叶素理论为旋翼空气动力学奠定了基础，它涉及桨叶的细节流动和载荷，使旋翼性能与设计参数相联系，可直接用于旋翼的设计中。但由于升力线建立在机翼或桨叶高展弦比的假设之上，在桨叶载荷和诱导速度梯度过大的区域，例如桨尖附近和涡桨干扰的附近，升力线假设并不满足，因而叶素理论在这些区域不是严格正确的。

3. 涡流理论

由于动量理论只是根据整个气流的运动特性来描述桨盘的作用，无法涉及旋翼的几何形状；而叶素理论虽然从桨叶剖面受力情况来分析问题，但又不能很好地解决沿半径的诱导速度分布，因此，儒科夫斯基通过实际观察和基于机翼涡流理论的推理，创立了旋翼轴向气流中的涡流理论。后来此理论不断发展，趋于完善。根据这一理论，可以求得旋翼周围任一点处的诱导速度，从而可以确定在叶素上的诸力，最后算出旋翼的拉力和功率。经典涡流理论包括桨盘涡系模型和桨叶涡系模型。前者旋翼被假设为具有无限片桨叶的桨盘，尾迹涡线连续地、规整地布置在圆柱涡面上；后者则由有限片桨叶后拖出的螺旋涡线组成，按来流速度和等效诱导入流确定其延伸方向的刚性尾迹。固定尾迹计算可表达为解析式，便于理解，且发展成熟，20 世纪六七十年代在旋翼气动分析中曾得到相当广泛的应用。但固定尾迹未考虑尾迹的收缩和涡线的畸变，因而与实际尾迹的形状有一定的差别。1961 年，我国学者王适存教授考虑纵横向涡线一般情况，推导了广义涡流理论，为经典涡流理论做出了重要贡献。

附录A　常用符号对照表

符号	含义
A	流管截面积,展弦比,桨盘面积
A_i	诱导阻力因子
a_0	旋翼锥角
a_1	旋翼后倒角
b_1	旋翼侧倾角
b	翼展长度
C	常数,侧力
C_C	侧力系数
$C_{C\beta}$	侧力系数曲线斜率
C_{D0}	零升阻力系数
C_{De}	桨叶叶素阻力系数
C_{Di}	诱导阻力系数
C_{Dp}	废阻力系数
C_{Dw0}	零升波阻系数
C_{Dw}	激波阻力系数
$C_{D\Lambda}$	后掠翼阻力系数
C_D	阻力系数
C_f	摩擦阻力系数
$C_{L,\max}$	最大升力系数
C_{L1}	翼型(二维翼)的升力系数
C_{L7}	桨叶特征切面升力系数
$C_{La\alpha}$	翼型的升力系数曲线斜率
C_{Lbf}	抖动升力系数
C_{Le}	桨叶叶素升力系数
$C_{L\Lambda\alpha}$	后掠翼的升力系数曲线斜率
$C_{L\Lambda}$	后掠翼升力系数
C_L	升力系数
$C_{L\alpha}$	升力系数曲线斜率
$C_{p,\min}$	翼型最低压力点的压力系数
C_{pc}	可压缩气流压力系数
C_{pi}	不可压缩气流压力系数
C_p	压力系数
C_Q	旋转阻力系数
C_R	总空气动力系数
C_T	拉力系数
c	声速,翼弦(桨弦)长度
$\bar{c}$	桨叶相对宽度
c_A	平均气动弦长
c_G	平均几何弦长
c_p	比定压热容
c_r	翼根弦长
c_t	翼尖弦长
c_v	比定容热容
D_f	摩擦阻力
D_i	诱导阻力
D_p	压差阻力
D_w	激波阻力
D	阻力,桨叶直径
e	铰外伸量
F_{CF}	桨叶离心力
$\bar{f}$	翼型相对弯度
$f_{\max}$	翼型最大弯度
f	翼型弯度(弧高)
G	重力
g	重力加速度
H_p	压力高度
H	高度
H_ρ	密度高度
i_0	总晗
i	热晗
I_{pr}	螺旋桨转动惯量
k_p	附着流升力系数
k_v	涡升力系数
k	桨叶数目
K	升阻比
L	升力,特征长度,线性尺度
l	平板长度
$Ma_{\mathrm{cr}\Lambda}$	后掠翼临界马赫数
Ma_{cr}	临界马赫数
Ma_{det}	分离马赫数

Ma_d	阻力发散马赫数
Ma_{loc}	局部马赫数
Ma_n	法向马赫数
Ma_∞	来流马赫数
Ma	马赫数
M_{CF}	桨叶挥舞离心力矩
M_D	旋转阻力矩
M_{gy}	陀螺力矩
M_T	旋转力矩，扭矩
M_a	桨叶挥舞气动力矩
m_b	桨叶质量
$\dot{m}$	质量流量
n	转速
p_0	总压，全压，驻点压力，海平面标准气压
P_d	桨盘载荷
p_H	飞行高度处空气压力
p_s	空气静压
p_∞	机翼远前方空气静压
p	空气压力(压强)
Δp	剩余压力
QFE	场面气压
QNE	标准海平面气压
QNH	修正海平面气压
Q_b	翼型旋转阻力
Q_c	上升旋转阻力
Q_i	诱导旋转阻力
Q_p	废阻旋转阻力
Q	旋转阻力，热量
q	动压
R	总空气动力，桨叶半径，气体常数
Re^*	临界雷诺数
Re	雷诺数
$\bar{r}$	桨叶某一剖面的相对半径
r_0	桨毂半径
r	翼型前缘半径，桨叶某一剖面半径，温度增量修正系数
S, S_w	机翼面积
S_{cut}	截面面积
T_0	总温(驻点温度)
T_b	桨叶拉力
T_s	静温
T	拉力(或推力)，绝对温度
t	摄氏温度，时间，翼型厚度
$\bar{t}$	翼型相对厚度
u_p	上冲气流
u	桨叶周向来流速度，比内能
V'	下洗流速度
$V_{D,\min}$	最小阻力速度(有利速度)
V_I	表速
V_n	垂直分速，有效分速
$V_{P,\min}$	最小功率速度(经济速度)
V_s	激波传播速度，失速速度
V_t	平行分速
V_T	真速
V	飞行速度
v	桨叶轴向来流速度
v_i	诱导速度
v_β	挥舞相对气流速度
W	下洗速度
w	合速度
$\bar{x}_f$	最大弯度位置
$\bar{x}_t$	最大厚度位置
α	迎角
α_0	零升迎角
α_{abs}	绝对迎角
α_{bf}	抖动迎角
α_{cr}	临界迎角
α_{opt}	有利迎角
α_R	旋翼迎角
α_t	有效迎角
β	侧滑角，激波角，挥舞角
δ_f	襟翼角度
δ	气流转折角，楔形体的半顶角，边界层厚度，非椭圆翼诱导阻力系数的修正系数
ε	入流角，下洗角
ζ	摆振角
η	螺旋桨效率
θ_c	周期变距角

符号	含义
θ	性质角,气流折转角
κ	比热(容)比
λ	机翼根梢比
Λ_0	前缘后掠角
$\Lambda_{0.25}$	1/4 弦线后掠角
Λ_1	后缘后掠角
Λ_w	机翼后掠角
μ	前进比,马赫角,黏度
ν	运动黏度
ρ_0	海平面标准大气密度,驻点密度
ρ	空气密度
σ	相对密度,旋翼实度,总压恢复系数
τ	后缘角
φ	桨叶角,桨距
ψ	桨叶方位角
ω	角速度
Ω	桨叶旋转角速度

附录B 专业术语中英文对照表

B

摆振	lead or lag
比热[容]比	specific heat ratio
边界层控制	boundary layer control
边条翼	strake-wing
变后掠翼	variable-swept wing
变小距	transit to low pitch
表速	indicated air speed
波阻	wave drag
不可压流	incompressible flow
摆振角	lead-lag angle
边界层	boundary layer
边条	strake
变大距	transit to high pitch
变距螺旋桨	variable-pitch propeller
标准大气	standard atmosphere
波	wave
伯努利方程	Bernoulli's equation

C

侧力	cross
层流边界层	laminar boundary layer
超声速后缘	supersonic trailing-edge
垂直尾翼	vertical tail
层流	laminar flow
超临界翼型	supercritical airfoil
超声速前缘	supersonic leading-edge

D

大气	atmosphere
等熵流	isentropic flow
地面效应	ground effect
动压	dynamic pressure
对流层	troposphere
等熵过程	isentropic process
低速流	low speed flow
定常流	steady flow
对称翼型	symmetrical airfoil
对流层顶	tropopause

F

返流区	reflux zone
方位角	azimuth
非定常流	unsteady flow
分离	separation
分裂襟翼	split flap
附着涡	bound vortex
反压	back pressure
方向舵	rudder
废阻力	parasite drag
分离点	point of separation
风洞	wind tunnel

G

干扰	interference
共振	resonance
干扰阻力	interference drag
轨迹线	path line

H

恒速螺旋桨	constant-speed propeller
后掠角	sweptback angle
后退襟翼	extension flap
后缘分离	trailing edge separation
厚度	thickness
挥舞	flap
挥舞铰	flapping hinge
喉部	throat
后掠翼	swept wing
后缘	trailing edge
后缘角	trailing edge angle
滑流	slipstream
挥舞角	flapping angles

J

机动襟翼	maneuver flap
寄生阻力	parasite drag
机翼	wing
激波	shock wave
激波阻力	wave drag
几何扭转	geometric twist
尖峰翼型	pick airfoil
桨尖轨迹平面	Tip Pach Plane
桨距	blade pitch
桨盘载荷	disk load
桨叶角	propeller blade angle
铰链	hinge
介质	medium
进动	procession
静压	static pressure
矩形翼	rectangular wing
绝热流	adiabatic flow
机身	fuselage
机体	body
机翼平面形状	wing plantform
激波失速	shock stall
极曲线	polar curve
减摆器	shimmy damper
桨毂	hub
桨尖涡	blade tip vortex
桨盘	rotor disk
桨叶	propeller blade
桨叶剖面	section of propeller blade
角速度	angular velocity
襟翼	flap
静温	static temperature
局部激波	local shock wave
绝热过程	adiabatic process

K

卡门-钱学森公式	Karman - Tsien formula
可压流	compressible flow
空气动力学	aerodynamics
跨声速流	transonic flow
开缝襟翼	slotted flap
空气动力	aerodynamic force
空速管	pitot tube

L

拉力(推力)	thrust
雷诺数	Reynolds number
理想气体	ideal gas
连续介质	continuum
临界雷诺数	critical Reynolds number
临界迎角	critical angle of attack
零升阻力	zero-lift drag
流管	stream tube
流体	fluid
螺旋桨	propeller
拉瓦尔管	Laval nozzle
理想流体	ideal fluid
连续方程	continuity equation
临界截面	critical section
临界马赫数	critical Mach number
零升迎角	zero-lift angle of attack

流场	flow field
流谱	flow pattern
流线	streamline
螺旋桨自转	wind milling of propeller

M

马赫波	Mach wave
马赫数	Mach number
马赫锥	Mach cone
面积律	area rule
马赫角	Mach angle
马赫线	Mach line
密度	density
摩擦力	frictional force

N

摩擦阻力	friction drag
能量方程	energy equation
黏度	viscosity
黏性压差阻力	viscous pressure drag
内能	internal energy
逆压梯度	adverse pressure gradient
黏性力	viscous force
扭矩	torque

P

喷气襟翼	jet flap
平均几何弦	mean geometric chord
平均气动弦	mean aerodynamic chord
平流层	stratosphere
平直翼	straight wing
膨胀波	expansion wave
平顶翼型	roof top airfoil
平均自由程	mean free path
平凸翼型	flat - convex profile

Q

气动增温	aerodynamic heating
气体常数	gas constant
前掠翼	forward swept wing
前缘分离	leading edge radius
前缘缝翼	leading edge slat
前缘吸力	leading edge suction
气流	airflow
前进比	advance ratio
前缘	leading edge
前缘半径	leading edge separation
前缘襟翼	leading edge flap
曲线斜率	curve slope

R

扰动	disturbance
热障	heat barrier
弱扰动	weak disturbance
热层	thermosphere
入流角	inflow angle

S

三角翼	delta wing
散逸层	ionosphere
梢根比	taper ratio
升力	lift
升致阻力	drag due to lift
声速	sound speed
声爆	sonic boom
失速	stall
双凸翼型	double convex airfoil
三维流	three - dimensional low
熵	entropy
升降舵	elevator
升力系数	lift coefficient
升阻比	lift - drag ratio

声障	sonic barrier
剩余压力	excess pressure
失速迎角	stall angle of attack
水平尾翼	horizontal tail

T

梯形翼	tapered wing
湍流边界层	turbulent boundary layer
脱体激波	detached shock wave
湍流	turbulent flow
陀螺力矩	gyro moment

W

外层大气	outer atmosphere
尾桨	tail rotor
尾翼	tail
涡流	eddy flow
弯度	camber
微团	fluid particle
涡	vortex
涡升力	vortex lift

X

吸力	suction force
下洗角	down wash angle
相对气流	relative airflow
型阻	form drag
悬停	hover
旋翼实度	rotor solidity
旋转阻力	rotational drag
下洗	down wash
相对厚度	thickness ratio
斜激波	oblique shock wave
旋成体	body of revolution
旋翼	rotor wing
旋翼锥体	rotor track

Y

压差阻力	pressure drag
压力分布	pressure distribution
压力中心	center of pressure
压缩性	compressibility
亚声速流	subsonic flow
亚声速前缘	subsonic leading - edge
叶素	blade element
翼根	wing root
翼尖涡流	tip vortices
翼弦	wing chord
翼展	wingspan
有利迎角	optimum angle of attack
有效展弦比	effective aspect ratio
诱导阻力	induced drag
压力	pressure
压力系数	pressure coefficient
压缩波	compression wave
压缩性影响	compressibility effect
亚声速后缘	subsonic trailing - edge
烟风洞	smoke wind tunnel
一维流	one - dimensional flow
翼尖	wing tip
翼身融合体	blended wing - body
翼型(翼剖面)	airfoil(profile)
迎角	angle of attack
有效迎角	effective angle of attack
诱导速度	induced velocity

Z

增升装置	high - lift device
展弦比	aspect ratio
正激波	normal shock wave
滞止温度	stagnation temperature
中弧线	mean camber
驻点	stagnation point

总距	collective pitch
总压	total pressure
阻力发散	drag divergence
阻尼	damping
最低压力点	minimum pressure point
自动倾斜器	swash plate
真速	true airspeed
质量	mass
中间层	mesosphere
周期变距	cyclic pitch
转捩点	transitionpoint
总温	total temperature
阻力	drag
阻力系数	drag coefficient
最大升力系数	maximum lift coefficient

参考文献

[1] 贾忠湖. 飞行原理基础[M]. 北京：国防工业出版社，2016.

[2] 王永虎. 直升机飞行原理[M]. 成都：西南交通大学出版社，2017.

[3] 刘永学. 空气动力学[M]. 北京：航空工业出版社，2019.

[4] 刘永学. 飞机飞行力学[M]. 北京：航空工业出版社，2020.

[5] 朱宝鎏. 无人机空气动力学[M]. 北京：航空工业出版社，2006.

[6] 邢琳琳，高培新. 飞行原理[M]. 北京：北京航空航天大学出版社，2018.

[7] 朱一锟. 飞行原理[M]. 北京：北京航空航天大学出版社，2019.

[8] 刘星，司海青，蔡中长. 飞行原理[M]. 北京：科学出版社，2019.

[9] 方立涛. 无人机飞行原理[M]. 北京：航空工业出版社，2018.

[10] Swatton P J. 飞行性能理论与实践[M]. 2版. 张子健，龚喜盈，杨会涛，译. 北京：航空工业出版社，2016.

[11] 王大海，杨俊，余江. 飞行原理[M]. 成都：西南交通大学出版社，2004.

[12] 陈廷楠. 飞机飞行性能品质与控制[M]. 北京：国防工业出版社，2007.

[13] Anderson D F, Eberhardt S. 认识飞行[M]. 2版. 周尧明，译. 北京：北京联合出版公司，2019.

[14] 杨一栋. 直升机飞行控制[M]. 2版. 北京：国防工业出版社，2011.

[15] 陈仁良，高正. 直升机飞行动力学[M]. 2版. 北京：科学出版社，2019.

[16] 曹义华. 现代直升机旋翼空气动力学[M]. 北京：北京航空航天大学出版社，2015.

[17] 徐军. 飞机自动飞行控制系统[M]. 北京：北京理工大学出版社，2020.

[18] 魏瑞轩，王树磊. 先进无人机系统制导与控制[M]. 北京：国防工业出版社，2017.

[19] 王秉良，鲁嘉华，匡江红，等. 飞机空气动力学[M]. 北京：清华大学出版社，2013.

[20] 匡江红，王秉良，吕鸿雁，等. 飞机飞行力学[M]. 北京：清华大学出版社，2012.

[21] 中华人民共和国国家标准. 空气动力学 概念、量和符号：GB/T 16638.1—2008. 北京：中国标准出版社，2008.

[22] 中华人民共和国国家标准. 飞行力学 概念、量和符号：GB/T 14410.1—2008. 北京：中国标准出版社，2008.